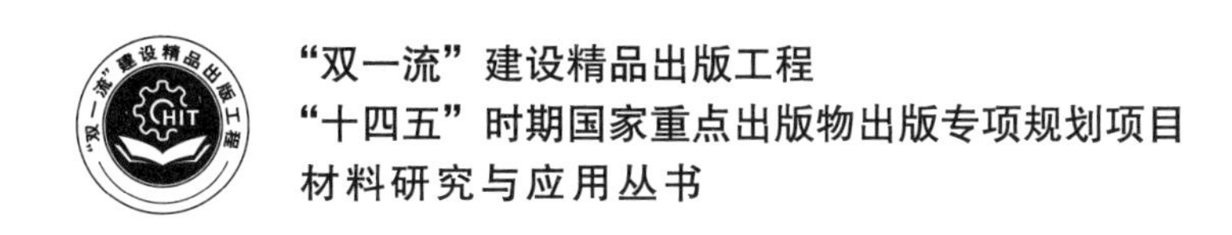

材料本构关系理论及应用

THEORY AND APPLICATION OF MATERIAL CONSTITUTIVE RELATIONSHIP

张 鹏 朱 强 主编

内 容 简 介

本书阐述了本构理论的基本概念和发展历程、弹性及塑性本构理论、拉伸本构模型及应用、压缩本构模型及应用、蠕变本构模型及应用、疲劳本构模型及应用等。每章都列举具体实例，详细阐述不同受力特点下材料本构的建立过程及其实际应用，不仅有助于读者全面理解材料力学特性，更能够引导读者将所学应用于求解实际工程问题。

本书可作为高等学校材料类、机械类、力学类等专业高年级本科生及研究生的教材或参考书，也可供从事材料加工研究或生产的工程技术人员参考。

图书在版编目(CIP)数据

材料本构关系理论及应用/张鹏，朱强主编. 哈尔滨：哈尔滨工业大学出版社，2024.10. —(材料研究与应用丛书). —ISBN 978-7-5767-1725-9

Ⅰ. TB301

中国国家版本馆 CIP 数据核字第 2024VZ5743 号

策划编辑　张永芹　许雅莹
责任编辑　杨　硕　宋晓翠
封面设计　屈　佳
出版发行　哈尔滨工业大学出版社
社　　址　哈尔滨市南岗区复华四道街 10 号　邮编 150006
传　　真　0451-86414749
网　　址　http://hitpress.hit.edu.cn
印　　刷　哈尔滨市颉升高印刷有限公司
开　　本　787 mm×1 092 mm　1/16　印张 11.75　字数 244 千字
版　　次　2024 年 10 月第 1 版　2024 年 10 月第 1 次印刷
书　　号　ISBN 978-7-5767-1725-9
定　　价　38.00 元

前　言

材料科学的发展是人类文明进步和技术创新的重要推动力。作为材料科学领域的重要组成部分，本构理论以其对材料力学行为的深刻解释和预测，在材料工程、机械制造、航空航天等领域发挥着不可替代的作用。

本书旨在介绍当前材料力学模型的最新发展和挑战，从本构关系的基本概念出发，深入阐述了本构方程的建立原则和本构原理，着重讨论了材料内部结构、外部施加应力特点对本构关系的影响。

全书共 6 章，第 1 章绪论，简要阐述本构理论的基本概念和发展历程；第 2 章论述弹性本构和塑性本构的基础理论知识；第 3 章论述拉伸本构模型及应用；第 4 章论述压缩本构模型及应用；第 5 章论述蠕变本构模型及应用；第 6 章论述疲劳本构模型及应用。为满足教学及自学者自测的需要，每章都列举具体实例，详细阐述不同受力特点下材料本构的建立过程及实际应用。书中部分彩图以二维码的形式随文编排，如有需要可扫码阅读。

本书可作为高等学校材料类、机械类、力学类等专业高年级本科生及研究生的教材或参考书，也可供从事材料加工研究或生产的工程技术人员参考。

本书由张鹏、朱强任主编，刘康、张林福、陈铭、孙清华、王敏、杨皓参与编写。本书在编写过程中，参引了本领域诸多学者的著作及研究资料，在此表示由衷的感谢！

由于编者水平有限，书中难免存在疏漏之处，敬请读者指正。

编　者

2024 年 8 月

目 录

第1章　绪　　论

1.1　本构关系简介

1.1.1　广义的本构关系

本构关系是指物质在特定物理量作用下产生的相关响应量与物质属性之间的关系。在固体力学中，本构关系研究应力与应变之间的关系。固体材料在受力作用下会发生变形，应力与应变之间的本构关系揭示了材料的弹性、塑性、黏弹性等特性。在渗流力学中，本构关系研究水力梯度与流速之间的关系。渗流介质中的流体在受到压力梯度驱动下流动，本构关系描述了介质渗透性、渗透速度与应力之间的相互作用。在热力学中，本构关系研究温度梯度与热流密度之间的关系。材料的导热性质可以通过本构关系表达，揭示了材料的导热机制、热传导性能等特性。在电学中，本构关系研究电压与电流之间的关系。不同材料对电流的传导表现出不同的特性，本构关系描述了材料的电导率、电阻率等电学特性。不同材料具有不同的物性，因此其本构行为和相应的本构方程也会有所不同。研究本构关系需要进行试验、观测和建模等工作，以获取物质的响应数据，并通过数学模型拟合出适合的本构方程。这些本构关系的研究和应用对于科学研究、工程设计和材料开发具有重要意义。本书将以固体金属材料的本构行为及建模为重点展开论述。

1.1.2　理想物质的本构方程

现实世界中物质的特性复杂而多样，其内涵之丰富以至于难以被人类思维所完全捕捉。因此，试图建立一个普适的材料本构关系是不切实际的。相反，人们只能针对特定类别的物质以及其所处的具体工作环境构建理想物质的本构模型，通过深入研究以揭示其物性规律，并得出具体材料的本构方程。这里所指的理想物质模型是对实际物质在特定条件下的抽象描述，而材料的本构方程实质上是对理想物质本构行为的数学及力学描述。

例如，弹性力学中研究的理想物质是胡克(Hooke)弹性体，相应的本构方程为广义胡克定律，其表达式为

$$\sigma_{ij}=C_{ijkl}\varepsilon_{kl} \tag{1.1}$$

式中　σ_{ij}——应力张量；

ε_{kl}——应变张量；

C_{ijkl}——弹性张量。

而牛顿流体力学中研究的理想物质是牛顿黏性流体，相应的本构方程为牛顿黏性规律，其表达式为

$$\sigma_{ij}=C_{ijkl}^{*}\dot{\varepsilon}_{kl} \tag{1.2}$$

式中 σ_{ij}——应力；

$\dot{\varepsilon}_{kl}$——应变率；

C_{ijkl}^{*}——黏性系数张量。

显然，理想物质本构方程具有独特性，且其可通过多种数学描述方式来呈现。例如，胡克弹性体的本构方程以应力－应变关系为基础，牛顿黏性流体的本构方程则以应力－应变率关系为基础。而对于同一类理想物质，其本构方程也可采用等效的表达形式，借助不同的数学工具予以描述。例如，对于黏弹性体的本构方程，可选择微分形式表达应力与应变之间的关系，亦可采用基于玻尔兹曼(Boltzmann)遗传积分原理的积分形式表述。

1.1.3 本构关系的重要性

本构关系是固体力学理论体系中的重要组成部分，用于揭示特定材料的本构行为规律。力学研究中必须同时满足三个基本定律，即平衡律、变形协调律和本构律，以确定材料在外部作用下的全部响应量。平衡律基于牛顿力学，通过质量、动量和能量守恒定律构建平衡方程。变形协调律基于连续性公理，确保物质的不消失性和不可渗透性。本构律则反映了特定材料的物性规律，描述了材料响应与应力、应变之间的关系。满足这三个基本定律的研究对象提供了 15 个方程，正好用于求解 15 个独立的待求响应量。平衡律和变形协调律具有普适性，适用于各类连续介质材料，而本构律则具有个体特异性，呈现了研究材料的独特行为。只有综合考虑这三个定律，才能完整而准确地描述研究材料的真实力学行为。本构关系在力学研究中具有重要意义，为深入理解和预测材料行为提供了基础。通过建立合适的本构模型和方程，可以揭示材料的特性和行为规律，为工程设计、材料开发等提供理论指导。

1.2 建立本构方程遵循的基本原则

材料本构方程的建立必须符合连续介质力学的基本原理，并遵循特定的基本要求。通常来说，一个合理的材料本构方程必须满足客观性原理和热力学相容性的要求。

1.2.1 客观性原理要求

客观性原理要求材料本构方程在不同参考系中保持不变，即材料的响应与观察者的

参考系无关。这个原理确保了材料的本构方程具有普遍适用性和客观性，能够描述材料在各种观察条件下的行为一致性。

1.2.2 热力学相容性要求

热力学相容性要求是材料本构方程必须满足的重要原则之一。它确保了材料的本构方程与热力学原理之间的一致性和相容性。在材料的力学行为中，能量守恒和热力学第二定律是两个基本的热力学原理。首先，能量守恒原理要求材料的本构方程在能量转换和传递方面与热力学规律保持一致。这意味着材料的能量输入和输出应符合能量守恒的基本原则，而本构方程应能够描述材料在力学变形过程中的能量转化和传递过程。例如，在弹性材料中，弹性势能和应力之间的关系必须能够保持能量守恒的要求。其次，热力学第二定律要求材料的本构方程与热力学不可逆性原理相协调。热力学第二定律表明热力学过程具有不可逆性，即存在热量传导和熵增加的现象。因此，材料的本构方程应能够描述材料中的热传导过程以及与之相关的熵增加。例如，在黏弹性材料中，本构方程应能够考虑到黏性耗散和热传导的影响，以满足热力学第二定律的要求。

1.2.3 常用的本构原理

除了前述的两个基本原则，本构方程的构建还需遵循以下本构原理。

1. 决定性原理

决定性原理是指在给定的参考时刻，物体的应力状态完全由该物体内所有材料点的热力学状态和自该参考时刻到当前时刻的运动历史所决定。换句话说，决定性原理认为在某个参考时刻，如果已知物体中所有材料点的热力学状态，那么在以后的时刻，物体中任意材料点的应力状态将完全由这些材料点自参考时刻到当前时刻的运动历史所决定。决定性原理强调了材料点之间的相互作用和历史依赖关系，它表明物体中的应力状态是整个物体内各个材料点相互影响和相互作用的结果。这个原理对于理解材料的响应和行为至关重要，尤其在分析动态变形和非线性行为时，考虑材料点之间的相互作用和运动历史对于准确描述材料的力学行为非常重要。

2. 局部作用原理

局部作用原理是指在某个时刻，材料点的应力仅依赖于该点附近无限小邻域内材料点的运动历史，而与远离该点的材料点的运动历史无关。这个原理基于物质在空间中的局部性质和物理上的相互作用，假设材料的力学响应主要由其局部邻域内的运动历史所决定。这样的假设可以简化本构模型的建立和计算，同时也与实际材料的行为一致，因为在局部尺度上，材料的运动历史对该点的应力状态具有主导影响。局部作用原理为材料本构模型提供了一种有效的近似方法，它使得可以通过考虑局部尺度的力学行为来描述整体材料的响应。在实际应用中，通常将材料划分为无数小区域，并在每个区域内考虑局部的力学行为，从而通过整体的局部作用来描述整个材料的宏观响应。这种方法可以大大简化复杂材料的建模和分析过程。

3. 关于材料对称性的不变性原理

关于材料对称性的不变性原理是指材料的本构关系应满足与材料对称性相关的不变性要求,即在某些正交变换群下保持不变。不变性原理要求材料的本构关系在经过一定的正交变换后,仍然保持不变。正交变换群是一组保持内积不变的线性变换集合,包括旋转、镜像和反射等操作。具体来说,不变性原理要求材料的本构关系在正交变换群的作用下具有不变性。例如,对于各向同性材料,无论材料的方向如何变化,其本构关系在任意旋转操作下应保持不变。通过满足不变性原理,可以确保材料的本构关系与材料的对称性相一致,并且能够在各种坐标系或方向下提供相同的力学行为描述。这对于研究和应用材料的力学性质具有重要意义,特别是在涉及材料的各向同性、各向异性等特性时。

4. 记忆公理

记忆公理是指在物体的力学行为中,过去较远时刻的本构变量对当前时刻的材料本构关系的影响可以忽略。记忆公理实际上与局部作用原理相对应,它强调在时间和空间尺度上的局部作用。根据记忆公理,物体在任一时刻的本构关系仅取决于该时刻以前较短时间历史内的独立本构变量的值,而远离该时刻的过去时刻的独立变量的值对本构关系的影响可以忽略。这意味着在建立材料的本构方程时,可以只考虑最近时刻的材料历史,并忽略更远时刻的影响。当物体的运动是在足够光滑的情况下,则可以通过展开泰勒(Taylor)级数来描述运动,并根据记忆公理的要求,只保留时间间隔的低次项(如线性项或线性项和二次项)。这样做可以简化计算和建模的复杂度。然而,在非光滑的运动情况下,如黏弹性材料,记忆公理的影响需要通过积分形式的影响函数来考虑,以描述过去时刻的独立变量对当前时刻材料本构关系的影响。记忆公理的应用允许我们根据材料的历史信息来描述其本构行为,同时减少了需要考虑的变量和历史范围,从而简化了建模和分析的复杂性。

1.2.4 材料的内约束

某种材料所构成的物体在运动和变形过程中必须符合材料本身所规定的限制条件,这些条件被称为材料的内约束。这意味着由具有内约束的材料构成的物体会存在一些在实际中不可能实现的运动和变形情况。以下是几个具体的材料内约束实例。

1. 不可压缩材料

不可压缩材料是指在运动和变形过程中,体积保持不变的材料。无论经历多大的应力或形变,这种材料的体积都保持恒定。

2. 特定方向上不可伸长的材料

这种材料在运动和变形过程中,在特定的方向上长度保持不变。

3. 贝尔(Bell)材料

在金属材料的大变形过程中,如果满足特定的Bell内约束条件,那么这类材料被称为Bell材料。Bell内约束条件是指在材料的变形过程中,存在一种特殊的关系,即材料中的某些内部元素以特定的方式进行相对运动,以保持特定的形状和结构。

1.2.5 材料本构关系的基本认识

在讨论建立材料的本构关系时,需要充分认识以下几点。首先,材料的本构关系不仅仅是关于材料本身特性的描述,还需要考虑材料与外部环境和作用之间的紧密联系。同一种材料在不同的载荷条件下会产生不同的力学响应。其次,不同类型的材料具有不同的微观结构,因此研究材料的微观结构特征以及在变形过程中的演化规律对于建立合理的本构关系至关重要。从微观机制出发研究本构关系可以更深入地理解材料的运动和变形本质,避免引入不必要的材料参数。理想的本构关系应综合考虑材料的宏观性能和微观结构。第三,建立材料的本构关系不能仅仅基于试验数据的简单拟合,而应基于物体运动和变形过程的物理本质。第四,本构关系的建立旨在描述材料和结构的运动和变形,用于评估材料和结构的变形和强度等特性。因此,本构关系的具体应用也是非常重要的,否则,没有实际应用的本构关系只是一些无生命力的数学公式。从另一个角度来看,为了便于工程应用,材料的本构关系不应过于复杂,其可用性也应成为评价本构关系优劣的标准之一。

1.2.6 材料本构关系的形式

材料本构关系的具体形式包括以下几种。

1. 积分型本构关系

在积分型本构关系中,材料的变形历史可以通过对变形梯度张量的积分算子进行表示。变形梯度张量是描述材料在变形过程中位置、形状和尺寸变化的重要参数。积分型本构关系利用变形梯度张量的积分算子(如积分符号)将材料的应力和应变之间的关系表示为一个整体的积分表达式。积分型本构关系的优点在于它能够捕捉到材料变形历史的整体影响。它考虑了材料在变形过程中的累积效应,能够准确描述材料的非线性行为和变形历史的积累。然而,积分型本构关系的建立和求解可能较为复杂,因为它需要考虑材料的全局性质和历史依赖性。

2. 微分型本构关系

在微分型本构关系中,材料的变形历史可以通过对变形梯度张量的微分算子进行表示。微分型本构关系利用变形梯度张量的微分算子(如导数)将材料的应力和应变之间的关系表示为微分方程或微分方程组的形式。微分型本构关系的优点在于它能够捕捉到材料变形历史的微小变化和瞬时响应,它适用于描述材料的线性行为和短时间尺度的变形过程。

3. 率型本构关系

率型本构关系建立了应力和应变速率之间的关系。在率型本构关系中，材料的变形行为被描述为一系列率形式的方程。率型本构关系基于材料的应变速率和应力之间的关系，考虑了材料在变形过程中的速率依赖性。它通常用微分方程或微分方程组的形式表示，其中包含材料的本构响应函数和应力、应变速率之间的关系。率型本构关系适用于描述材料的非线性行为和变形速率对材料响应的影响。它能够捕捉到材料在不同变形速率下的力学行为差异，并提供了对材料动态响应的描述。在率型本构关系中，常见的方程包括流变学方程、黏弹性方程、塑性方程等。这些方程考虑了应力和应变速率之间的非线性关系，以及材料的塑性变形、黏弹性行为等特性。

4. 混合型本构关系

混合型本构关系是通过组合不同类型的本构关系来建立的。在混合型本构关系中，可以结合积分型、微分型和率型本构关系的特点，以综合的方式描述材料的力学行为。通过将不同类型的本构关系组合起来，可以更全面地考虑材料的宏观性能和微观结构的影响。混合型本构关系的建立可以根据具体的研究需求和材料特性进行灵活选择。例如，在某些情况下，可以使用积分型和微分型本构关系的组合来描述材料的整体行为，同时考虑到其变形历史的整体和微小变化。在其他情况下，可能需要将率型本构关系与积分型或微分型本构关系相结合，以描述材料的速率依赖性和非线性行为。

1.3 本构建模的内涵

材料的宏观力学行为可以从力、变形以及力与变形的关系等三个方面进行描述。为了进行材料的本构建模研究，需要全面考虑应力状态、应变状态、应力—应变关系以及破坏机制等内容。

在应力状态分析方面，需要定义应力，并确定一点应力状态的各种表达方式，如应力张量的正应力和切应力、球应力和偏应力、应力状态矢量、主应力、应力不变量、应力摩尔圆以及其他特定应力（如等效应力、八面体应力等）。此外，还需要使用不同的表达式来描述应力场的平衡律，如基于牛顿定律的力矢平衡式、基于动量定理和动量矩定理的动量和动量矩表达式，以及基于虚功原理的虚功表达式和基于最小势能原理的势能表达式。

在应变状态分析方面，需要定义应变，并确定一点应变状态的各种表达方式，如应变张量、正应变和切应变、球应变和偏应变、应变状态矢量、主应变、应变不变量、应变的摩尔圆以及其他特定应变（如等效应变、八面体应变等）。此外，还需要使用微分几何表达式、虚功表达式和余能表达式来描述应变场的协调律。

在应力—应变关系方面，需要考虑材料物性的一系列参数、应力（应变）状态转换的判别准则以及应力—应变变化的规律。不同类型的材料具有不同内涵的应力—应变关系模型。

对于弹性体模型，除了弹性模量 E、泊松比 ν 和剪切模量 G 等物性参数外，还需要定义弹性体的本构关系，其中包括弹性定义下的应力一应变的弹性响应函数表达式（如柯西（Cauchy）弹性材料的本构关系）和基于热力学定律的能量偏微分表达式（如格林（Green）超弹性材料的本构关系）。此外，在“增量弹性”定义下，还存在亚弹性材料的本构关系。

对于弹塑性体模型，除了包含弹性状态的物性参数外，还需要确定材料进入塑性后的新参数和相关判据，如屈服准则和屈服极限、强化法则和强化参数、加载准则和流动法则、强度极限和软化参数等。弹塑性体的本构关系应该包括应力一应变关系的表达式，涵盖了屈服前后、强化与软化、加载卸载与再加载等不同情况下的应力一应变关系。

对于黏弹塑性体模型，其物性参数取决于其组成元件的形式，包括弹性元件、塑性元件和黏性元件的一组参数。因此，黏弹塑性体的本构关系随元件组成形式的不同而不同。对于考虑断裂特性或损伤演化的物体，还需要在材料的应力一应变关系中反映断裂或损伤的影响。

1.4　本构理论发展历史

材料的本构建模是研究和描述材料在各种外载下所经历的力学行为的重要领域，一直以来受到科学家和工程师广泛的关注和研究。最早的模型是由胡克提出的弹性定律，它表明材料的应力和应变之间存在比例关系，且变形是可恢复的。然而，对于大多数材料而言，只有在应力和应变较小的情况下才符合胡克定律。一旦满足某种屈服条件，材料将经历屈服和塑性流动，产生非弹性或不可恢复的变形。特别是在循环载荷作用下，非弹性变形会积累并变得更加复杂，此时胡克定律不再适用。在1864年，Tresca 发表了关于屈服准则的论文，详细讨论了材料的屈服条件。此后，Jenkin 首次建立了金属应力一应变模型，且其在1922年就实现初步模拟迟滞环、平均应力松弛和循环蠕变的工作，但当时的模拟精度相当有限。

塑性被认为与时间无关，因此需要单独考虑与时间相关的变形，如蠕变。然而，在实际应用中，蠕变分析也具有重要性。因此，除了弹塑性理论之外，人们广泛研究了恒载和变载下的蠕变现象。同时从微观水平上探究了蠕变机理，并从宏观试验现象出发，发展了各种唯象蠕变理论，以描述时间相关的蠕变变形和应力松弛行为。这些理论研究了应力水平、温度、微观结构、应变历史等对蠕变的影响，其中包括诺顿（Norton）蠕变定律、时间硬化和应变硬化蠕变规律等。

一般而言，用于描述材料在塑性范围内力学行为的塑性理论涵盖了以下几个关键概念：能量耗散、不可逆的塑性变形、加载历史或路径相关性、初始屈服面和后继屈服面、塑性变形本构方程以及加载和卸载准则。经典的塑性理论在这些基础上发展，将非弹性变形划分为时间无关的塑性和时间相关的蠕变，并为描述材料塑性变形的流动规律奠定了坚实的基础。在过去的100多年里，基于德鲁克(Drucker)公设(应力空间)、伊留申公设(应变空间)以及米泽斯(Mises)、特雷斯卡(Tresca)和希尔(Hill)等准则，人们对材料的塑性本构关系进行了广泛的探索。这些研究产生了塑性力学的基本定理、基础方程和求解方法，形成了经典的弹塑性强度理论。然而，这些塑性本构方程主要关注材料在静态加载下的力学特性，未考虑材料的应变率效应和应变率历史效应，仍处于塑性静态本构关系的框架内。只有在材料对应变率不敏感、工作温度较低或加载速率极慢的情况下，才能使用这种与应变率无关的塑性本构理论获得较好的近似结果。

由于硬化效应，塑性变形后的材料加载曲面不仅与瞬时应力状态有关，还与材料之前的加载历史有关。换句话说，材料的应力状态不仅取决于局部应变状态，还受到整个变形历史的影响，并在某些情况下与应力和应变梯度以及尺寸效应相关。在这种情况下，如果应变率效应不能被忽略，材料将表现出与静态加载不同的特征。例如，在快速加载条件下，许多金属的屈服极限明显提高，而屈服的发生则有滞后现象(即黏性现象)。此外，材料的瞬时应力随应变率增加而增加。这些现象统称为应变率效应。应变率敏感材料是指具有明显应变率效应的材料。固体材料对应变率的敏感性不仅与材料类型相关，还与工作温度和材料内部状态密切相关。特别是在高温下，金属和合金可能表现出黏塑性行为，并伴随不同特征尺度的扩散现象。位错在蠕变过程中会导致工作硬化和恢复效应的相互竞争，而扩散蠕变可能涉及与晶界相关的滑移。在低温条件下，可能会出现与塑性变形的热激活相关的黏塑性行为。大量的研究表明，这些力学现象是同一物理过程的不同表现，受一个或多个内部状态变量的驱动。

然而，随着高性能新材料作为新技术的基础和先导的出现，已有的弹塑性强度理论和变形理论已经无法满足时代和社会发展的需求，迫切需要建立新的强度和破坏理论，以与时代同步。为了满足现代化高技术的需求，在信息科学、生物医学工程、航空航天、能源和海洋开发等领域涌现了许多具有超轻、耐高温、耐腐蚀、超高强度、耐超高压、超导性和耐超低温等特性的材料，如信息材料、生物工程材料、能源材料、复合材料、陶瓷材料、压电金属、形状记忆材料和功能梯度材料等。这些材料的出现不仅推动了材料科学与技术、固体本构关系、强度和破坏理论的发展，也促进了物质文明的进步，使人们对客观物理世界有了更深刻的理解。因此，随着连续介质力学和数值计算技术的不断发展和完善，各种统一的黏弹性、黏塑性等本构理论也取得了长足的进展。

本章参考文献

[1] 卓家寿，黄丹. 工程材料的本构演绎[M]. 北京：科学出版社，2009.
[2] 康国政，于超，张旭. 材料宏细观非弹性本构关系[M]. 北京：科学出版社，2021.
[3] 杨晓光，石多奇. 粘塑性本构理论及其应用[M]. 北京：国防工业出版社，2013.

[4] SOCIE D, MARQUIS G. Multiaxial fatigue [M]. Warrendale: Society of Automotive Engineers, Inc. ,2000.

[5] GITTUS J H. Development of constitutive relation for plastic deformation from a dislocation model[J]. Journal of engineering materials and technology, 1976, 98 (1):52-59.

[6] 穆霞英. 蠕变力学[M]. 西安：西安交通大学出版社，1990.

[7] 熊昌炳. 疲劳与蠕变力学[M]. 北京：北京航空学院，1982.

[8] FRANÇOIS D, PINEAU A, ZAOUI A. Mechanical behaviour of materials: Volume I: Elasticity and plasticity[M]. Berlin: Springer, 2012.

[9] TEMAM R, MIRANVILLE A. Methematical modeling in continuum mechanics [M]. Cambridge: Cambridge university press, 2001.

[10] FUNG Y C, TONG P. Classical and computational solid mechanics [M]. Singapore: Worldscientific, 2001.

[11] 王仁，熊祝华，黄文彬. 塑性力学基础[M]. 北京：科学出版社，1982.

[12] 杨桂通. 塑性动力学：新版[M]. 北京：高等教育出版社，2000.

[13] 黄克智，黄永刚. 固体本构关系[M]. 北京：清华大学出版社，1999.

[14] 赵修建，蔡克峰. 新材料与现代文明[M]. 武汉：湖北教育出版社，1999.

第2章　弹性及塑性本构理论

2.1　基本概念

2.1.1　弹性及弹性变形

当物体受外力作用时会发生形状和尺寸的改变,即发生了变形,如果施加在物体上的外力撤去后物体能恢复到原来的形状和尺寸,则将此变形称为弹性变形,物体表现出来的这种性质称为弹性。

从微观机理来看,发生弹性变形的原因是组成物体的微粒(原子、分子等)在外力作用下其间的距离发生了变化。以晶体材料为例,在平衡状态下,晶体中的原子处于平衡位置,即在这个位置上原子之间的作用力(吸引力和排斥力)是平衡的。对于以金属键结合为主的晶粒而言,可以认为吸引力是金属正离子和公有电子之间库仑引力的作用结果,这是一种长程力。而排斥力则来源自金属离子和同性电子之间的排斥作用,属于短程力。当原子之间的距离较远时,长程的库仑引力占主导地位,但当原子之间彼此靠近到一定距离时,短程的排斥力占主导地位,模型如图2.1所示。

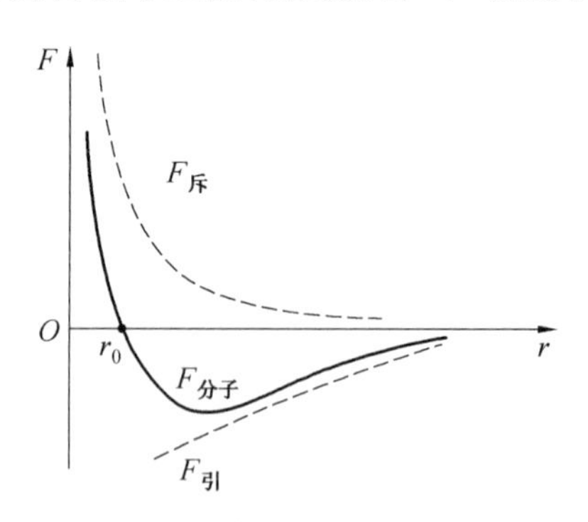

图2.1　原子间作用力双原子模型

当一个原子发生位移时,通过键的作用,力会传递给相邻的原子,并协调原子之间的距离,这种外力引起的原子间距的变化在宏观上即弹性变形。外力去除之后,原子复位,位移消失,弹性变形消失,从而表现了弹性变形的可逆性。

弹性变形的特点如下。

(1)理想的弹性变形是一种可逆变形。

(2)金属、陶瓷以及部分高分子材料等发生弹性变形时,其应力与应变之间都保持线性关系，即服从胡克定律：

在正应力下

$$\sigma = E\varepsilon \tag{2.1}$$

在切应力下

$$\tau = G\gamma \tag{2.2}$$

式中　σ——正应力；

τ——切应力；

ε——正应变；

γ——切应变；

E——弹性模量(杨氏模量)；

G——剪切模量。

弹性模量和剪切模量之间保持一定的关系：

$$G = \frac{E}{2(1-\nu)} \tag{2.3}$$

式中　ν——泊松比，表示材料的侧向收缩能力，对于金属来说，ν 取值在 0.25～0.35 之间。

弹性模量 E 本质上是原子间结合力的曲线斜率，随着原子之间相对位置的变化而变化，但是一般弹性变形量很小，弹性模量可以认为是原子处于平衡状态时曲线的斜率，即通常将弹性模量 E 当作常数。弹性模量本质上取决于微粒之间的键合强度，与键合方式、晶体结构、化学成分、温度等因素有关，而不依赖于显微组织。因此，弹性模量是一个对组织不敏感的性能指标。

在工程中，经常采用弹性模量来表征材料的刚度。在相同载荷作用下，材料的 E 越大，刚度越大，材料发生材料变形的量也就越小，如钢的 E 是铝的 3 倍，因此钢发生的弹性变形量只有铝的 1/3。

(3)弹性变形存在不完整性。理想的弹性变形只与载荷大小有关，而与加载的方向和时间无关。但实际中的金属多晶体中存在多种缺陷，所以变形不是完整弹性的，会出现包辛格效应、弹性后效、弹性滞后等现象。

2.1.2　塑性及塑性变形

当外力施加在物体上，如果外力撤去后物体无法恢复到原始的形状和尺寸，即物体内的某些部分，应变将不随应力的消失而消失，发生了不可恢复的变形，则这种变形不可恢复的性质称为材料的塑性，不随应力消失而消失的那部分变形称为塑性变形。

金属材料常见的塑性变形方式主要为滑移和孪生，图 2.2 为滑移和孪生示意图。滑移是金属塑性变形的主要机制，在外力作用下，金属材料沿着一定的晶向和晶面发生切变，这个过程称为滑移。通常，滑移面是原子最密排的晶面，滑移方向是原子最密排的方向。滑移面和滑移方向的组合称为滑移系。一般来说，滑移系多的金属塑性好，比如面心立方结构（FCC，12 个滑移系）金属塑性普遍优于密排六方结构（HCP，3 个滑移系）金属，图 2.3 为体心立方结构（BCC）、面心立方结构（FCC）、密排六方结构（HCP）金属的滑移系。金属的塑性优劣不只取决于滑移系的数目，比如 FCC 和 BCC 同样具有 12 个滑移系，但是 Cu(FCC)的塑性明显优于 α—Fe(BCC)，其原因是 Cu 的晶格阻力小，位错容易运动。

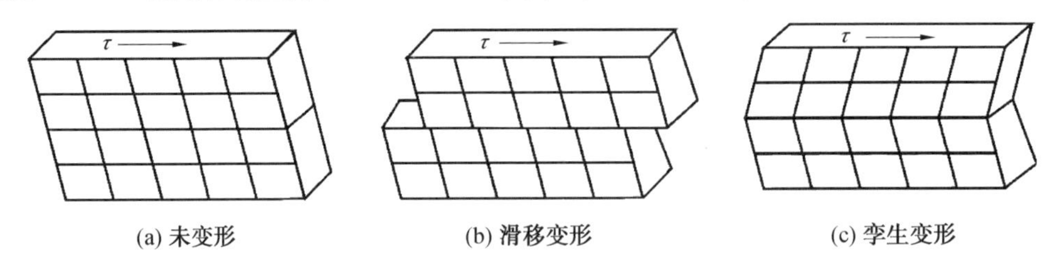

(a) 未变形　　(b) 滑移变形　　(c) 孪生变形

图 2.2　滑移和孪生示意图

晶体结构	体心立方结构(BBC)		面心立方结构(FCC)		密排六方结构(HCP)	
滑移面	{110}	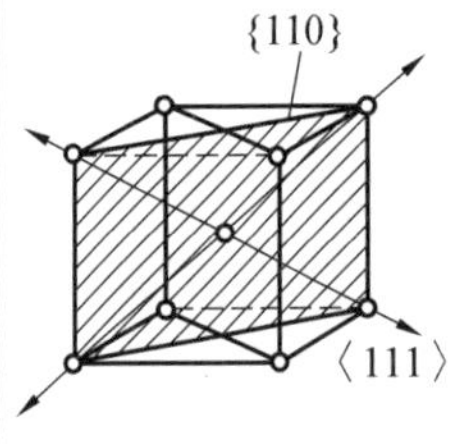 {110} ⟨111⟩	{111}	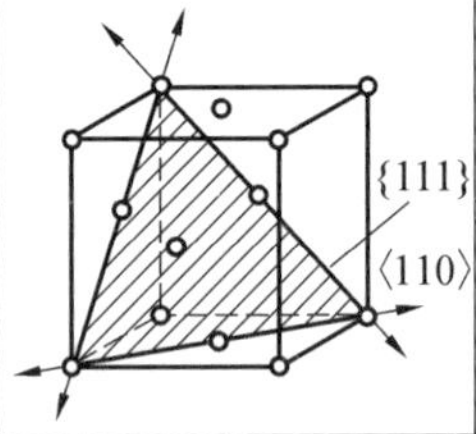 {111} ⟨110⟩	{0001}	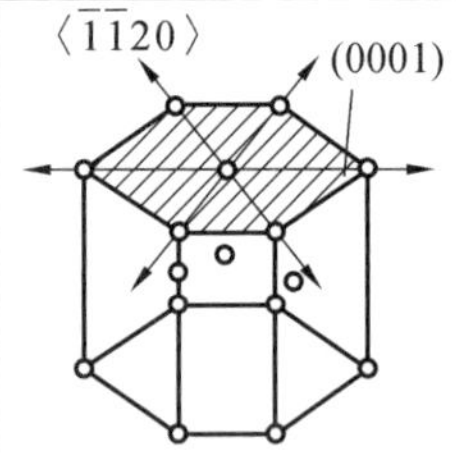 $\langle\bar{1}\bar{1}20\rangle$ (0001)
滑移方向	⟨111⟩		⟨110⟩		$\langle 11\bar{2}0\rangle$	
滑移系数目	6×2=12		4×3=12		1×3=3	

图 2.3　BCC、FCC、HCP 金属的滑移系

孪生也是金属材料中常见的一种塑性变形方式，特别是对于滑移系较少的材料，如典型的 HCP 金属，孪生对其塑性变形的发生具有重要的作用。在一些塑性较好的 FCC 金属中也可以观察到孪生行为的发生，但是一般只有在很低的温度下才能产生孪生变形，在一些金属的退火组织中也可见孪生变形的发生，例如 Cu 中的退火孪晶。BCC 金属及其合金在冲击载荷及低温下也常常发生孪生变形。

1. 滑移和孪生的异同点

（1）相同点。

①两者都是晶体在切应力作用下发生的均匀剪切变形。

②从变形机制上看两者都是位错运动的结果。

（2）不同点。

①孪生是一部分晶体相对于另一部分发生切变，切变时原子移动的距离一般是原子间距的分数倍；而滑移时一部分晶体相对于另一部分发生滑动，滑动的距离一般是原子

间距的整数倍。

②孪生发生之后晶体已变形的部分与未变形的部分位向不同,呈晶面对称。

③孪生是不全位错的运动的结果,滑移不一定。

④孪生本身提供的变形量很小,但是孪生改变了晶体位向,使新的滑移系开动,间接促进了塑性变形的进行。

2. 塑性变形的特点

实际中的材料多为多晶体,每一个晶粒滑移变形的规律与单晶体相同。但多晶材料中存在晶界,每个晶粒取向也有不同,因此其塑性变形具有以下特征。

(1)变形的不同时性。

多晶体中由于各晶粒的取向不同,各滑移系的取向也不同,因此在外加载荷的作用下,各滑移系上的分切应力值大小差异很大。那些取向有利的晶粒,取向因子最大的滑移系上的应力值首先达到临界分切应力,开始开动,发生塑性变形。而此时取向不利的晶粒仍然处于弹性变形状态,虽然金属的塑性变形已经开始,但是并没有造成宏观的塑性变形效果。由于有利取向的晶粒塑性变形已经发生,即滑移面上的位错源已经开动,位错不断沿着滑移面运动到达晶界处,但周围其他晶粒的取向和此晶粒不同,位错无法越过晶界,此时位错就会在晶界处发生堆积,形成位错平面塞积群。位错平面塞积群导致其前沿区域产生应力集中,随着外加载荷的增加,应力集中的程度也在增加。应力集中和外加应力共同作用使相邻晶粒的某些滑移系上的分切应力达到临界值,塑性变形继续产生。

(2)变形的相互协调性。

多晶体作为一个连续的整体,每个晶粒都处在其他晶粒的包围之中,它的变形不是孤立和任意的,为此就需要各晶粒之间相互协调。相邻的晶粒必须能同时沿着几个滑移系进行滑移,才能保证其形状做各种相应的改变。也就是说,为了协调已经发生的晶粒形状的改变,相邻各晶粒必须要进行多系滑移。Mises 指出,每个晶粒至少必须有 5 个独立的滑移系开动,才能保证产生任何方向上不受约束的塑性变形且体积不变。

(3)变形的不均匀性。

在外加应力和应力集中的模式下,越来越多的晶粒参与塑性变形,很显然,由于应力状态的不同,这些晶粒发生的变形绝不是相同的。实际上,不仅晶粒与晶粒之间变形量不同,即使同一个晶粒内部,各处的变形量也是不同的。这种变形的不均匀性可能会导致在材料塑性变形能力还没有枯竭时,局部区域或者个别晶粒的塑性变形已经达到极限值,这些地方就有可能成为裂纹形核的中心,从而导致金属材料的早期断裂。

2.2　弹性本构理论

在弹性范围内,单向的应力与应变之间存在线性关系,即 $\sigma = E\varepsilon$(单向拉伸、压缩)和

$\tau = G\gamma$（纯剪）。这一定律是 Hooke 在大量材料的拉伸、压缩、剪切试验基础上提出的，这一定律奠定了弹性理论的物理基础。广义胡克定律是胡克定律在三向应力状态下的推广。

根据胡克定律，分别计算 3 对正应力和 3 对剪应力引起的应变，利用叠加原理和各向同性假设可以得到三向复杂应力状态下的应变与应力之间的关系（逆弹性关系）：

$$\begin{cases} \varepsilon_x = \dfrac{1}{E}[\sigma_x - \nu(\sigma_y + \sigma_z)], & \gamma_{xy} = \dfrac{\tau_{xy}}{G} \\ \varepsilon_y = \dfrac{1}{E}[\sigma_y - \nu(\sigma_x + \sigma_z)], & \gamma_{yz} = \dfrac{\tau_{yz}}{G} \\ \varepsilon_z = \dfrac{1}{E}[\sigma_z - \nu(\sigma_y + \sigma_x)], & \gamma_{zx} = \dfrac{\tau_{zx}}{G} \end{cases} \tag{2.4}$$

式中　σ——正应力；

τ——剪应力；

ε——正应变；

γ——剪应变；

E——弹性模量（杨氏模量）；

G——剪切模量；

ν——泊松比。

从式（2.4）可以发现，物体一点的 3 个正应力和 3 个正应变之间相互牵连，而剪应力和剪应变之间互不相关。将式（2.4）的前三项相加则可以得到

$$\theta = \frac{1-2\nu}{E}\Theta \tag{2.5}$$

式中　$\theta = \varepsilon_x + \varepsilon_y + \varepsilon_z$，称为体积应变；

$\Theta = \sigma_x + \sigma_y + \sigma_z$，称为体积应力。

此式又称为广义胡克定律的体积式。

将应力用应变表示，由式（2.4）解出应力，可以得到各向同性材料的应力一应变关系，称为弹性公式：

$$\begin{cases} \sigma_x = 2G\varepsilon_x + \lambda\theta, & \tau_{xy} = G\gamma_{xy} \\ \sigma_y = 2G\varepsilon_y + \lambda\theta, & \tau_{yz} = G\gamma_{yz} \\ \sigma_z = 2G\varepsilon_z + \lambda\theta, & \tau_{zx} = G\gamma_{zx} \end{cases} \tag{2.6}$$

式中　λ——拉梅（Lamé）常数，$\lambda = \dfrac{E_\nu}{(1+\nu)(1-2\nu)}$。

式（2.6）可进一步简写为

$$\sigma_{ij} = 2G\varepsilon_{ij} + \delta_{ij}\lambda\theta \tag{2.7}$$

式中　$\varepsilon_{ij} = \varepsilon_{ji} = \dfrac{1}{2}\gamma_{ij}\,(i \neq j)$，又称应变张量剪应变；

δ_{ij}——柯氏符号。

可见，在处于弹性变形的各向同性体中的各点，应力主方向和应变主方向是一致的。事实上，如将坐标轴取得与物体内某一点的应变主方向重合，此时所有的剪应变分量为零。而由式(2.4)后三式可知，此时剪应力分量也必须为零。因此，这 3 个坐标轴方向又是应力主方向，也即应变主轴与应力主轴重合。

将式(2.6)左边三式相加，得

$$\Theta=(3\lambda+2G)\theta=\frac{E}{1-2\nu}\theta \tag{2.8}$$

或

$$\sigma_{\mathrm{m}}=\frac{E}{3(1-2\nu)}\theta=K\theta \tag{2.9}$$

式中　σ_{m}——平均应力；

K——体积模量，$K=\dfrac{E}{3(1-2\nu)}$。

式(2.8)、式(2.9)称为各向同性体的体积改变定律。

2.3　塑性本构理论

2.3.1　屈服行为

1. 屈服条件

在低碳钢单向拉伸试验中，当试件横截面积上的拉应力超过材料的屈服极限 σ_{s} 时，应力一应变曲线上将会出现应力几乎不变而应变快速增加的锯齿状屈服平台，此时判断材料的屈服条件为

$$\sigma_1=\sigma_{\mathrm{s}} \tag{2.10}$$

式中　σ_1——试件横截面上的应力，也是单元体上的最大应力。

将物体内一点进入屈服之前的应力状态称为屈服条件。大多数情况下物体承受多向应力作用，应力状态较为复杂，在这种情况下，屈服条件可以表示为

$$f(\sigma_{ij})=0 \tag{2.11}$$

式中　$f(\sigma_{ij})$——一点的应力状态函数，也称屈服函数。

一般应力状态下屈服函数的自变量 σ_{ij} 中的独立分量有 6 个，所以式(2.11)表示一个六维应力空间内的超曲面方程。静水压力不影响塑性状态，因此式(2.11)可以表示成应力偏量的函数：

$$f(s_{ij})=0 \tag{2.12}$$

假设材料是各向同性的，那么屈服条件将与坐标轴的选取无关，此时可以表示成主应力的函数：

$$f(\sigma_1,\sigma_2,\sigma_3)=0 \tag{2.13}$$

式中的σ_1、σ_2、σ_3构成的三维空间称为主应力空间，式(2.13)表示主应力空间的一个曲面，即屈服面。

2. 屈服面

屈服面是屈服条件最直观的表现，为了考察屈服面的特征，过坐标原点作与3个坐标轴等倾斜的直线On，如图2.4所示，该直线可用参数方程表示为

$$\begin{cases}\sigma_1=\sigma_m\\\sigma_2=\sigma_m\\\sigma_3=\sigma_m\end{cases} \tag{2.14}$$

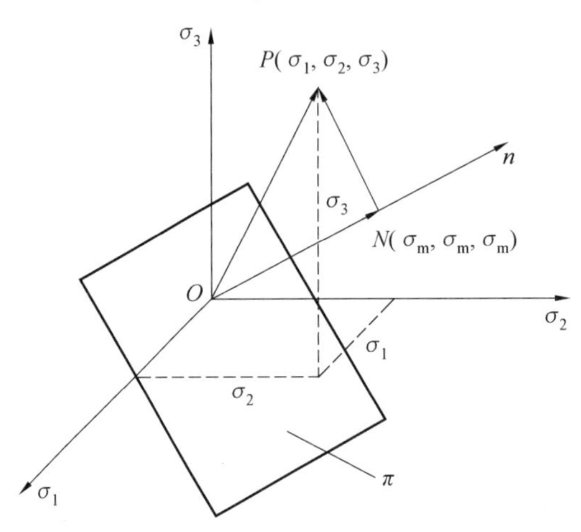

图2.4　屈服面的特性

该直线上的任何一点都处于静水应力状态，应力偏量的分量都等于0。因此，这条直线也称为静水应力状态直线。存在一个平面经过原点且垂直于静水应力状态直线，这个平面称为π平面。如图2.4所示，屈服面上一点$P(\sigma_1,\sigma_2,\sigma_3)$在静水应力状态直线上的投影为$N(\sigma_m,\sigma_m,\sigma_m)$，$\overrightarrow{OP}$和$\overrightarrow{ON}$之间的夹角$\theta$为

$$\cos\theta=\frac{\overrightarrow{OP}\cdot\overrightarrow{ON}}{|\overrightarrow{OP}|\,|\overrightarrow{ON}|} \tag{2.15}$$

根据几何投影可得

$$|\overrightarrow{ON}|=|\overrightarrow{OP}|\cos\theta \tag{2.16}$$

将式(2.15)代入式(2.16)，化简后得

$$\sigma_m=\frac{\sigma_1+\sigma_2+\sigma_3}{3} \tag{2.17}$$

因此屈服面上的点$P(\sigma_1,\sigma_2,\sigma_3)$在静水应力状态线上的投影$N(\sigma_m,\sigma_m,\sigma_m)$是其静水应力分量，而其在$\pi$平面上的投影则为应力偏量。

屈服函数只包含应力偏量，与静水应力无关，如果通过点P作一条与静水应力状态

线平行的直线，那么该直线上的点的应力偏量都相同。因此该条直线是组成屈服面的一条线，而整个屈服面必定是平行于静水应力状态线的柱体表面。

屈服面在 π 平面上的投影为一条封闭曲线，称为屈服曲线，如图 2.5 所示，该曲线具有以下性质：

①屈服曲线是包含原点的封闭曲线。屈服曲线内部代表弹性应力状态，可变形固体不可能在无应力状态下屈服，因此原点必然包含在屈服曲线内部。

②屈服曲线与任一从坐标原点出发的射线必相交一次，且只有一次。屈服曲线与从坐标原点出发的射线的交点是屈服面上的点，如果不存在交点，意味着该加载方向上材料永远不会屈服；如果存在 2 个以上交点，则意味着该加载方向上材料有 2 次或以上屈服，屈服应力相差若干倍，在屈服点之间还存在弹性应力状态。这两种情况都不符合物理规律。

③屈服曲线对 3 个坐标轴的正负方向均对称。这种对称只适用于拉压屈服性能相同的材料。

④屈服曲线为外凸曲线，屈服面为外凸曲面，屈服面的外凸性是屈服函数的重要特性。

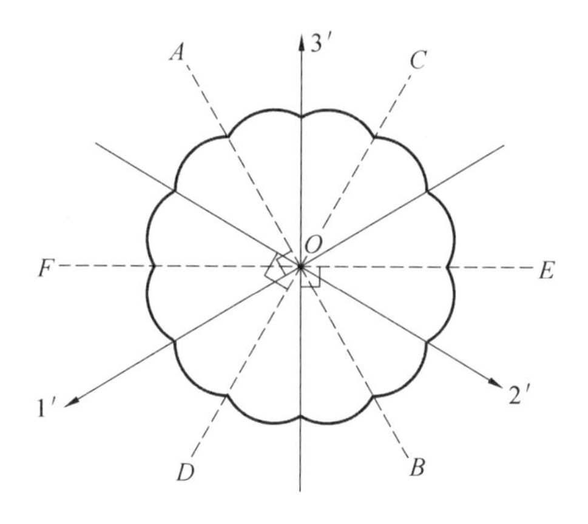

图 2.5　π 平面屈服曲线

3. Tresca 屈服条件

Tresca 屈服条件由法国人 Tresca 提出，他假设最大剪应力增加到某极限值 k 时，材料发生屈服。如规定 $\sigma_1 \geqslant \sigma_2 \geqslant \sigma_3$，Tresca 屈服条件可以表示为

$$\tau_{\max} = \frac{\sigma_1 - \sigma_3}{2} = k \tag{2.18}$$

式中　$\tau_{\max}$——材料的剪切屈服应力；

　　σ_1 和 σ_3——微元体的最大、最小主应力。

这就是材料力学中的第三强度理论。

在主应力空间中，Tresca 屈服条件是与静水应力状态线平行的六角柱体，如图 2.6

所示。当材料处于弹性状态时，应力点落在六角柱内部；当材料开始进入塑性状态时，应力点落在六角柱表面。

Tresca 六角柱体在 π 平面的投影是一个正六边形，如图 2.7 所示，对应表达式为

$$\begin{cases}\sigma_1-\sigma_2=\pm 2k\\ \sigma_2-\sigma_3=\pm 2k\\ \sigma_3-\sigma_1=\pm 2k\end{cases} \tag{2.19}$$

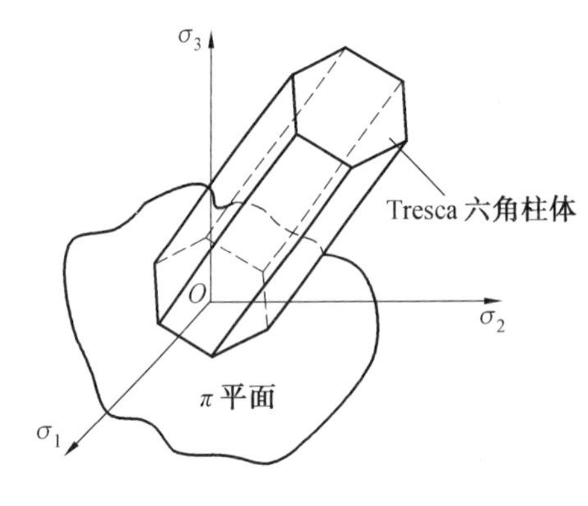

图 2.6　Tresca 屈服条件

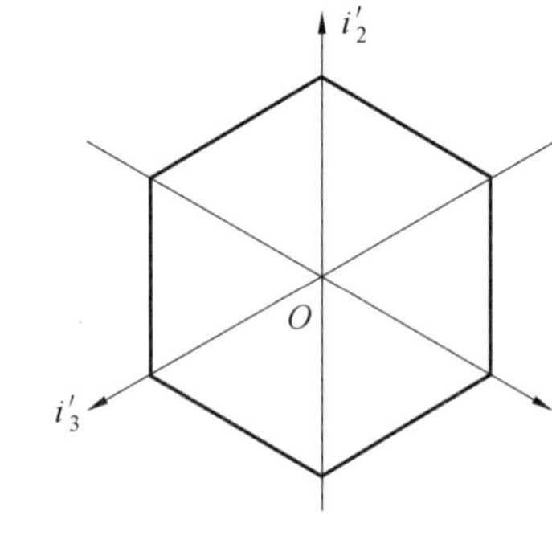

图 2.7　Tresca 六角柱体投影图

4. Mises 屈服条件

Mises 注意到 Tresca 屈服条件没有考虑中间应力 σ_2 的影响，并提出了自己总结的屈服条件及 Mises 屈服条件。该屈服条件又称最大畸变能条件，它假设最大畸变能是材料的屈服原因，根据畸变能的表达式，最大畸变能条件可以表示为

$$J_2=k^2 \tag{2.20}$$

式中　J_2——应力张量的第二不变量；

k——材料参数，由试验确定。

如果用主应力表示应力张量的第二不变量 J_2，则式(2.20)可以写为

$$\frac{1}{6}[(\sigma_1-\sigma_2)^2+(\sigma_2-\sigma_3)^2+(\sigma_3-\sigma_1)^2]=k^2 \tag{2.21}$$

在单向拉伸试验中，当材料屈服时：

$$J_2=\frac{1}{6}[(\sigma_s-0)^2+0+(0-\sigma_s)^2]=k^2 \tag{2.22}$$

化简得

$$k=\frac{1}{\sqrt{3}}\sigma_s \tag{2.23}$$

式中　σ_s——屈服应力。

根据式(2.22)，畸变能条件可以写为

$$\frac{1}{6}[(\sigma_1-\sigma_2)^2+(\sigma_2-\sigma_3)^2+(\sigma_3-\sigma_1)^2]=\frac{\sigma_s^2}{3} \tag{2.24}$$

如果定义 Mises 应力为

$$\sigma_{\text{Mises}}=\sqrt{3J_2}=\sqrt{\frac{1}{2}[(\sigma_1-\sigma_2)^2+(\sigma_2-\sigma_3)^2+(\sigma_3-\sigma_1)^2]} \tag{2.25}$$

那么 Mises 屈服条件可以写成类似 Tresca 屈服条件的形式：

$$\sigma_{\text{Mises}}-\sigma_s=0 \tag{2.26}$$

一般情况下，Mises 应力的表达式为

$$\sigma_{\text{Mises}}=\sqrt{\frac{1}{2}[(\sigma_x-\sigma_y)^2+(\sigma_y-\sigma_z)^2+(\sigma_z-\sigma_x)^2+6(\tau_{xy}^2+\tau_{yz}^2+\tau_{zx}^2)]} \tag{2.27}$$

在主应力空间中，Mises 屈服条件对应的是与静水应力状态线平行的圆柱体，如图 2.8 所示。当应力点在材料内部时，材料处于弹性变形状态；当应力点达到圆柱体表面时，材料进入塑性状态。可以证明，Mises 圆柱体外接于 Tresca 六角柱体，实际上最初 Mises 屈服条件的提出也是基于此，后来才有了畸变能的解释。Mises 圆柱体在 π 平面的投影面为圆，半径为$\sqrt{2/3}\sigma_s$，Mises 圆柱体外接于 Tresca 六角柱体在 π 平面的投影如图 2.9 所示。

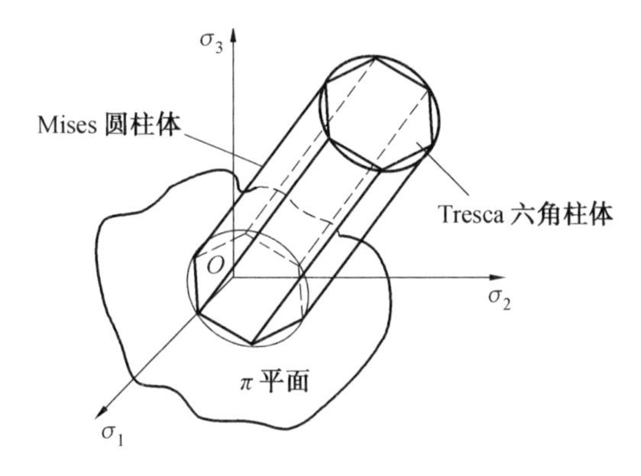

图 2.8　Mises 屈服条件

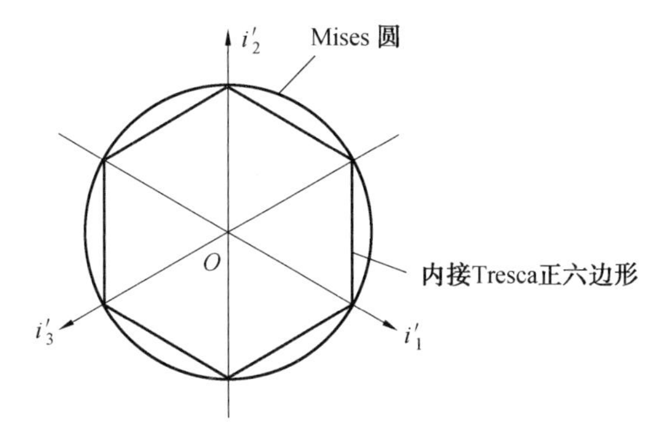

图 2.9　Mises 圆柱体在 π 平面上的投影

(1)两种屈服准则的相同点。

①屈服准则的表达式都和坐标的选择无关,等式左边都是不变量的函数。

②3 个主应力都可以任意置换面而不影响屈服,同时,认为拉应力和压应力的作用是一样的。

③各表达式都和应力球张量无关。

④两种屈服条件都是适用于低碳钢等塑性材料的屈服条件。

(2)两种屈服准则的不同点。

Tresca 屈服条件忽略了中间主应力的影响,Mises 屈服条件克服了这个缺点。

试验证明,Mises 屈服条件更接近试验结构。在实际工程中,这两种屈服条件都有应用。

5. 后继屈服条件

屈服条件说明了在什么情况下材料会发生屈服,但是并没有说明材料发生屈服以后,屈服函数和屈服面的变化情况。

如果材料是理想弹塑性的,单向拉伸时的应力—应变关系如图 2.10 所示,在材料屈服后,应力保持不变。此时,屈服面对应于屈服条件,保持不变,即为初始屈服面。初始屈服面也是材料弹性状态的边界,并且可用以下方程表示屈服面的条件:

$$f(\sigma_{ij})=0 \tag{2.28}$$

式中 $f(\sigma_{ij})$——初始屈服函数。

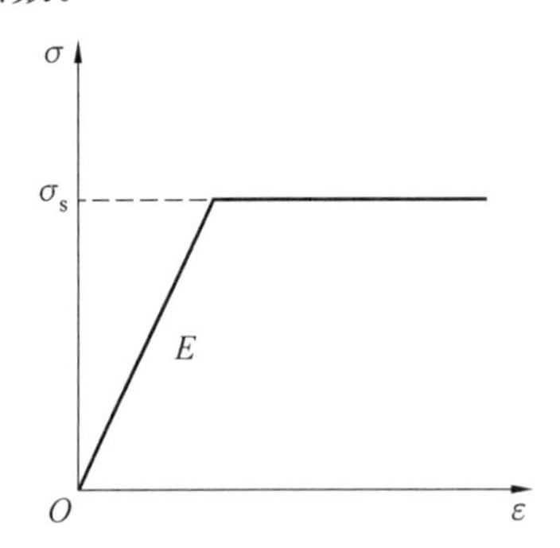

图 2.10 理想弹塑性材料的应力—应变关系

如果材料受到应变强化效应影响,则其在单向拉伸时的应力—应变关系可以参考图 2.11。材料的初始屈服应力为 σ_s。在屈服后,应力仍然可以继续增加。如果在屈服变形后卸载,然后重新加载,应力和应变之间将仍然保持弹性关系,直至应力达到之前曾经达到的最高应力点,材料才再次发生屈服。这种屈服称为后继屈服,而在经历塑性变形后,最高应力称为后继屈服应力。此时,弹性范围的边界不再是初始屈服面,而是后继屈服面(加载面),其方程被称为后继屈服条件。后继屈服条件的表达式如下:

$$\varphi(\sigma_{ij},\xi_a)=0 \tag{2.29}$$

式中 $\varphi(\sigma_{ij},\xi_a)$——后继屈服函数;

σ_{ij}——应力张量；

ξ_a——内变量。

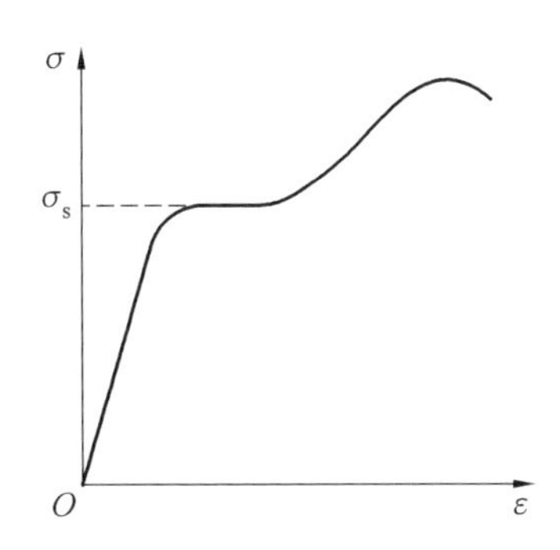

图2.11 强化材料的应力－应变关系

6.强化模型

对于单向拉伸，强化现象指的是塑性变形后屈服应力提高的现象。然而，在三维一般受力状态下，除了屈服应力的提高之外，主应力空间中的屈服面也会发生变化。根据强化后主应力空间中屈服面的不同，通常存在3种常用的强化模型：等向强化模型、随动强化模型以及组合强化模型。接下来以等向强化模型为例，观察发生塑性变形后主应力空间中屈服面的变化。

此模型中，当材料进入塑性以后，屈服面在应力空间的各个方向均匀地向外扩张，但其形状、中心及其在应力空间中的方位均保持不变。等向强化模型的后继屈服条件为

$$\varphi(\sigma_{ij},\xi_a)=f(\sigma_{ij})-K(\xi_a)=0 \tag{2.30}$$

式中 $K(\xi_a)$——塑性变形以后的屈服应力，它是自变量 ξ_a 的函数，在初始屈服时，$\xi_a=0$，$K(0)=\sigma_0$。

在后继屈服时，ξ_a 可以取为塑性比功(塑性功增量)dW^p 的函数：

$$K=F(W^p) \tag{2.31}$$

式中

$$W^p=\int dW^p=\int\sigma_{ij}\,d\varepsilon_{ij}^p \tag{2.32}$$

或者取为塑性应变增量的函数，即

$$K=g(\varepsilon^p) \tag{2.33}$$

式中

$$\varepsilon^p=\int|d\varepsilon^p| \tag{2.34}$$

从函数性质上看，K 是单调递增函数，它是此前加载历史中所达到的最大值。

如果采用Mises屈服条件，则后继屈服函数可取为

$$\varphi(\sigma_{ij},\xi_a)=\sigma_{\text{Mises}}-\sigma_s(\bar{\varepsilon}^p)=0 \tag{2.35}$$

式中，σ_{Mises}为 Mises 等效应力，后继屈服应力 σ_s 取加载历史中屈服应力的最大值，它是等效塑性应变 $\bar{\varepsilon}^p$ 的函数：

$$\bar{\varepsilon}^p = \int \overline{d\varepsilon^p} = \int \left(\frac{2}{3} d\varepsilon_{ij}^p d\varepsilon_{ij}^p \right)^{\frac{1}{2}} \tag{2.36}$$

屈服应力(σ_s)与等效塑性应变($\bar{\varepsilon}^p$)之间的关系可以从材料单向拉伸试验时进入塑性状态后的应力(σ_s)与应变(ε)的关系曲线中得到。在材料的单向拉伸试验曲线中，假设材料是不可压缩的，那么 3 个方向的塑性主应变为

$$\begin{cases} \varepsilon_1^p = \varepsilon^p \\ \varepsilon_2^p = \varepsilon_3^p = -\dfrac{1}{2}\varepsilon^p \end{cases} \tag{2.37}$$

式中 ε^p——拉伸方向的塑性应变，由此得到等效塑性应变：

$$\bar{\varepsilon}^p = \sqrt{\frac{4}{3} J_2'} = \sqrt{\frac{2}{9}[(\varepsilon_1^p - \varepsilon_2^p)^2 + (\varepsilon_2^p - \varepsilon_3^p)^2 + (\varepsilon_3^p - \varepsilon_1^p)^2]} = \varepsilon^p \tag{2.38}$$

等效塑性应变与拉伸方向的塑性应变相等，所以 $\sigma_s - \bar{\varepsilon}^p$ 关系曲线即为 $\sigma_s - \varepsilon^p$ 关系曲线，其中

$$\varepsilon^p = \varepsilon - \frac{\sigma_s}{E} \tag{2.39}$$

而 $\sigma_s - \varepsilon^p$ 关系曲线可以由材料单向拉伸时的应力－应变曲线得到，只需要根据式(2.39)将屈服应力 σ_s 对应的应变 ε 用 ε^p 代替即可。

从屈服面来看，后继屈服条件所对应的空间曲面称为后继屈服面，又称加载面。在主应力坐标系中，后继屈服面与初始屈服面形状相似，中心位置不变，如图 2.12 所示。由于等向强化模型中后继屈服应力是加载历史中屈服应力的最大值，因此屈服面只能扩大，不能缩小。

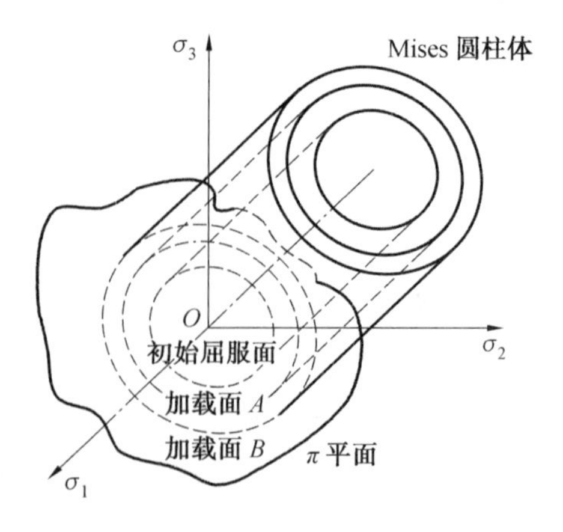

图 2.12 主应力空间中等向强化模型对应的屈服面(Mises 屈服条件)

三维屈服面在 π 平面上的投影如图 2.13 所示。后继屈服面仅由加载路径中所达到的最大应力点决定，图中路径 1 和路径 2 得到的后继屈服面为 A，路径 3 得到的后继屈服面为 B。

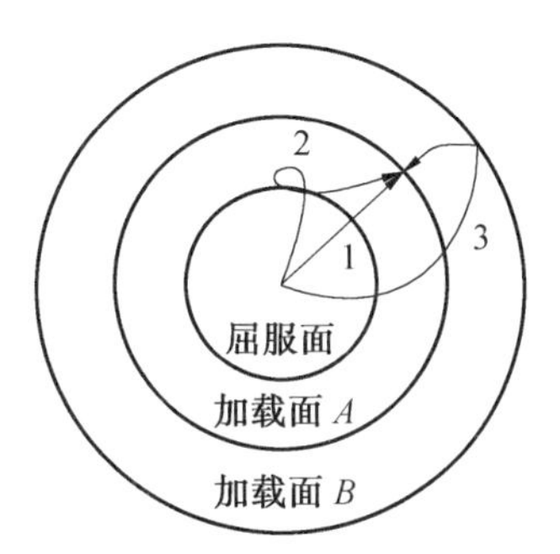

图 2.13　复杂应力状态下 π 平面上的屈服圆(Mises 屈服条件)

在单向应力状态下等向强化模型对应的应力－应变关系如图 2.14 所示，屈服后反向加载时，屈服应力的绝对值与之前最大的屈服应力绝对值相等。

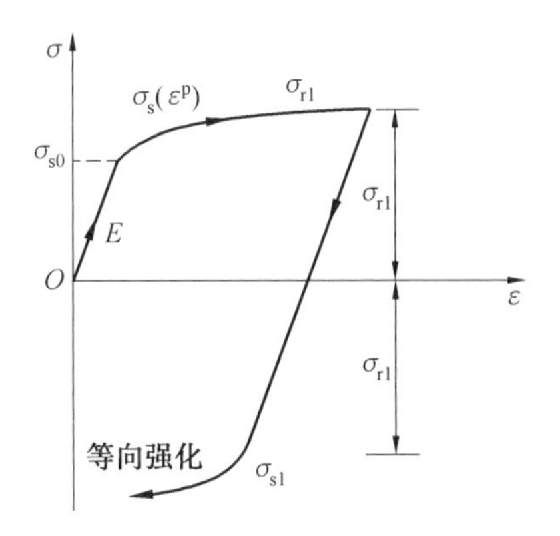

图 2.14　在单向应力状态下等向强化模型对应的应力－应变关系

7. 德鲁克公设和伊留申公设

德鲁克公设又称为塑性功不可逆公设，其主要内容是：材料质点在原有的状态之上，缓慢地施加并卸除一组附加应力，在这组附加应力施加和卸除的循环内，外部作用所做的功是非负的。以下通过一个附加应力施加和卸除的循环来说明该公设。

如图 2.15 所示，从 t_0 到 t_3 是一个应力循环，其中 t_0、t_3 对应的应力状态都为 σ_{ij}^0，$\varphi(\sigma_{ij}^0, \xi_a)<0$，即 σ_{ij}^0 在加载面内部，t_1、t_2 对应的应力状态分别为 σ_{ij}，$\sigma_{ij}+d\sigma_{ij}$，它们在加载面上，$\varphi(\sigma_{ij}, \xi_a)=0$，$\varphi(\sigma_{ij}+d\sigma_{ij}, \xi_a)=0$。$t_0 \to t_1$ 为弹性加载过程，$t_1 \to t_2$ 为弹塑性加载过程，$t_2 \to t_3$ 为卸载过程。

根据德鲁克公设，在上述循环中，若 σ_{ij}^+ 是 $t_0 \to t_3$ 间任一时刻的应力状态，那么附加应力做功为

$$W_D = \oint_{\sigma_{ij}^0} (\sigma_{ij}^+ - \sigma_{ij}^0) d\varepsilon_{ij} \geqslant 0 \tag{2.40}$$

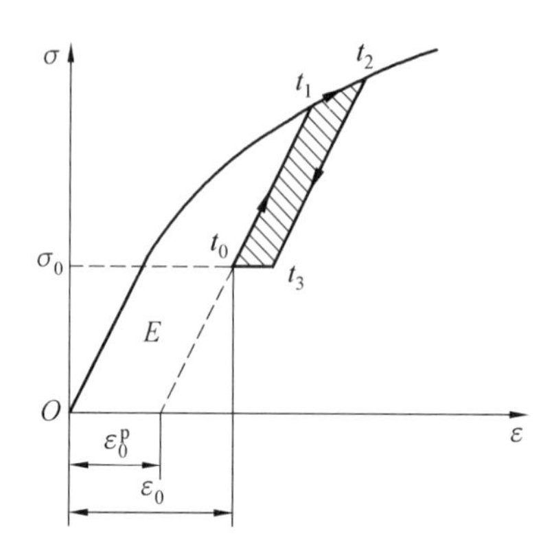

图 2.15 应力循环

式中 $\oint_{\sigma_{ij}^0}$ ——从 σ_{ij}^0 开始，最后又回到 σ_{ij}^0。

由于在闭合的应力循环中，应力在弹性应变上所做的功为 0，所以

$$W_{\mathrm{D}}=W_{\mathrm{D}}^{\mathrm{p}}=\oint\sigma_{ij}^0(\sigma_{ij}^+-\sigma_{ij}^0)\mathrm{d}\varepsilon_{ij}^{\mathrm{p}}\geqslant 0 \tag{2.41}$$

式中，$\mathrm{d}\varepsilon_{ij}^{\mathrm{p}}$ 仅产生于 $t_1\to t_2$ 期间，即应力从 σ_{ij} 变到 $\sigma_{ij}+\mathrm{d}\sigma_{ij}$ 的过程中产生了 $\mathrm{d}\varepsilon_{ij}^{\mathrm{p}}$，所以

$$W_{\mathrm{D}}=(\sigma_{ij}-\sigma_{ij}^0)\mathrm{d}\varepsilon_{ij}^{\mathrm{p}}+\frac{1}{2}\mathrm{d}\sigma_{ij}\mathrm{d}\varepsilon_{ij}^{\mathrm{p}}\geqslant 0 \tag{2.42}$$

在一维情况下，W_{D} 即为如图 2.15 所示阴影部分面积。当 σ_{ij}^0 在屈服面内部时，式(2.42)可以略去高阶小量，简化为

$$(\sigma_{ij}-\sigma_{ij}^0)\mathrm{d}\varepsilon_{ij}^{\mathrm{p}}\geqslant 0 \tag{2.43}$$

当 σ_{ij}^0 在屈服面上时，$\sigma_{ij}=\sigma_{ij}^0$，式(2.42)可以简化为

$$\mathrm{d}\sigma_{ij}\mathrm{d}\varepsilon_{ij}^{\mathrm{p}}\geqslant 0 \tag{2.44}$$

式(2.43)和式(2.44)合称为德鲁克不等式。

由德鲁克不等式可以得到以下几个重要推论。

(1)塑性应变增量矢量 $\overrightarrow{\mathrm{d}\varepsilon^{\mathrm{p}}}$ 沿加载面的外法线方向为 $\boldsymbol{n}$。

在屈服面上，把塑性应变空间 $\varepsilon_{ij}^{\mathrm{p}}$ 和应力空间 σ_{ij} 重合起来，$\mathrm{d}\varepsilon_{ij}^{\mathrm{p}}$ 的起点在 σ_{ij} 处，如图 2.16中的 A 点，σ_{ij}^0 为屈服面内部的 A_0 点。用向量 $\overrightarrow{A_0A}$ 表示 $\sigma_{ij}-\sigma_{ij}^0$，向量 $\overrightarrow{\mathrm{d}\varepsilon^{\mathrm{p}}}$ 表示 $\mathrm{d}\varepsilon_{ij}^{\mathrm{p}}$，则德鲁克不等式的第一式可以用向量表示为

$$\overrightarrow{A_0A}\cdot\overrightarrow{\mathrm{d}\varepsilon^{\mathrm{p}}}\geqslant 0 \tag{2.45}$$

假设 $\overrightarrow{\mathrm{d}\varepsilon^{\mathrm{p}}}$ 与加载面外法线 $\boldsymbol{n}$ 不重合，那么总可以找到一点 A_0，使 $\overrightarrow{A_0A}$ 与 $\overrightarrow{\mathrm{d}\varepsilon^{\mathrm{p}}}$ 的夹角大于 90°，从而使式(2.45)不成立。因此，塑性应变增量矢量 $\overrightarrow{\mathrm{d}\varepsilon^{\mathrm{p}}}$ 必然沿加载面的外法线方向 $\boldsymbol{n}$，即塑性应变增量

$$\mathrm{d}\varepsilon_{ij}^{\mathrm{p}}=\mathrm{d}\lambda\frac{\partial\varphi}{\partial\sigma_{ij}} \tag{2.46}$$

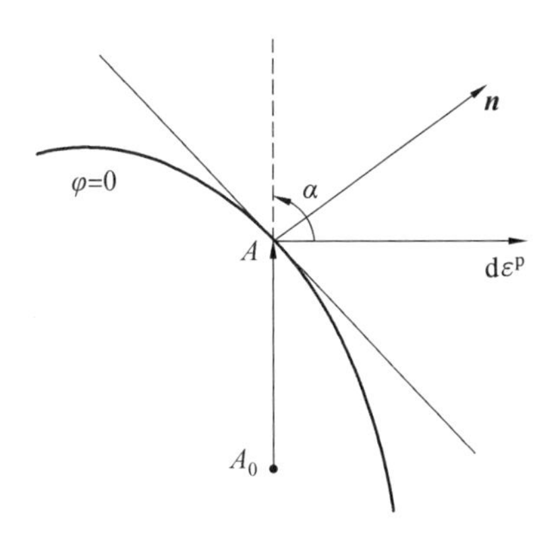

图 2.16　塑性应变矢量方向

式中 $\frac{\partial \varphi}{\partial \sigma_{ij}}$——加载面的外法线方向 $\boldsymbol{n}$；

$d\lambda$——一非负的比例系数。

(2)加载面外凸。

如图 2.17 所示，A_0为加载面内部的点，A 为加载面上的点，过 A 点作垂直于塑性应变增量矢量$\overrightarrow{d\varepsilon^p}$的平面，由式(2.45)可知，$A_0$必须在矢量$\overrightarrow{d\varepsilon^p}$所指的另一侧，这只有在加载面外凸时才能保证。如果有加载面内凹的情况，如图 2.18 所示，总能找到一点 A_0使式(2.45)不成立。

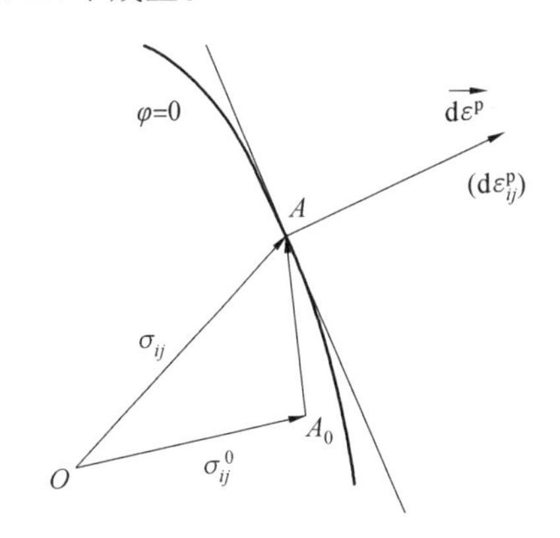

图 2.17　加载面的外凸特性

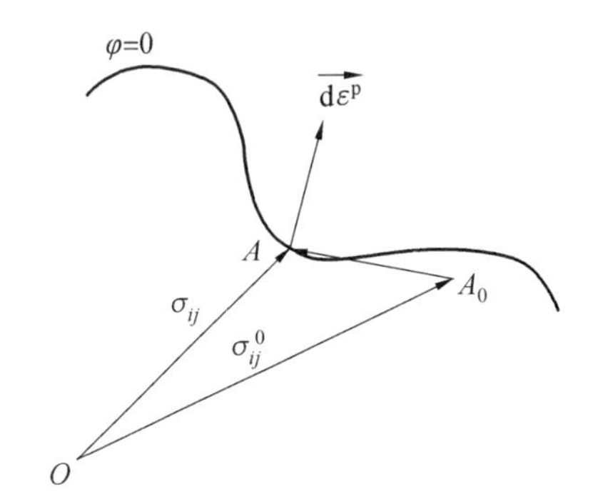

图 2.18　加载面内凹的证明

伊留申公设认为弹塑性材料的微元体在应变空间的任一应变循环中所做的功为非负，即

$$dW_1 = \oint_{\sigma_{ij}} d\varepsilon_{ij} \geqslant 0 \tag{2.47}$$

式中当且仅当弹性循环时等号成立。

德鲁克公设和伊留申公设有以下相同点和不同点：

(1)德鲁克公设可得应力的屈服面具有外凸性，伊留申公设也可推出应变屈服面具有外凸性。

(2)德鲁克公设是在应力空间讨论问题,伊留申公设则是在应变空间讨论问题。

(3)德鲁克公设只适用于稳定性材料(应变强化材料);而伊留申公设适用于应变强化和应变软化等特性的材料。

(4)应力循环完成的功(dW_D)总是小于应变循环完成的功(dW_I),即

$$dW_D < dW_I \tag{2.48}$$

如图 2.19 所示,应力循环为点 1→4,应变循环则为 1→5,因此,应力循环做功为四边形 1234 所包围面积,应变循环做功则为四边形 1235 所包围面积。

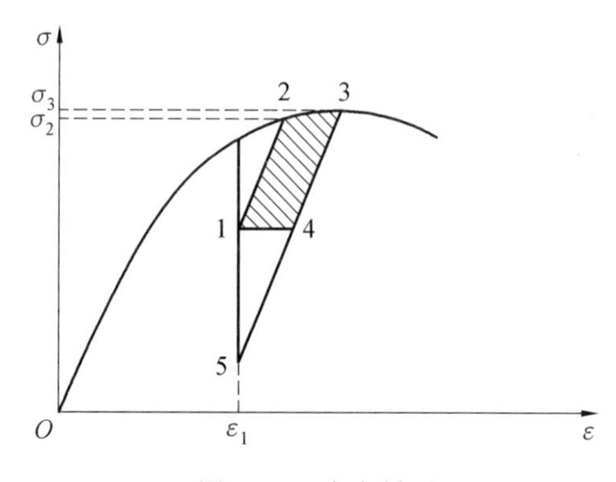

图 2.19 应变循环

2.3.2 加载、卸载准则

在弹塑性力学中,当单元体产生新的塑性变形时,称为加载;当单元体从塑性变形回到弹性状态时,称为卸载。加载、卸载准则就是这两个状态的判断准则。

根据式(2.46),应力主轴与塑性应变增量相重合。因此加载过程中的德鲁克不等式(2.44),在主应力空间中用应力增量和塑性应变增量的向量表示为

$$\overrightarrow{d\sigma} \cdot \overrightarrow{d\varepsilon^p} \geqslant 0 \tag{2.49}$$

因为塑性应变增量与屈服面上一点的外法线 $\boldsymbol{n}$ 方向一致,所以

$$\overrightarrow{d\sigma} \cdot \boldsymbol{n} \geqslant 0 \tag{2.50}$$

这说明如果有塑性应变增量,那么应力增量必然指向加载面外部(图 2.20)。也就是说,指向加载面外部的应力增量才能产生塑性变形。

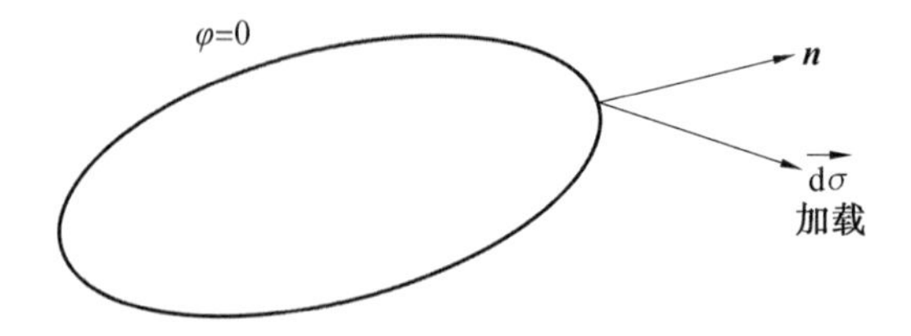

图 2.20 产生塑性变形的应力增量

(1)理想塑性材料的加载、卸载准则。

理想塑性材料的弹性区域范围不发生变化，即后继屈服面和初始屈服面一致，所以 $\varphi=f(\sigma_{ij})=0$。由于屈服面不变化，所以当应力点达到屈服面时，应力增量向量 $\overrightarrow{\mathrm{d}\sigma}$ 就不能指向屈服面外，只能沿着屈服面移动。如图 2.21 所示，此时的加载、卸载准则为

$$\begin{cases}\text{弹性状态}:f(\sigma_{ij})<0\\ \text{加载}:\begin{cases}f(\sigma_{ij})=0\\ \mathrm{d}f=\dfrac{\partial f}{\partial\sigma_{ij}}\mathrm{d}\sigma_{ij}=0\end{cases}(\text{等价于}\overrightarrow{\mathrm{d}\sigma}\cdot\boldsymbol{n}=0)\\ \text{卸载}:\begin{cases}f(\sigma_{ij})=0\\ \mathrm{d}f=\dfrac{\partial f}{\partial\sigma_{ij}}\mathrm{d}\sigma_{ij}<0\end{cases}(\text{等价于}\overrightarrow{\mathrm{d}\sigma}\cdot\boldsymbol{n}<0)\end{cases}\tag{2.51}$$

(2)强化材料的加载、卸载准则。

对于强化材料，加载面($\varphi=0$)在应力空间中可以不断向外扩张或移动，因此应力增量向量 $\overrightarrow{\mathrm{d}\sigma}$ 可以指向加载面外。如图 2.22 所示，加载、卸载准则的表达为

$$\begin{cases}\text{加载}:\begin{cases}\varphi=0\\ \dfrac{\partial\varphi}{\partial\sigma_{ij}}\mathrm{d}\sigma_{ij}>0\end{cases}(\text{等价于}\overrightarrow{\mathrm{d}\sigma}\cdot\boldsymbol{n}>0)\\ \text{中性变载}:\begin{cases}\varphi=0\\ \dfrac{\partial\varphi}{\partial\sigma_{ij}}\mathrm{d}\sigma_{ij}=0\end{cases}(\text{等价于}\overrightarrow{\mathrm{d}\sigma}\cdot\boldsymbol{n}=0)\\ \text{卸载}:\begin{cases}\varphi=0\\ \dfrac{\partial\varphi}{\partial\sigma_{ij}}\mathrm{d}\sigma_{ij}<0\end{cases}(\text{等价于}\overrightarrow{\mathrm{d}\sigma}\cdot\boldsymbol{n}<0)\end{cases}\tag{2.52}$$

其中，中性变载相当于应力点沿着加载面切向变化，因而应力维持在塑性状态但加载面并不扩大。

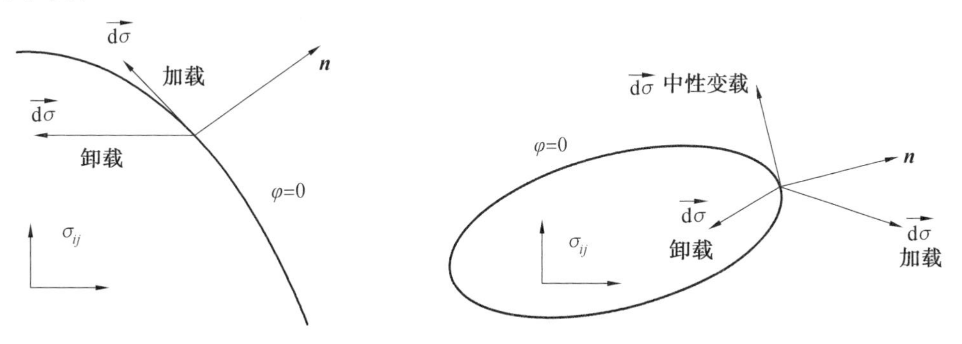

图 2.21　理想塑性材料的加载、卸载准则

图 2.22　强化材料的加载、卸载准则

2.3.3　增量理论

塑性本构关系和弹性本构关系之间最大的区别在于，塑性本构关系中应力与应变之

间不再存在一一对应的关系。在塑性本构中，只能建立应力与应变增量之间的关系。这种以增量形式表示的塑性本构关系称为增量理论或流动理论。

1870 年，圣维南(Saint－Venant)提出了一个重要见解，即在塑性变形过程中，应力主轴与应变增量主轴相重合，并且提出了应力分量与应变速率分量成正比的等式关系。1871 年，莱维(Levy)提出了应力与应变增量之间的比例关系。直到 1913 年，米泽斯(Mises)独立地提出了与列维相同的塑性变形方程，其中应力分量与应变增量分量之间呈比例关系，这形成了著名的莱维－米泽斯增量理论的本构方程。

材料进入塑性状态后，一点的应变增量可以分解：

$$\mathrm{d}\varepsilon_{ij}=\mathrm{d}\varepsilon_{ij}^{\mathrm{e}}+\mathrm{d}\varepsilon_{ij}^{\mathrm{p}} \tag{2.53}$$

式中 $\mathrm{d}\varepsilon_{ij}^{\mathrm{e}}$ 和 $\mathrm{d}\varepsilon_{ij}^{\mathrm{p}}$——弹性应变增量和塑性应变增量，式中弹性应变增量满足胡克定律，对于各向同性材料，有

$$\mathrm{d}\varepsilon_{ij}^{\mathrm{e}}=\frac{\mathrm{d}\sigma_{ij}}{2G}-\frac{3\nu}{E}\mathrm{d}\sigma_{\mathrm{m}}\delta_{ij} \tag{2.54}$$

式中 $\mathrm{d}\sigma_{ij}$——一点的应力分量增量；

G——剪切模量；

ν——泊松比；

E——弹性模量(杨氏模量)。

塑性应变增量则由德鲁克公设给出：

$$\mathrm{d}\varepsilon_{ij}^{\mathrm{p}}=\mathrm{d}\lambda\frac{\partial\varphi}{\partial\sigma_{ij}} \tag{2.55}$$

根据加载、卸载准则，塑性加载时 $\mathrm{d}\lambda>0$，中性变载与卸载时 $\mathrm{d}\lambda=0$。式(2.55)给出了塑性应变增量 $\mathrm{d}\varepsilon_{ij}^{\mathrm{p}}$ 与加载函数 φ 之间的关系，称为流动法则。

根据上述推导，总的应变增量为

$$\mathrm{d}\varepsilon_{ij}=\frac{\mathrm{d}\sigma_{ij}}{2G}-\frac{3\nu}{E}\mathrm{d}\sigma_{\mathrm{m}}\delta_{ij}+\mathrm{d}\lambda\frac{\partial\varphi}{\partial\sigma_{ij}} \tag{2.56}$$

1. 理想弹塑性材料与 Mises 条件相关联的增量理论

对于理想弹塑性材料，取 Mises 屈服条件时，塑性应变增量的算法为

$$\mathrm{d}\varepsilon_{ij}^{\mathrm{p}}=\mathrm{d}\lambda\frac{\partial f}{\partial\sigma_{ij}} \tag{2.57}$$

式中 f——Mises 屈服函数，若取其为

$$f=J_2-\tau_s^2=0 \tag{2.58}$$

式中 J_2——应力张量第二不变量；

τ_{s}——屈服剪切应力。

则

$$\frac{\partial f}{\partial\sigma_{ij}}=\frac{\partial\left(\frac{1}{2}s_{kl}s_{kl}\right)}{\partial\sigma_{ij}}=\frac{\partial\left(\frac{1}{2}s_{kl}s_{kl}\right)}{\partial s_{mn}}\frac{\partial s_{mn}}{\partial\sigma_{ij}}=s_{ij} \tag{2.59}$$

所以

$$d\varepsilon_{ij}^{p}=d\lambda \cdot s_{ij} \tag{2.60}$$

这就是理想弹塑性材料与 Mises 条件相关联的流动法则,若考虑塑性应变的球张量为 0,式(2.60)也可改写为

$$de_{ij}^{p}=d\lambda \cdot s_{ij} \tag{2.61}$$

由此可得理想弹塑性材料的增量形式的本构关系,即普朗特—罗伊斯(Prandtl—Reuss)关系:

$$\begin{cases} de_{ij}=de_{ij}^{e}+de_{ij}^{p}=\dfrac{ds_{ij}}{2G}+d\lambda \cdot s_{ij} \\ d\varepsilon_{kk}=\dfrac{1-2\nu}{E}d\sigma_{kk} \end{cases} \tag{2.62}$$

式中的比例系数 $d\lambda$ 要结合屈服条件确定。考虑与形状改变相关联的弹塑性功增量为

$$dW_{d}=s_{ij}de_{ij}=s_{ij}(de_{ij}^{e}+de_{ij}^{p}) \tag{2.63}$$

式中弹性功增量为

$$dW_{d}^{e}=s_{ij}de_{ij}^{e}=s_{ij}\frac{ds_{ij}}{2G}=\frac{dJ_{2}}{2G} \tag{2.64}$$

塑性功增量为

$$dW^{p}=s_{ij}de_{ij}^{p}=s_{ij}d\lambda \cdot s_{ij}=2J_{2}d\lambda \tag{2.65}$$

由式(2.65)可得

$$d\lambda=\frac{dW^{p}}{2J_{2}}=\frac{dW^{p}}{2\tau_{s}^{2}} \tag{2.66}$$

对于理想塑性材料,由式(2.58)可知,屈服后 J_2 保持不变,所以 $dW_{d}^{e}=0$。

$$dW_{d}^{p}=dW_{d} \tag{2.67}$$

因此,当 σ_{ij} 和 $d\varepsilon_{ij}$ 给定时,可以确定 s_{ij} 和 de_{ij},进而通过式(2.63)、式(2.66)确定 $d\lambda$,即

$$d\lambda=\frac{dW_{d}}{2\tau_{s}^{2}}=\frac{s_{ij}de_{ij}}{2\tau_{s}^{2}} \tag{2.68}$$

由式(2.68)可知,给定应力偏量 s_{ij} 和应变增量 de_{ij} 时,可以求得比例系数 $d\lambda$,进而由 Prandtl—Reuss 关系求出应力增量。

但是如果给定应力偏量 s_{ij} 和应力增量 ds_{ij},则无法求出 $d\lambda$,也就求不出应变增量。也就是说,给定应力求不出应变增量,这正是理想塑性材料的特点。

2. 强化材料与 Mises 条件相关联的增量本构关系

对于强化材料,其增量本构关系的推导主要遵循以下原则:①一致性条件,即弹塑性加载时,新的应力点($\sigma_{ij}+d\sigma_{ij}$)仍保留在屈服面($\varphi=0$)上;②流动法则,即式(2.46);③应力—应变关系,即式(2.53),式中弹性应变增量 $d\varepsilon_{ij}^{e}$ 仍然服从广义胡克定律。

下面以等向强化材料为例,推导其与 Mises 屈服条件相关联的增量本构关系。首先根据一致性条件,塑性加载时的应力点满足如下 Mises 后继屈服条件:

$$\varphi=\frac{1}{2}s_{ij}s_{ij}-\frac{1}{3}\sigma_s^2(\bar{\varepsilon}_p)=0 \tag{2.69}$$

对式(2.69)全微分，得

$$\frac{\partial\varphi}{\partial\sigma_{ij}}\mathrm{d}\sigma_{ij}-\frac{2}{3}\sigma_s E_p \mathrm{d}\bar{\varepsilon}_p=0 \tag{2.70}$$

式(2.70)考虑到了

$$\frac{\partial\varphi}{\partial\sigma_{ij}}=\frac{\partial}{\partial\sigma_{ij}}\left(\frac{1}{2}s_{ij}s_{ij}\right) \tag{2.71}$$

且式中

$$E_p=\frac{\mathrm{d}\sigma_s}{\mathrm{d}\bar{\varepsilon}_p} \tag{2.72}$$

对于强化材料，可由单向拉伸时的应力—应变曲线关系得到，在 Mises 屈服条件下，由流动法则

$$\mathrm{d}\varepsilon_{ij}^p=\mathrm{d}\lambda\frac{\partial\varphi}{\partial\sigma_{ij}} \tag{2.73}$$

得到

$$\mathrm{d}\bar{\varepsilon}_p=\sqrt{\frac{2}{3}\mathrm{d}\varepsilon_{ij}^p\mathrm{d}\varepsilon_{ij}^p}=\sqrt{\frac{2}{3}(\mathrm{d}\lambda)^2\frac{\partial\varphi}{\partial\sigma_{ij}}\frac{\partial\varphi}{\partial\sigma_{ij}}} \tag{2.74}$$

在等向强化情况下

$$\frac{\partial\varphi}{\partial\sigma_{ij}}=\frac{\partial\varphi}{\partial s_{ij}}=s_{ij} \tag{2.75}$$

结合式(2.69)，得

$$\mathrm{d}\bar{\varepsilon}_p=\sqrt{\frac{2}{3}(\mathrm{d}\lambda)^2 s_{ij}s_{ij}}=\frac{2}{3}\mathrm{d}\lambda\sigma_s \tag{2.76}$$

式(2.76)即为 Mises 屈服条件对应的流动法则。

2.3.4 全量理论

全量理论认为应力和应变之间存在着一一对应的关系，因而用应力和应变的终值(全量)建立塑性本构关系。

历史上，全量理论与增量理论是平行发展起来的。首先是汉基(Hencky)于 1924 年建立了理想弹塑性材料的全量理论，随后那达依(Nadai)于 1937 年提出了刚塑性材料大变形条件下的全量理论，再后来伊留申于 1943 年更系统地提出了弹塑性材料小变形条件下的全量理论。本节重点介绍伊留申理论。

伊留申理论以下列基本假定为基础：

(1)物体是各向同性的；

(2)体积改变服从弹性定律，即 $\sigma_m=3K\varepsilon_m$，式中 $K=E/[3(1-2\nu)]$；

(3)应力偏量与应变偏量成正比，即 $e_{ij}=\psi s_{ij}$，式中 ψ 是一个标量，一般来说它是应力

张量和应变张量不变量的一个函数。

试验证明，假定(2)比较符合实际情况。假定(3)说明，e_{ij} 和 s_{ij} 是同轴的，在弹性范围内有

$$e_{ij}=\frac{1}{2G}s_{ij} \tag{2.77}$$

即 $\psi=1/2G$，所以假定(3)是胡克定律的一个简单推广，由式(2.77)及应力与应变张量的不变量的定义可以得

$$J_2'=\frac{1}{4G^2}J_2 \tag{2.78}$$

引入等效应力($\bar{\sigma}$)和等效应变($\bar{\varepsilon}$)，式(2.78)可以转化为

$$\frac{3}{4}\bar{\varepsilon}^2=\frac{1}{4G^2}\frac{\bar{\sigma}^2}{3} \tag{2.79}$$

所以

$$G=\frac{\bar{\sigma}}{3\bar{\varepsilon}} \tag{2.80}$$

将式(2.80)代入式(2.77)则有

$$s_{ij}=\frac{2\bar{\sigma}}{3\bar{\varepsilon}}e_{ij} \tag{2.81}$$

式(2.81)即全量理论中弹塑性条件下的应力—应变关系。式中 $\bar{\sigma}$ 是 $\bar{\varepsilon}$ 的函数，可以由单向拉伸的应力—应变关系曲线得到。单向拉伸时 3 个主应变为

$$\begin{cases}\varepsilon_1=\varepsilon\\ \varepsilon_2=\varepsilon_3=-\nu\varepsilon\end{cases} \tag{2.82}$$

式中　ε——拉伸方向的应变。

由此可以得到应变偏量的主应变 e_1、e_2、e_3，进一步求得

$$\bar{\varepsilon}=\sqrt{\frac{2(1+2\nu^2)}{3}}\varepsilon \tag{2.83}$$

3 个主应力为

$$\begin{cases}\sigma_1=\sigma\\ \sigma_2=\sigma_3=0\end{cases} \tag{2.84}$$

式中　σ——拉伸方向的应变。

由此得到

$$\bar{\sigma}=\sigma \tag{2.85}$$

根据式(2.83)和式(2.85)，可以由 $\sigma-\varepsilon$ 得到 $\bar{\sigma}-\bar{\varepsilon}$ 曲线，如果假定材料不可压缩，$\nu=$

0.5，那么 $\sigma-\varepsilon$ 曲线即为 $\bar{\sigma}-\bar{\varepsilon}$ 曲线。

综合以上推导，全量理论的本构关系用应力—应变偏量表示为

$$\begin{cases} s_{ij}=\dfrac{2\bar{\sigma}}{3\bar{\varepsilon}}e_{ij} \\ \sigma_m=3K\varepsilon_m, \quad K=\dfrac{E}{3(1-2\nu)} \end{cases} \tag{2.86}$$

式(2.86)的第1式是用应变表示应力，如果用应力表示应变，也可以写为

$$e_{ij}=\frac{1}{2G}s_{ij}+\Phi s_{ij} \tag{2.87}$$

等号右边分别为弹性应变分量和塑性应变分量，式中 Φ 为

$$\Phi=\frac{3\bar{\varepsilon}}{2\bar{\sigma}}-\frac{1}{2G} \tag{2.88}$$

伊留申还提出了一种应力—应变偏量之间的关系式。如果把等效应力 $\bar{\sigma}$ 和等效应变 $\bar{\varepsilon}$ 之间的关系写为

$$\bar{\sigma}=E\bar{\varepsilon}[1-\omega(\bar{\varepsilon})] \tag{2.89}$$

式中　ω——$\bar{\varepsilon}$ 的函数。

当材料不可压缩时

$$E=2G(1+\nu)=3G \tag{2.90}$$

所以

$$\bar{\sigma}=3G\bar{\varepsilon}[1-\omega(\bar{\varepsilon})] \tag{2.91}$$

将式(2.91)代入式(2.81)得

$$s_{ij}=2G[1-\omega(\bar{\varepsilon})]e_{ij} \tag{2.92}$$

全量理论的本构关系用应力—应变全量表示则为

$$\sigma_{ij}=s_{ij}+\sigma_m\delta_{ij}=\frac{2\bar{\sigma}}{3\bar{\varepsilon}}e_{ij}+3K\varepsilon_m\delta_{ij} \tag{2.93}$$

本章参考文献

[1] 陈明祥. 弹塑性力学[M]. 北京：科学出版社，2007.
[2] 杨桂通. 弹塑性力学引论[M]. 2版. 北京：清华大学出版社，2013.
[3] 卓家寿，黄丹. 工程材料的本构演绎[M]. 北京：科学出版社，2009.
[4] 束德林. 工程材料力学性能[M]. 3版. 北京：机械工业出版社，2016.

[5] 朱兆祥. 材料本构关系理论讲义[M]. 北京：科学出版社，2015.
[6] 丁勇. 弹性与塑性力学引论[M]. 北京：中国水利水电出版社，2016.
[7] 杨海波，曹建国，李洪波. 弹性与塑性力学简明教程[M]. 北京：清华大学出版社，2011.
[8] 胡赓祥，蔡珣，戎咏华. 材料科学基础[M]. 3 版. 上海：上海交通大学出版社，2010.

第3章　拉伸本构模型及应用

3.1　基本概念

拉伸指在承受轴向拉伸载荷下测定材料特性的试验方法。图3.1为拉伸试样的颈缩示意图。利用拉伸试验得到的数据可以确定材料的弹性极限、伸长率、弹性模量、比例极限、面积缩减量、拉伸强度、屈服点、屈服强度和其他拉伸性能指标。

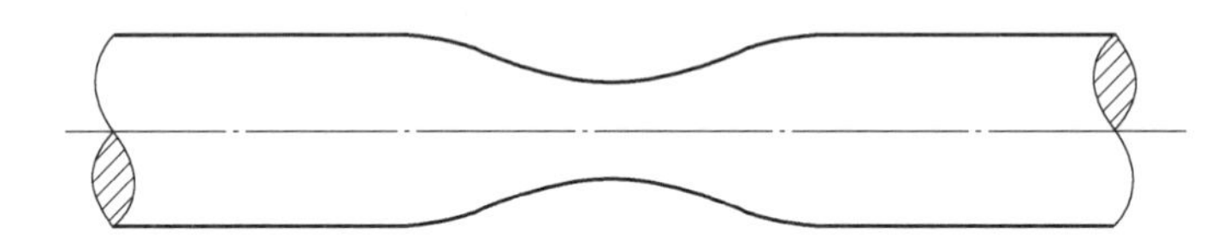

图3.1　拉伸试样的颈缩示意图

(1)伸长率。

试样拉断后，由于保留了塑性变形，试样标距由原来的 l 变为 l_1。伸长率 δ 表示为

$$\delta=\frac{l_1-l}{l}\times 100\% \tag{3.1}$$

试样的塑性变形越大，δ 也就越大。因此，伸长率是衡量材料塑性的指标。低碳钢的伸长率很高，其平均值为20%～30%，这说明低碳钢的塑性性能很好。

工程上通常按伸长率的大小把材料分成两大类：将 $\delta>5\%$ 的材料称为塑性材料，如碳钢、黄铜、铝合金等；将 $\delta<5\%$ 的材料称为脆性材料，如灰铸铁、玻璃、陶瓷等。

(2)断面收缩率。

原始横截面面积为 A 的试样，拉断后缩颈处的最小截面面积变为 A_1。断面收缩率 ψ 表示为

$$\psi=\frac{A-A_1}{A}\times 100\% \tag{3.2}$$

断面收缩率也是衡量材料塑性的指标。

3.2　变形特点

以材料力学中的低碳钢的单向拉伸试验为例，图3.2为低碳钢单向拉伸试样简图，图3.3为低碳钢拉伸的工程应力－应变曲线。

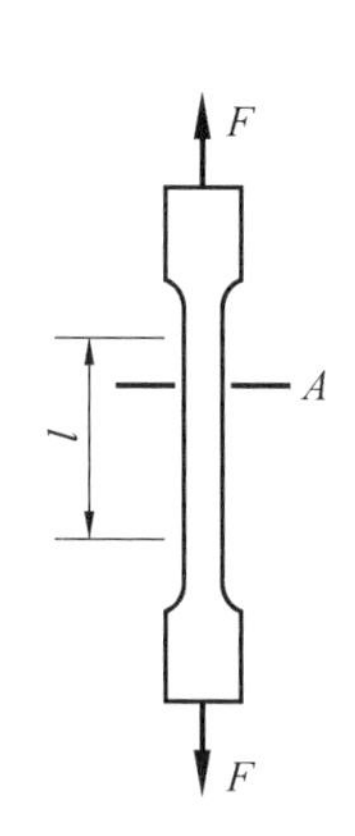

图 3.2　低碳钢单向拉伸试样简图

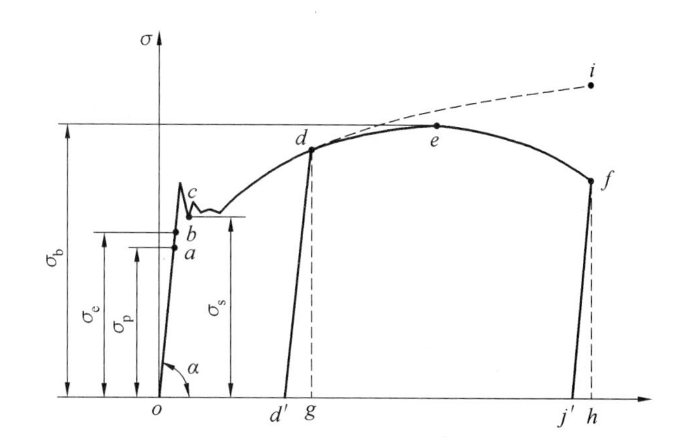

图 3.3　低碳钢拉伸的工程应力一应变曲线

根据变形特点可将整个应力一应变曲线分为四个阶段：弹性变形阶段($o \sim b$)；屈服阶段($b \sim c$)；均匀塑性变形(强化)阶段($c \sim e$)；不均匀塑性变形(颈缩)阶段($e \sim f$)。下面介绍每个阶段的变形特征。

(1)弹性阶段($o \sim b$)。

根据弹性变形是否满足胡克定律，弹性阶段可进一步分为线性弹性阶段($o \sim a$)和非线性弹性阶段($a \sim b$)。

①线性弹性阶段($o \sim a$)。拉伸的初始阶段，此时应力 σ 和应变 ε 呈直线关系直至 a 点，a 点所对应的应力值称为比例极限，用 σ_p 表示，它是应力与应变成正比例的最大极限。当 $\sigma \leqslant \sigma_p$ 时则有 $\sigma = E\varepsilon$ 即胡克定律，满足 $E = \sigma/\varepsilon = \tan\alpha$，式中 E 称为弹性模量或杨氏模量，单位与 σ 相同。

②非线性弹性阶段($a \sim b$)。这一阶段中应力一应变曲线呈非线性关系，但卸载外力之后仍可以回到原始状态，这个阶段过程很短，在实际操作中 a 点和 b 点很难分辨。此时 b 点所对应的应力值称为弹性极限，用 σ_e 表示，它是保持弹性变形的最大应力值，一旦应力超过 b 点，外力卸载后将会有一部分应变无法消除，即进入塑性变形阶段。

(2)屈服阶段($b \sim c$)。

应力超过弹性极限后继续加载，应力增加很少或不增加，应变会很快增加，这种现象称为屈服。开始发生屈服的点所对应的应力称为屈服极限 σ_s，又称屈服强度。在屈服阶段应力几乎不变而应变不断增加，材料似乎失去了抵抗变形的能力，因此产生了显著的塑性变形。

(3)均匀塑性变形(强化)阶段($c \sim e$)。

越过屈服阶段后，如要让试件继续变形，必须继续加载，这一阶段即强化阶段。应变强化阶段的最高点所对应的应力称为强度极限 σ_b。它表示材料所能承受的最大应力。

(4)不均匀塑性变形(颈缩)阶段($e \sim f$)。

过 e 点后，即应力达到强度极限后，试件局部发生剧烈收缩的现象称为颈缩，如图3.3

所示。进而试件内部出现裂纹，名义应力 σ 下跌，至 f 点试件断裂。

3.3 金属强化理论

金属强化是指通过合金化、塑性变形和热处理等手段提高金属材料的性能（强度、韧性等）。为了提高金属的强度，常用的强化方法有形变强化、固溶强化、第二相强化、晶界强化等。

3.3.1 形变强化

前面介绍了塑性变形的两种机制滑移和孪生。在实际金属变形过程中会发生随着变形程度的增加材料强度升高而塑性韧性降低的现象，称为加工硬化。加工硬化是金属材料的一项重要特性，可以用作强化金属的途径。特别是对那些不能通过热处理强化的材料如纯金属和某些合金，加工硬化的作用就显得尤为重要。

图 3.4 是金属单晶体的典型应力一应变曲线（加工硬化曲线），其塑性变形部分是由三个阶段所组成。

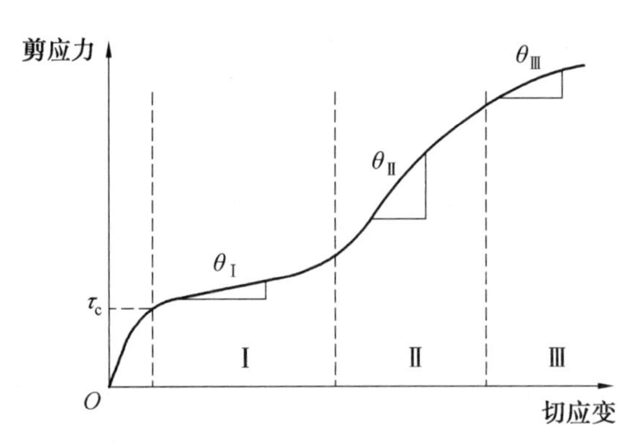

图 3.4　金属单晶体塑性变形的三个阶段

(1) Ⅰ阶段即易滑移阶段。

当 τ 达到晶体的临界剪应力 τ_c 后，应力增加不多，便能产生相当大的变形。此段接近于直线，其斜率为 θ_{I} $\left(\theta=\dfrac{d\tau}{d\gamma}\text{或}\theta=\dfrac{d\sigma}{d\varepsilon}\right)$即加工硬化率低，一般约为 $10^{-4}G$ 数量级（G 为材料的剪切模量）。

(2) Ⅱ阶段即线性硬化阶段。

随着应变量增加，应力线性增长，此段也呈直线，且斜率较大，加工硬化十分显著，$\theta_{\text{II}}\approx G/300$，近似为常数。

(3) Ⅲ阶段即抛物线型硬化阶段。

随着应变增加，应力上升缓慢，呈抛物线型，θ_{III} 逐渐下降。

1. 位错强化的数学表达式

对位错强化加以数学表达的核心是从理论上估算流变应力。位错强化的基本特点是在塑性变形过程中位错不断增殖，从而使位错密度提高，导致位错间的交互作用增强。所以，位错强化将使流变应力提高，其宏观表现便是加工硬化。

流变应力是指金属晶体产生一定量的塑性变形所需要的应力。从位错机制来说，流变应力是滑移面上有足够数量的位错在单位时间内扫过相当大的面积时所需要的应力，在数值上应等于大量位错在滑移面上运动要克服的阻力。

(1)派一纳力。

位错运动首先要克服派一纳力或晶格阻力，故在估算流变应力时应包含派一纳力的影响。但是，目前计算派一纳力尚有一定困难，需要涉及对位错芯部的原子结构模型的深入了解，通常只能定性地估算派一纳力的影响。一般认为，对软金属(包括 FCC 金属和基面滑移的 HCP 金属)而言，派一纳力的影响不大，不是位错运动所要克服的主要阻力；而对硬金属(包括 BCC 金属和非基面滑移的 HCP 金属)而言，派一纳力的影响较大，可能是位错运动所需克服阻力的重要组成部分，应在流变应力的计算公式中加以考虑。

(2)位错线张力引起的阻力。

大量位错运动时，要涉及位错增殖。例如，以弗兰克一里德(Frank一Read)源机制增殖时，在位错线弯曲过程中需要克服线张力所引起的阻力，即位错增殖的临界切应力为

$$\sigma=\frac{G\boldsymbol{b}}{L} \tag{3.3}$$

式中　L——位错源的线长度；

G——剪切模量；

$\boldsymbol{b}$——伯格斯矢量。

(3)位错的长程弹性交互作用。

假设有一刃型位错欲从位于两相邻滑移面上的同号刃型位错之间滑过，必受到由弹性交互作用所引起的阻力，如图 3.5 所示，可将所需克服的切应力阻力写为

$$\sigma_i=\frac{G\boldsymbol{b}}{2\pi(1-\nu)l}\approx\frac{G\boldsymbol{b}}{4l} \tag{3.4}$$

式中　l——上下两滑移面的间距，也可以简化地将 l 看作位错的平均距离；

ν——泊松比。

类似地，可以求出螺型位错运动需要克服的阻力：

$$\sigma_i=\frac{G\boldsymbol{b}}{2\pi l}\approx\frac{G\boldsymbol{b}}{6l} \tag{3.5}$$

式(3.4)和式(3.5)可以统一表达为

$$\sigma_i=\alpha\,\frac{G\boldsymbol{b}}{l} \tag{3.6}$$

式中　α——一常数，其值取决于泊松比及位错的性质、取向等。

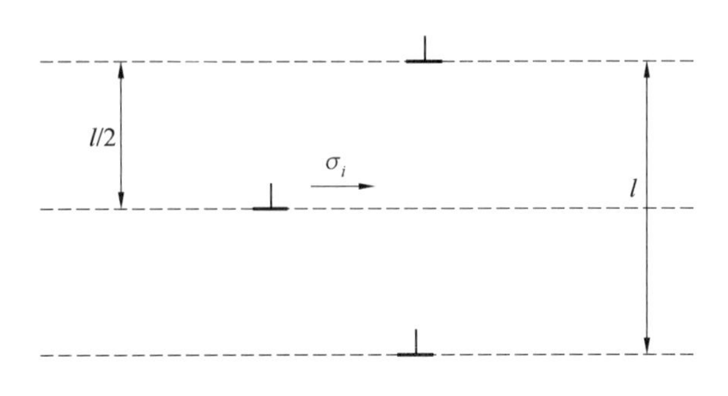

图 3.5 位错间长程弹性交互作用示意图

这种弹性交互作用的特点是对运动位错造成一种长程阻力，与温度的关系不大。温度仅通过 G 随温度的变化而对 σ_i 产生一定的间接影响。

(4)与林位错交截产生的割阶的作用。

由于林位错与滑移位错接近正交，故弹性交互作用一般很小。通过交截形成割阶所产生的阻力具有短程性质，其作用区间与林位错的宽度相当。故林位错为非扩展位错时，$d=\boldsymbol{b}$；如为扩展位错时，$d=\boldsymbol{b}+r_e$（r_e 为扩展宽度）。

对这一作用产生的阻力可作如下估算。如图 3.6 所示，当运动位错与林位错（其平均间距为 l）相遇时，形成割阶的长度大体上为 d，故割阶形成能约为 $\alpha G\boldsymbol{b}^2 d$。由于割阶无长程应力场，其能量主要由芯部决定，故取 $\alpha\approx 0.2$。同时，外力所做的功如图 3.6 中画斜线部分所示，其值为 $\sigma\boldsymbol{b}ld$。如果令其等于割阶的形成能，则有

$$\sigma\boldsymbol{b}ld=\alpha G\boldsymbol{b}^2 d \tag{3.7}$$

所以得

$$\sigma=\alpha\frac{G\boldsymbol{b}}{l} \tag{3.8}$$

式中，由形成割阶产生的切应力阻力 σ 与温度的关系仅来自 G 的间接影响。温度不高时，带割阶位错线的运动主要靠外应力的帮助完成，可忽略热激活的影响。但当温度较高时，热激活能使产生的空位立即驱散，从而会对割阶位错的运动产生影响，使流变应力随温度上升而下降。

(5)会合位错的阻碍作用。

相交位错若产生会合位错后，要继续滑移时，只有将此会合位错拆散才有可能。如图 3.7 所示，点虚线为两相交位错，BE 为这两位错相交后产生的会合位错，长为 $2x$。为了方便起见，设所有位错线段长均为 l，且 $\varphi_1=\varphi_2=\varphi_0$。在外加切应力 σ 作用下，会合位错 BE 缩短 $2x$。同时，相应的四个位错线段的移动距离为 $k\mathrm{d}x$。W_1 和 W_2 分别为原位错和会合位错单位长度的能量。于是可以得出，在会合位错缩短 $\mathrm{d}x$ 时，位错的能量变为

$$\mathrm{d}E=(4W_1\cos\varphi-2W_2)\mathrm{d}x \tag{3.9}$$

相应外力做功为

$$\mathrm{d}W=4\sigma\boldsymbol{b}lk\,\mathrm{d}x \tag{3.10}$$

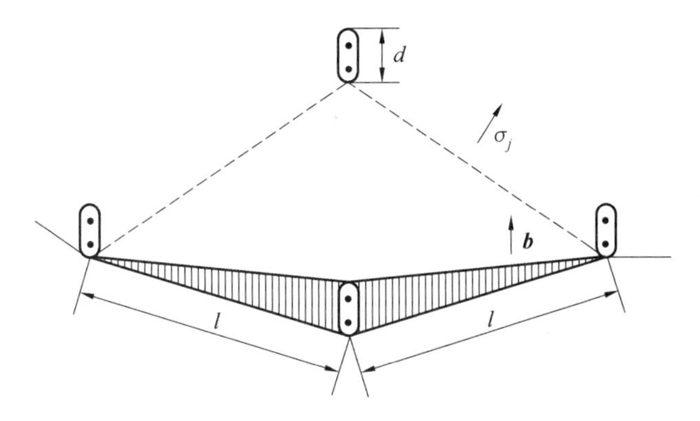

图 3.6　运动位错与林位错交截时外力做功示意图

令 $dE=dW$，并取 $W_1=W_2=G\boldsymbol{b}^2/2$，则

$$\sigma=\alpha\frac{G\boldsymbol{b}}{l} \tag{3.11}$$

式中　$\alpha=0.2\sim0.3$。

显然，温度与会合位错对位错阻力的关系亦来自 G 的间接影响。若考虑晶体结构的影响，由于在 BCC 结构中，W_2 代表〈100〉位错的能量，W_1 代表 $\frac{1}{2}$〈111〉位错的能量，故 $W_2>W_1$；而在 FCC 结构中，$W_2=W_1=W$（均为 $\frac{1}{2}$〈111〉位错的能量），所以，从式(3.9)可以看出，会合位错反应对晶体流变应力的贡献在 FCC 结构中比在 BCC 结构中更大。

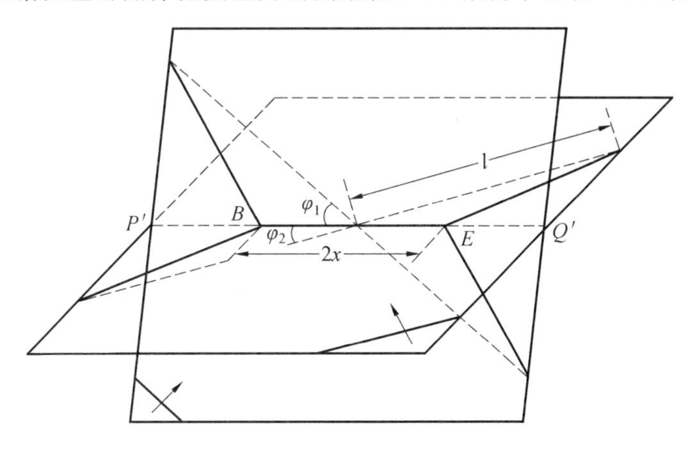

图 3.7

上述分析表明，位错运动的阻力来自多方面。实际上，金属晶体的流变应力可能是以上几方面的阻力，甚至有更多阻力来源于共同作用的结果，如蜷线位错及孪晶界等也都是位错运动的有效障碍。所以，目前对流变应力的估算还只能是粗略的，尚有待于进一步发展。但是，通过上面对位错运动阻力的推导可见，流变应力的一般表达式应为

$$\sigma=\sigma_0+\alpha\frac{Gb}{l} \tag{3.12}$$

式中 σ_0——派-纳力；

l——l 的含义尽管对不同的阻力来源有所不同，但大体上与晶体中位错的数量有关，位错密度 ρ 越高，l 值越小。对 ρ 与 l 的关系可近似表达为

$$l\propto\rho^{-\frac{1}{2}} \tag{3.13}$$

将式(3.13)代入式(3.12)得

$$\sigma=\sigma_0+\alpha G\boldsymbol{b}\rho^{\frac{1}{2}} \tag{3.14}$$

式中 $\alpha=0.2\sim0.5$。

3.3.2 固溶强化

固溶强化是金属、陶瓷及其复合材料等晶体材料的重要强化方式之一，晶体材料常通过合金化(其中一个重要原因是实现固溶强化)来获得足够高的强度。

若将晶体内的原子视为刚球，当置换式溶质原子置换溶剂原子，或间隙原子挤入点阵间隙时，便会因与"空洞"的大小或形状不合适而构成错配球模型，如图3.7所示。这里假设"球"与基体均为弹性连续介质。可见，因球大孔小($r_h<r_b$)，欲组成错配球时，需孔体积膨胀，体积变化量为 δV；而球的体积缩小，体积变化量为 ΔV。经协调变形的结果，将分别在基体及球内引起弹性的应力-应变场，下面分别进行讨论。

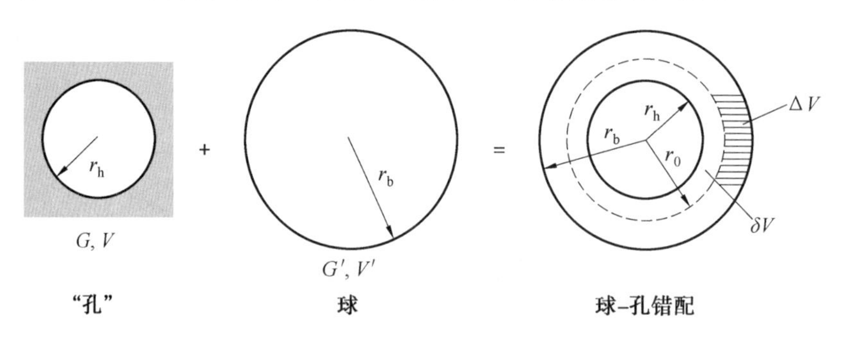

图3.7 错配球模型

1. 无限大基体中的应力-应变场

(1)位移场。

如图3.8所示，球-孔组合后，孔要膨胀，会使孔的错配应变具有球对称性。取极坐标时，仅有径向位移($u_r\neq0$)，而无切向位移($u_\theta=u_\varphi=0$)。在弹性条件下，基体中各点的径向位移都与相应的体积变化 δV 有关，即 $u_r\propto\delta V$。而 $\delta V=4\pi r^2\delta r$，则

$$u_r=\delta r=\frac{\delta V}{4\pi r^2} \tag{3.15}$$

(2)应变场。

可由球对称的位移场求出相应的应变场：

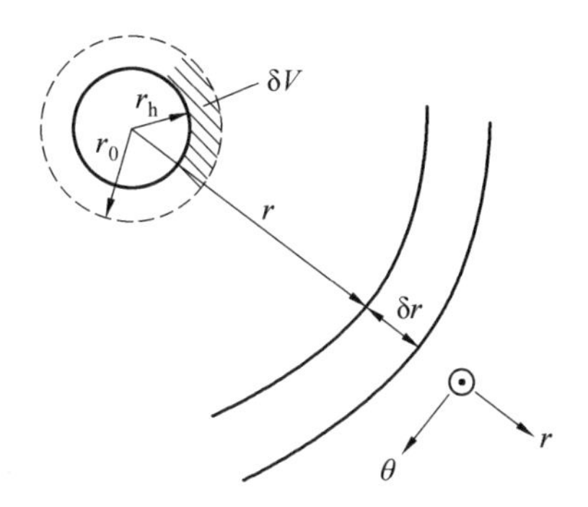

图 3.8　无限大基体中因错配球效应引起的径向位移

$$\begin{cases}\varepsilon_{rr}=\dfrac{\partial u_r}{\partial r}=-\dfrac{\delta V}{2\pi r^3}\\ \varepsilon_{\theta\theta}=\varepsilon_{\varphi\varphi}=\dfrac{u_r}{r}=\dfrac{\delta V}{4\pi r^3}\\ \varepsilon_{r\theta}=\varepsilon_{\theta\varphi}=\varepsilon_{\varphi r}=0\end{cases}\tag{3.16}$$

由式(3.16)可知,错配球在无限大基体中引起的应变场的特点是,只有正应变而无切应变,而且径向正应变与切向正应变具有如下关系:

$$\varepsilon_{\theta\theta}=\varepsilon_{\varphi\varphi}=-\frac{1}{2}\varepsilon_{rr}\tag{3.17}$$

于是,相应的体积应变也等于零,即

$$e=\frac{\delta V}{V_0}=\varepsilon_{rr}+\varepsilon_{\theta\theta}+\varepsilon_{\varphi\varphi}=0\tag{3.18}$$

式中　V_0——基体的体积。

(3)应力场。

在已知三个主要应变的条件下,可由以下胡克定律求出因错配球效应而在基体中引起的应力场:

$$\sigma_{rr}=2G\varepsilon_{rr}+\lambda(\varepsilon_{rr}+\varepsilon_{\theta\theta}+\varepsilon_{\varphi\varphi})=2G\varepsilon_{rr}\tag{3.19}$$

式中　λ——拉梅系数,$\lambda=2VG/(1-2V)$。

将式(3.16)代入式(3.19),得

$$\sigma_{rr}=-\frac{G\delta V}{\pi r^3}\tag{3.20}$$

又按式(3.17)得

$$\sigma_{\theta\theta}=\sigma_{\varphi\varphi}=\frac{G\delta V}{2\pi r^3}\tag{3.21}$$

于是,可以求出静水压力 P:

$$-P=\frac{\sigma_{rr}+\sigma_{\theta\theta}+\sigma_{\varphi\varphi}}{3}=0\tag{3.22}$$

可见，错配球在无限大基体中不引起内压力场。

(4)球内的应力—应变场。

形成错配球时，球受静水压力作用产生均匀体积收缩，其径向位移与半径成正比，即

$$u_r = \alpha r \tag{3.23}$$

式中 α——系数。

又因

$$\varepsilon_{rr} = \frac{\partial u_{rr}}{\partial r} = \alpha, \quad \varepsilon_{\theta\theta} = \varepsilon_{\varphi\varphi} = \frac{u_r}{r} = \alpha$$

所以，球内应变场的特点是三个主应变分量相等，即

$$\varepsilon_{rr} = \varepsilon_{\theta\theta} = \varepsilon_{\varphi\varphi} = \frac{e}{3} = \frac{1}{3}\frac{\Delta V}{V_0'} \tag{3.24}$$

式中 e——球的体积应变；

V_0'——原球的体积；

ΔV——球的体积收缩量。

由式(3.24)可知，球内应力场的特点也是三个主应力分量相等，即

$$\sigma_{rr} = \sigma_{\theta\theta} = \sigma_{\varphi\varphi} \tag{3.25}$$

而且，由于这三个主应力均为压应力，故在数值上等于球内静水压力 P_b，即

$$\sigma_{rr} = \sigma_{\theta\theta} = \sigma_{\varphi\varphi} = -P_b = -B'e = -B'\frac{\Delta V}{V_0} \tag{3.26}$$

式中 B'——球体的体弹性模量，可由球的剪切模量 G' 和泊松系数 ν' 给出：

$$B' = \frac{2G'(1+\nu')}{3(1-2\nu')} \tag{3.27}$$

显然，在球—孔界面上球对孔表面的压应力 σ_{rr}^{m} 与孔表面对球的压应力 σ_{rr}^{b} 数值上相等，而方向相反，即

$$\sigma_{rr}^{b}\big|_{r=r_0} = -\sigma_{rr}^{m}\big|_{r=r_0} \tag{3.28}$$

所以，由式(3.26)和式(3.27)得

$$P_b = -\sigma_{rr}^{b}\big|_{r=r_0} = \sigma_{rr}^{m}\big|_{r=r_0} = -\frac{G\delta V}{\pi r_0^3} \tag{3.29}$$

上述理论分析结果除可用于分析溶质原子与基体金属的弹性交互作用外，还可描述异相质点的行为，即可把异相质点的影响视为错配球加以分析。在异相质点内形成均匀的应力—应变场，而在周围基体中应力和应变场都具有短程性质，即 $\sigma \propto 1/r^3$。故只需考虑异相质点与周围附近基体的弹性交互作用，可忽略其对远处基体的影响。

2. 有限大基体中的错配球

实际晶体材料中各晶粒尺寸有限，可把每个晶粒看成有限大的错配球基体。

同上述无限大基体的情况相比，有限大基体的特点是有自由表面。相应的边界条件为在自由表面上无应力作用。若设晶粒半径为 R，应在 $r=R$ 处，满足 $\sigma_{rr} = \sigma_{r\theta} = \sigma_{r\varphi} = 0$。

如前所述，错配球不会引起切应力场，故对 $\sigma_{r\theta}=\sigma_{r\varphi}=0$ 自然满足。但是，如图 3.9 所示，有错配球存在时，会在 $r=R$ 处引起正应力，正应力大小为

$$\sigma'_{rr}=-\frac{G\delta V}{\pi R^3} \tag{3.30}$$

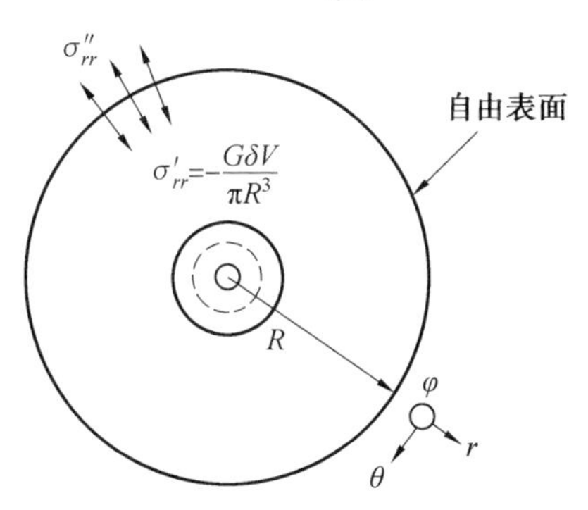

图 3.9　有限大基体中错配球示意图

可见，在这种有限大基体中存在静水压力场，其特点与前述球内的应力场相类似。故为了满足自由表面上的边界条件，应在表面处施加反向的静水拉应力 σ''_{rr}。相应地还会在基体内引起附加的位移、应变及应力等，统称为像场。由于所附加的像应力场是静水型的，要引起径向的像位移 u''_r，并正比于半径 r，即

$$u''_r=\alpha r \tag{3.31}$$

相应地存在三个像应变为

$$\begin{cases}\varepsilon''_{rr}=\dfrac{\partial u''_r}{\partial r}=\alpha\\[2ex]\varepsilon''_{\theta\theta}=\varepsilon''_{\varphi\varphi}=\dfrac{u''_r}{r}=\alpha\end{cases} \tag{3.32}$$

故在有限大的基体中，由边界条件制约而导致的像应变场的特点是三个正应变分量相等，即

$$\varepsilon''_{rr}=\varepsilon''_{\theta\theta}=\varepsilon''_{\varphi\varphi} \tag{3.33}$$

于是，像应变场的体积应变为

$$e''=\varepsilon''_{rr}+\varepsilon''_{\theta\theta}+\varepsilon''_{\varphi\varphi}=3\alpha \tag{3.34}$$

相应地，在有限大基体中，错配球的像应力场为

$$\sigma''_{rr}=\sigma''_{\theta\theta}=\sigma''_{\varphi\varphi}=(2G+\lambda)\varepsilon''_{rr}+\lambda(\varepsilon''_{\theta\theta}+\varepsilon''_{\varphi\varphi}) \tag{3.35}$$

将式(3.34)代入式(3.35)可得

$$\sigma''_{rr}=\sigma''_{\theta\theta}=\sigma''_{\varphi\varphi}=\left(\frac{2G+3\lambda}{3}\right)e'' \tag{3.36}$$

再将式(3.34)代入，得

$$\sigma''_{rr}=\sigma''_{\theta\theta}=\sigma''_{\varphi\varphi}=(2G+3\lambda)\alpha \tag{3.37}$$

又因为在 $r=R$ 处，$\sigma''_{rr}=-\sigma'''_{rr}$，联立式(3.30)和式(3.37)，得

$$\alpha=\frac{G\delta V}{\pi R^3}\frac{1}{2G+3\lambda} \tag{3.38}$$

将式(3.38)代入式(3.37),得

$$\sigma''_{rr}=\sigma''_{\theta\theta}=\sigma''_{\varphi\varphi}=\frac{G\delta V}{\pi R^3} \tag{3.39}$$

可见,在有限大基体中存在错配球时,会引起均匀分布的像应力场。因此,由错配球在有限大基体中所引起的总应力场为两部分之和:一为由球孔错配引起的应力场;二为由边界条件引起的像应力场。

3. 置换式溶质原子与位错间的弹性交互作用

置换式溶质原子取代溶剂原子而占据点阵的结点时,可由其与溶剂原子在尺寸上的差异而引起错配效应。显然,这种错配效应的特点是使应力一应变场具有球形对称性,可由三对对称的正交点力组加以表征,如图3.10所示。因此,可以借助错配球模型来表达置换式溶质原子与位错间的弹性交互作用。

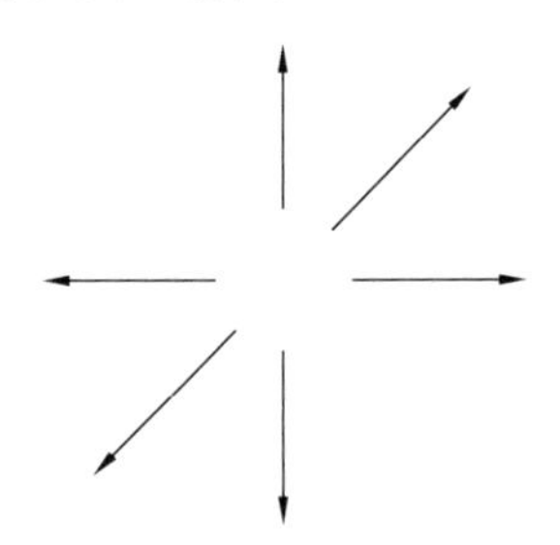

图3.10 错配球应力场示意图

在描述置换式溶质原子的错配效应时,常涉及以下两个参数。

①错配体积,即

$$\Delta V'=V_{溶质}-V_{溶剂} \tag{3.40}$$

②错配度,即

$$\beta=\frac{1}{a_0}\frac{\mathrm{d}a_0}{\mathrm{d}c} \tag{3.41}$$

式中 a_0——溶剂的点阵常数;

c——溶质原子浓度。

若令 N 为溶质原子数,V 为固溶体的体积,可有

$$c=\frac{N}{V} \tag{3.42}$$

则

$$\mathrm{d}c=\frac{\mathrm{d}N}{V} \tag{3.43}$$

将式(3.43)代入式(3.41),得

$$\beta=\frac{V}{a_0}\frac{\mathrm{d}a_0}{\mathrm{d}N} \tag{3.44}$$

令 $\mathrm{d}a_0/a_0=\mathrm{d}\varepsilon$，表示溶质原子引起的点阵畸变的大小，则

$$\beta=V\frac{\mathrm{d}\varepsilon}{\mathrm{d}N} \tag{3.45}$$

因在球形对称畸变条件下，可由三对相等的呈正交分布的点力组表征置换式溶质原子的错配效应，所以有

$$\varepsilon_{11}=\varepsilon_{22}=\varepsilon_{33}=\frac{e}{3} \tag{3.46}$$

式中　e——体积应变。

将式(3.46)微分，得

$$\mathrm{d}\varepsilon=\frac{\mathrm{d}e}{3} \tag{3.47}$$

于是由式(3.45)和式(3.47)得

$$\beta=\frac{V}{3}\frac{\mathrm{d}e}{\mathrm{d}N} \tag{3.48}$$

式中　$\mathrm{d}e=\mathrm{d}V/V$。

取 $\mathrm{d}N=1$ 及 $\mathrm{d}V=\delta V$，则式(3.48)可写为

$$\beta=\frac{1}{3}\delta V \tag{3.49}$$

(1)溶质原子间的弹性交互作用。

从错配球模型出发，可以把一个置换式溶质原子看成一个错配球，再把另一个溶质原子也看成一个错配球，然后来讨论两者之间的弹性交互作用。如图3.11所示，由A原子与基体的错配球效应，可给出一个外部体积变化，即

$$\delta V_{\mathrm{A}}=\delta V\left(1+\frac{4G}{3B}\right) \tag{3.50}$$

式中　δV_{A}——由A原子在周围基体引起的体积变化；

G 和 B——基体的剪切模量和弹性模量。

然后将B原子也视为一个错配球，其应力场在固溶体晶体表面引起一个外压力，即

$$P_{\mathrm{B}}^{\mathrm{ext}}=-\frac{G\delta V_{\mathrm{B}}}{\pi R^3} \tag{3.51}$$

式中　R——固溶体晶体的半径。

于是，A、B原子之间便产生弹性交互作用，其相互作用能为

$$W_{\mathrm{int}}=P_{\mathrm{B}}^{\mathrm{ext}}\delta V_{\mathrm{A}}=-\frac{G\delta V_{\mathrm{B}}}{\pi R^3}\cdot\delta V_{\mathrm{A}} \tag{3.52}$$

由此可见，置换式溶质原子之间的弹性交互作用能与两原子之间的距离 r 无关。因而，置换式溶质原子之间无阻态作用力，即

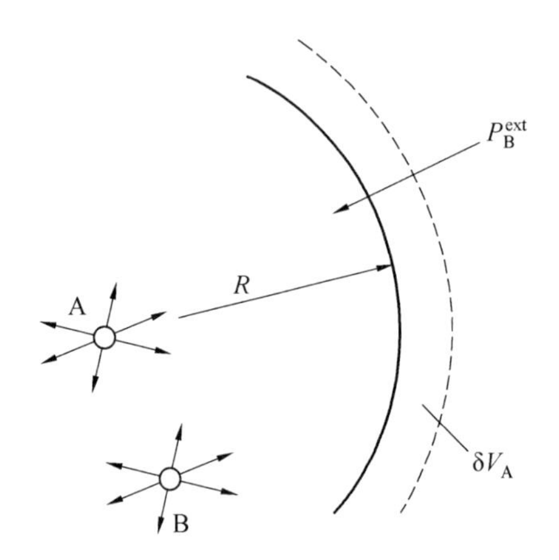

图 3.11 置换式溶质原子间弹性交互作用示意图

$$F_{int}=-\frac{\partial W_{int}}{\partial r}=0 \tag{3.53}$$

所以，置换式溶质原子之间交互作用的特点是有交互作用能而无交互作用力。其结果是使在固溶体中，置换式溶质原子在分布上有偏聚和混乱分布两种趋势，既不会充分偏聚，也不会完全均匀分布。

(2)溶质原子与刃型位错间的弹性交互作用。

也可以用错配球模型对这种弹性交互作用加以分析。如图 3.12 所示，可以先将置换式原子 A 看成一个错配球，在固溶体晶体表面给出一个外部应力变化 δV_A，再将附近的刃型位错 B 视为应力源，给出下面的内应力场：

$$p_B=-\frac{1}{3}(\sigma_{xx}+\sigma_{yy}+\sigma_{zz}) \tag{3.54}$$

由于 $\sigma_{zz}=V(\sigma_{xx}+\sigma_{yy})$，所以有

$$p_B=-\frac{1+V}{3}(\sigma_{xx}+\sigma_{yy}) \tag{3.55}$$

式(3.55)又可以改写为

$$p_B=\frac{2(1+V)Dy}{3(x^2+y^2)} \tag{3.56}$$

式中 $D=\boldsymbol{Gb}/[2\pi(1-V)]$。

如图 3.12 所示，若采用圆柱坐标系，式(3.56)可改写为

$$p_B=\frac{\boldsymbol{Gb}(1+V)}{3\pi(1-V)}\ \frac{\sin\theta}{r} \tag{3.57}$$

于是，置换式溶质原子 A 与刃型位错 B 的弹性交互作用能为

$$W_{int}=p_B\delta V_A=A\ \frac{\sin\theta}{r} \tag{3.58}$$

式中 $A=\boldsymbol{Gb}(1+V)\delta V_A/[3\pi(1-V)]$。

可见，置换式溶质原子与刃型位错间的弹性交互作用能在数值上与间距 r 成反比。

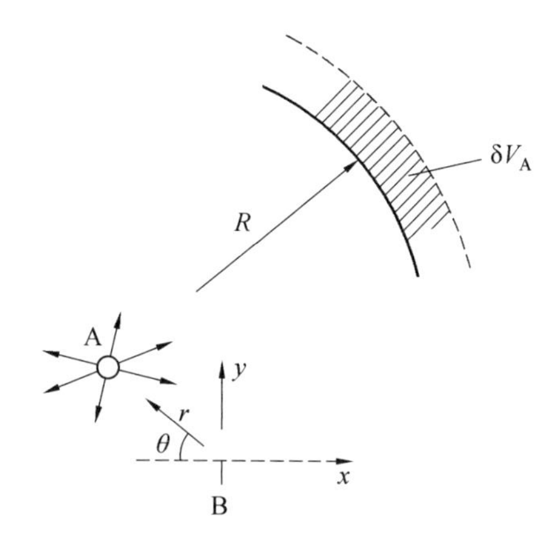

图 3.12　固溶体中置换式溶质原子与刃型位错间的弹性交互作用

此外，随着置换式溶质原子在刃型位错周围位置不同，会引起弹性交互作用能的符号发生改变。当 W_{int} 为负值时，溶质原子与刃型位错相互吸引，溶质原子就要向其与刃型位错相吸的区域偏聚，从而形成科氏气团(Cottrell 气团)。如图 3.13 所示，当溶质原子尺寸大于溶剂原子尺寸时，δV_A 和 A 为正值，从式(3.58)可以判断出 W_{int} 在 $\pi<\theta<2\pi$ 取负值。这说明，尺寸较大的置换式溶质原子趋于分布在刃型位错的受拉区域并使体系能量降低，形成 Cottrell 气团。

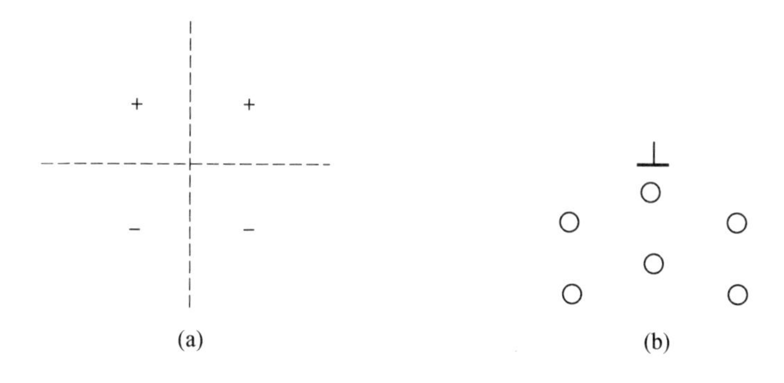

图 3.13　较大的置换式溶质原子与刃型位错的弹性交互作用能符号的改变(a)与 Cottrell 气团的形成(b)

Cottrell 气团具有以下特点：

①只有当 W_{int} 为负值时，才能使位错周围溶质原子的浓度大于 c_0 而形成 Cottrell 气团。所以，同溶剂原子尺寸相比，较大的置换式溶质原子趋于分布在刃型位错的受拉区域；而较小的置换式溶质原子趋于分布在刃型位错的受压区域。对于正刃型位错而言，当 $\theta=3\pi/2$ 时，较大的溶质原子的 W_{int} 在绝对值上达到最大，即优先集中在位错线下方；而当 $\theta=\pi/2$ 时，较小的置换式溶质原子的 W_{int} 在绝对值上达到最大，即优先集中在位错线上方。

②W_{int} 在数值上与距离 r 成反比，使形成 Cottrell 气团的置换式溶质原子距离位错线

越近，其浓度越高。极限情况是由溶质原子平行于位错线形成原子列，使 Cottrell 气团达到饱和状态（即 $c=1$）。

③Cottrell 气团存在临界温度，称为露点，可由下式求得

$$T_c=\frac{|W_{int}|}{k\ln\frac{1}{c_0}} \tag{3.59}$$

Cottrell 气团能够阻碍位错运动。这是因为通过溶质原子与刃型位错的弹性交互作用，能够松弛刃型位错的静水压力场而降低系统的弹性畸变能，使溶质原子在位错线附近偏聚。一旦在外力作用下使位错运动，必然改变溶质原子的平衡位置，导致系统的弹性畸变能升高。这种系统能量改变的结果便表现为溶质原子对位错的滑移产生了阻力或钉扎。计算表明，使位错从 Cottrell 气团中脱钉所需最小的切应力为

$$\sigma_c=\frac{A}{\boldsymbol{b}^2 r_0^2} \tag{3.60}$$

式中 A——常数；

$\boldsymbol{b}$——刃型位错的伯格斯矢量；

r_0——刃型位错的切断半径。

在一定条件下，位错也可能拖着 Cottrell 气团运动，使 Cottrell 气团表现一定的拖曳作用。显然，当温度较高时，以至于溶质原子的扩散速度与位错运动速率相接近时，才有这种可能性。

(3)溶质原子与螺型位错间的弹性交互作用。

可用上述类似的方法分析置换式溶质原子与螺型位错的弹性交互作用。但对螺型位错而言，只有两个切应力分量而无正应力分量，不产生静水压力场，即 $p_B=-(\sigma_{rr}+\sigma_{\theta\theta}+\sigma_{\varphi\varphi})/3=0$。故虽然可由置换式溶质原子给出错配球效应，产生外部体积变化 δV_A，但

$$W_{int}=p_B\cdot\delta V_A=0 \tag{3.61}$$

因此，一般认为，置换式溶质原子与螺型位错之间没有弹性交互作用。

然而，在一定条件下，置换式溶质原子与螺型位错间也可能产生次级的弹性交互作用。例如：

(1)螺型位错扩展时，两个不全位错的伯格斯矢量均与位错线成 30°，故其垂直分量便构成刃型的部分位错，而与置换式溶质原子发生弹性交互作用。这种弹性交互作用具有短程性。

(2)螺型位错局部弯折时，也会形成刃型位错分量，从而与置换式溶质原子产生局部的弹性交互作用。这也是一种短程交互作用。因此，不考虑次级效应时，可以认为，螺型位错与螺型位错之间无弹性交互作用，故不形成 Cottrell 气团。可是，实际上，由于种种原因也可能使置换式溶质原子与螺型位错间出现某种局部的短程交互作用，只是作用较小，有时往往被忽略。

4. 间隙式溶质原子与位错间的弹性交互作用

常见的间隙式溶质原子有氢、碳、氯、氧和硼等。其中氧和硼往往具有置换式和间隙式双重特性。同置换式溶质原子不同，对间隙式溶质原子与位错的弹性交互作用不能笼统而论，而与固溶体的点阵类型有关。

(1)FCC 结构中间隙原子的错配球效应。

在 FCC 结构中，有两种间隙位置：一是八面体间隙，如图 3.14(a)所示，从八面体体心到周围六个近邻原子间距均为 $a/2$；另一个是四面体间隙，如图 3.14(b)所示，从四面体体心到周围四个近邻原子间距均为 $\sqrt{3}a/4$。在这两种间隙中，八面体间隙较大，可容纳较大的间隙原子，而四面体间隙只能容纳较小的间隙原子。根据几何关系可求出两种间隙能够容纳的最大的刚球半径。设溶剂原子的半径为 r_A，间隙中能容纳的最大刚球半径为 r_B，则在 FCC 结构中，对于八面体间隙，$r_B=0.414r_A$；对于四面体间隙，$r_B=0.225r_A$。

在上述两种间隙中，近邻原子都位于同一球面上(图 3.14)，因而具有对称性。在有间隙原子占据时，便会造成球对称性的应力—应变场。其效果与置换式溶质原子的错配球效应相同，故可与刃型位错产生弹性交互作用而形成 Cottrell 气团。

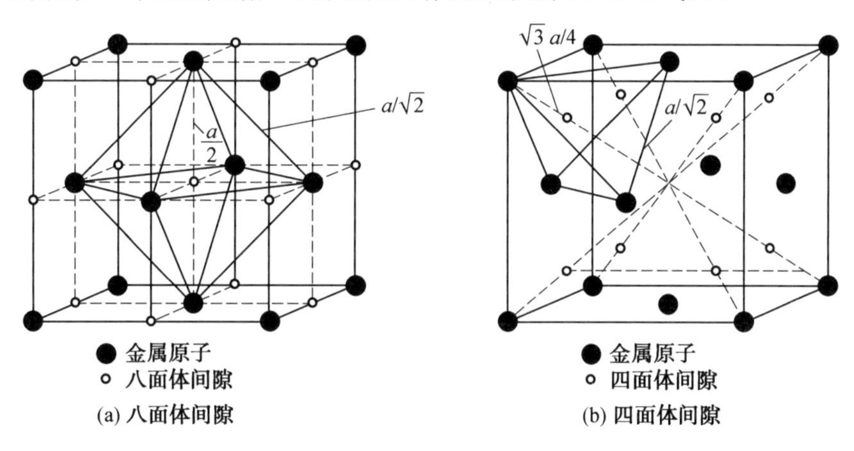

图 3.14　FCC 结构中的间隙

此外，与置换式溶质原子的错配球模型相比，由间隙式原子填充间隙时，会因间隙尺寸较小而引起较大的错配体积，使基体产生较大的体积改变。这是间隙式溶质原子在 FCC 结构中形成错配球的重要特点。

(2)BCC 结构中间隙原子的错配球效应。

在 BCC 结构中，也有八面体和四面体两种间隙，如图 3.15 所示。但同 FCC 结构中的间隙不同，在 BCC 结构中的间隙呈非球对称性，即从间隙中心到周围近邻原子的距离不完全相等。根据几何关系可以求出在 BCC 结构中，对于八面体间隙，$r_B=0.15r_A$；对于四面体间隙，$r_B=0.29r_A$。

可见，与 FCC 结构中的情况相反，BCC 点阵中的四面体间隙比八面体间隙大。但是，一般间隙原子在 BCC 结构中还是倾向于首先占据八面体间隙。这不能用刚性模型加

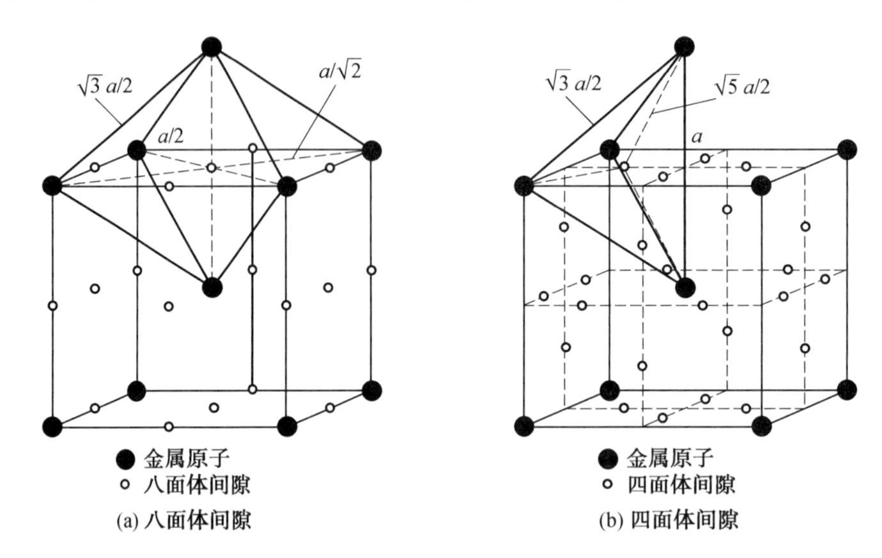

图 3.15　BCC 结构中的间隙

以说明，而可能与局部电子的交互作用有关。

3.3.3　第二相强化

第二相强化是指弥散分布于基体组织中的第二相成为位错运动的有效障碍，是一种用于强化晶体材料的有效方法。按照第二相特性不同，常将第二相强化分为沉淀强化和弥散强化两种。沉淀强化相粒子是经固溶和时效处理后获得的弥散分布的第二相粒子，其特点是与基体共格或半共格；弥散强化相粒子则是金属中加入或形成的稳定的第二相粒子，常指通过内氧化及粉末冶金等办法人为加入金属基体的第二相粒子，其与基体之间属于非共格关系。

虽然沉淀强化和弥散强化有所不同，两者的共同点都体现在第二相粒子或质点对位错运动的阻碍作用，可统称为质点强化。实际上固溶强化也是一种质点强化，只是质点的尺寸很小(为溶质原子)而已。所以，可将溶质原子、沉淀强化相粒子及弥散强化相粒子统称为障碍质点，并建立统一的障碍理论。其中最经典的就是奥罗万(Orowan)模型。

1. Orowan 模型

假设障碍为点状质点，并在滑移面上呈方阵排列，而且基体是各向同性的弹性介质。可以将位错线张力近似地取为 $Gb^2/2$。滑移位错遇障碍质点受阻时，外加切应力与位错线弓弯半径 r 之间的关系如下：

$$\sigma=\frac{Gb}{2r} \tag{3.62}$$

滑移位错遇方阵排列质点弓弯示意图如图 3.16 所示。根据图中的几何关系，可以求得

$$r=\frac{L}{2\cos\frac{\varphi}{2}} \tag{3.63}$$

将式(3.63)代入式(3.62)，得

$$\sigma=\frac{G\boldsymbol{b}}{L}\cos\frac{\varphi}{2} \tag{3.64}$$

式(3.64)即Orowan公式。可见，对于一定间距的障碍质点而言，位错线弓弯程度越大，所需外加切应力σ越大。

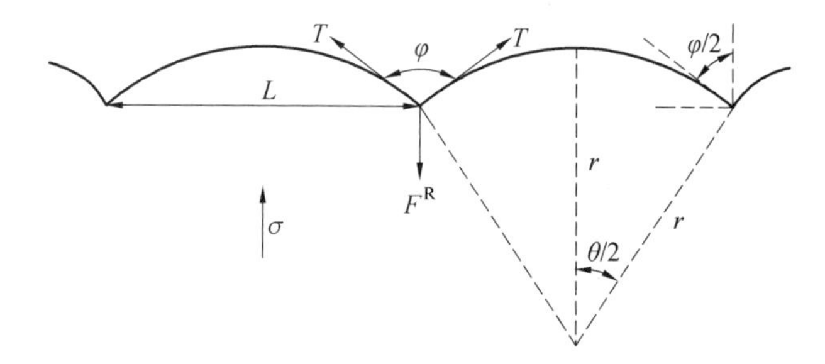

图 3.16　滑移位错遇方阵排列质点弓弯示意图

在外加切应力作用下，位错通过障碍的脱锚条件可表示为

$$\varphi=\varphi_c \tag{3.65}$$

式中　φ_c——质点的障碍强度。

根据受力平衡关系可以求得，位错通过障碍质点的临界切应力为

$$\sigma_c=\frac{G\boldsymbol{b}}{L}\cos\frac{\varphi_c}{2} \tag{3.66}$$

式中　$\cos\frac{\varphi_c}{2}$——障碍强度因子。

可按此因子的大小将障碍对位错的钉扎作用分为强钉扎和弱钉扎。其主要差别在于位错脱锚时，所达到的临界弓弯程度不同。

上述障碍模型的主要特点是，质点呈阵列分布，各质点的障碍强度一样。滑移位错可在多点同时突破钉扎作用后，快速自由运动，无须再进一步考虑其他质点的影响。这种模型主要适用于强钉扎障碍质点。当位错经深度弓弯通过障碍质点时，需克服位错线张力引起的回复力的阻碍作用。

2. 沉淀强化机制

沉淀强化指第二相粒子自固溶体沉淀(或脱溶)而引起的强化效应，又称析出强化或时效强化。其物理本质是沉淀相粒子及其应力场与位错发生交互作用，阻碍位错运动。造成沉淀强化的条件是第二相粒子能在高温下溶解，并且其溶解度随温度降低而下降。

在沉淀过程中，第二相粒子会发生由与基体共格向非共格过渡，使强化机制发生变化。当沉淀相粒子尺寸较小并与基体保持共格关系时，位错可以切过的方式同第二相粒子发生交互作用；而当沉淀相粒子尺寸较大并已丧失与基体的共格关系时，位错可以绕

过方式通过粒子。由于后一种变形及强化方式同弥散强化机制有共同之处，故常将过时效状态下非共格沉淀相粒子的强化作用归于弥散强化一类。当第二相为可变形粒子时，其强化机制将主要取决于粒子本身的性质及其与基体的联系，所涉及的强化机制较为复杂，并因合金而异。

(1)共格应变强化。

如图 3.17 所示，在 Al－Cu 合金中，可以将沉淀相粒子(溶质原子富集区)看成错配球，因而会在周围基体中引起共格应变场。和溶质原子与位错的弹性交互作用类似，引起基体点阵膨胀的沉淀相粒子与刃型位错的受拉区相互吸引，而使基体点阵收缩的沉淀相粒子与刃型位错的受压区相吸引。因此，即使位错不直接切过沉淀相粒子，也会通过共格应变场阻碍位错运动。

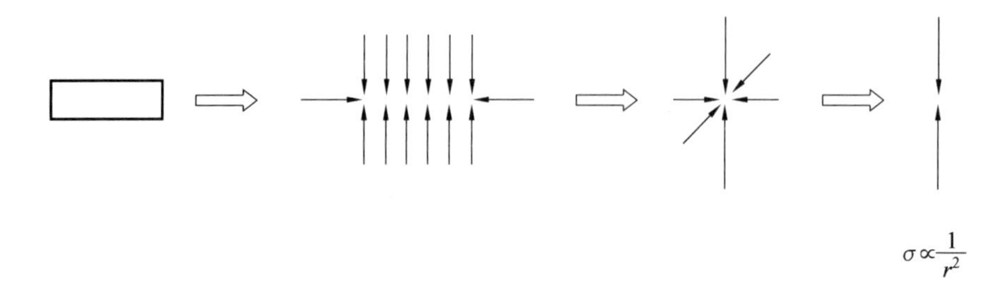

图 3.17 Al－Cu 合金中 GP 区共格应变场简化模型

在实际中，随着沉淀相粒子的共格应变以及体积分数的增加，沉淀相强化效果不断增大，通常时效峰出现在沉淀相与基体共格关系被破坏时，如图 3.18 所示。

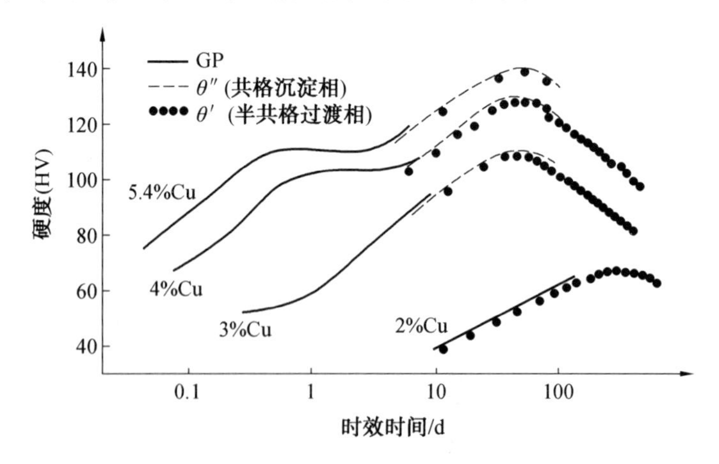

图 3.18 Al－Cu 合金中 130 ℃的时效硬化曲线

(2)化学强化。

当滑移位错切过沉淀相粒子时，会在粒子与基体间形成新界面，如图 3.19 所示。由于形成新界面需使系统能量升高，因此会引起强化效应。这种强化称为“化学强化”，表达式为

$$\sigma_c=\frac{2\sqrt{6}}{\pi}\frac{f\gamma_s}{r} \tag{3.67}$$

式中　σ_c——化学强化效应而引起的临界切应力；

f——沉淀相粒子的体积分数；

γ_s——界面能；

r——离子半径。

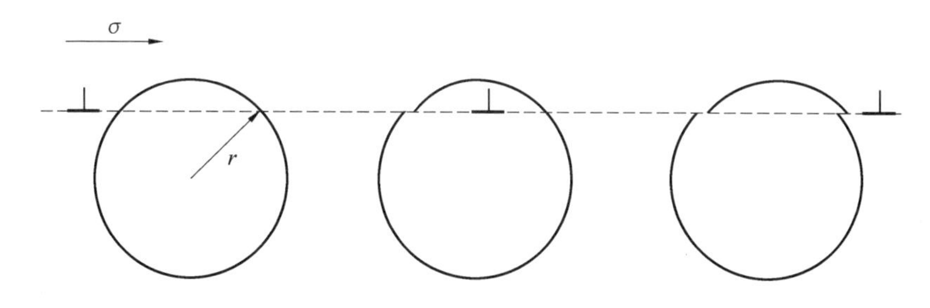

图 3.19　位错切过沉淀相粒子形成新界面示意图

显然，这种强化机制对于薄片状沉淀相粒子较为重要。这是因为薄片状粒子表面与体积比大，易于由位错切过而引起较大的表面积增量。

(3)有序强化。

许多沉淀相粒子是金属间化合物，呈点阵有序结构并与基体保持共格关系。当位错切过这种有序共格沉淀粒子时，会产生反相畴界而引起强化效应。同在长程有序固溶体中的位错运动相类似，位错切过有序沉淀相粒子时也易诱发位错成对运动，如图 3.20 所示。领先位错在其扫过有序沉淀相粒子时，因产生反相畴界而受阻发生弯曲。尾随位错因可消除沉淀相粒子内的反相畴界，呈直线状跟随领先位错运动。

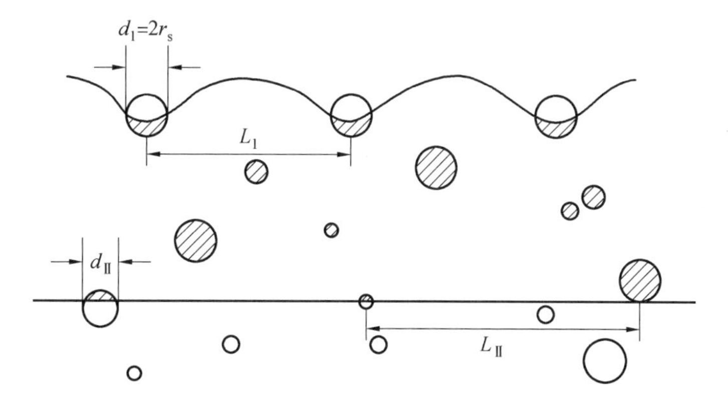

图 3.20　有序沉淀相粒子强化示意图

(粒子内影线区表示反相畴，r_s 为沉淀相粒子的平均半径)

(4)模量强化。

在沉淀相粒子与基体具有不同弹性模量的条件下，会由于位错接近或进入沉淀相内而引起位错自能发生变化，产生强化效应。

模量强化的基本特点在于位错的能量与其所处介质的剪切模量呈线性关系。当位错切过与基体弹性模量不同的沉淀相粒子时，便会由于局部增加或降低位错线自能而使位错运动受阻，以致需要附加的切应力材料切割粒子。沉淀相粒子与基体的剪切模量差别较大时，这种模量强化效应将起到重要作用。

(5)层错强化。

当沉淀相粒子的层错能与基体不同时，位错运动也会受到阻碍，引起强化。Hirsch 和 Kelly 最早分析了这种强化效应。他们指出，当沉淀相的层错能 γ_p 明显低于基体层错能 γ_m 时，会引起扩展位错的宽度发生局部变化。

层错强化机制适合密排点阵，以便形成拓展位错。此外，沉淀粒子的层错能与基体相比，要有显著差异。这会使其应用范围受到一定限制。但在一定条件下，这种强化机制将起着重要作用。

(6)派一纳力强化。

当沉淀相粒子与基体的派一纳力不同时，也会引起强化效应。此效应对合金临界切应力的贡献与沉淀相粒子的强度(σ_p)和基体的强度(σ_m)之差成正比，即

$$\sigma_c = \frac{5.2 f^{\frac{2}{3}} r^{\frac{1}{2}}}{G^{\frac{1}{2}} \boldsymbol{b}^2} (\sigma_p - \sigma_m) \tag{3.68}$$

综上所述，沉淀强化可能是以上各种强化机制综合作用的结果。在一般情况下，常以共格应变强化作用为主。所以，峰时效常出现在能使沉淀相粒子与基体共格应变达到最大程度的时效阶段，即沉淀相粒子与基体的关系由共格到半共格过渡的时效阶段。当然，对不同合金而言，起主要作用的强化机制可能有所不同，应视具体情况而定。

3. 弥散强化机制

弥散强化是通过在合金组织中引入弥散分布的硬粒子，阻碍位错运动，导致强化效应。所谓硬粒子是指粒子本身不变形，位错难以切过。对作为强化相的硬粒子有两个基本要求：①其弹性模量要远高于基体的弹性模量；②要与基体呈非共格关系。获得这样的硬粒子的方法有内氧化及烧结等，是人为地在金属基体中添加弥散分布的硬粒子。

此外从强化机制角度，也常将合金过时效或钢的回火作为弥散强化的方法看待。这是从实用上把弥散相粒子是否与基体具有共格关系看作区分弥散强化与沉淀强化的界线。

常用的弥散强化相包括碳化物、氮化物、氧化物等，其共同点是障碍强度大。常用 Orowan 模型来描述弥散强化的作用机制，即

$$\sigma^* = \frac{G\boldsymbol{b}}{L} \tag{3.69}$$

式中 σ^*——临界切应力；

L——硬粒子间距；

$\boldsymbol{b}$——伯格斯矢量；

G——基体的剪切模量。

位错以绕过方式通过障碍，并在障碍粒子周围留下位错环，如图 3.21 所示。

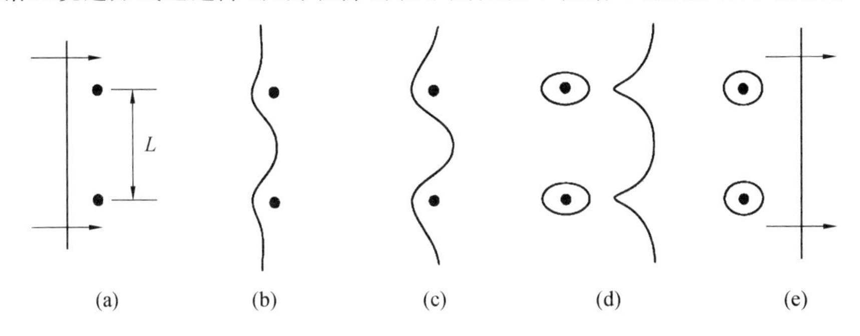

图 3.21　位错绕过弥散相粒子并在其周围形成位错环

3.3.4　晶界强化

实际使用的金属材料绝大多数是多晶材料，试验发现，多晶体的屈服强度明显高于同样组成的单晶体。其原因是多晶体中不同位向的晶粒之间存在晶界，晶界以及晶界两侧晶粒的位向差，都会增加位错运动的阻力。晶界强化机制可以分为直接强化机制和间接强化机制。

1. 直接强化机制

直接强化机制是着眼于晶界本身对晶内滑移所起的阻碍作用。无论是小角晶界还是大角晶界，都可以看作位错的集合体，从而直接阻碍晶内位错运动。这种直接强化作用涉及晶界与晶格滑移位错的交互作用，包括以下几个方面。

(1)晶界具有短程应力场，可阻碍晶格滑移位错进入或通过晶界，如图 3.22(a)所示。这是一种由位错与晶界的应力场的交互作用所引起的局部强化作用。

(2)若晶格滑移位错穿过晶界，其伯格斯矢量发生变化，并形成晶界位错，如图 3.22(b)所示。除非所形成的晶界位错从滑移带与晶界相交处移开，否则会引起反向应力阻碍进一步滑移。在部分滑移传递时，很可能会形成沿晶界位错的塞积组态。这时晶界是否流变便成为决定强化程度的重要因素。

(3)若晶格滑移位错进入晶界，可发生分解，形成晶界位错；或者与晶界位错产生位错反应。

2. 间接强化机制

间接强化机制是着眼于晶界的存在所引起的潜在强化效应，主要包括以下两种。

(1)次滑移引起强化。

晶界的存在可引起弹性应变不匹配和塑性应变不匹配两种效应，在晶界附近引起多滑移。由弹性应变不匹配效应在主滑移前引起次滑移时，可对随后主滑移构成林位错加

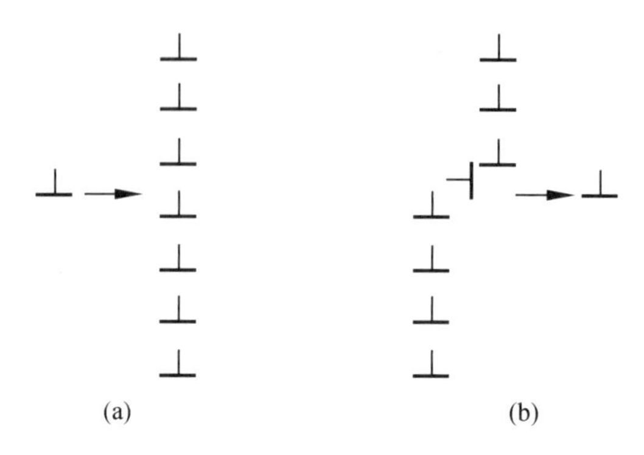

图 3.22 滑移位错与对称晶界的交互作用

工硬化机制。这种先次滑移后主滑移的机制在晶界潜在强化中起着重要作用。塑性应变不匹配应力易激发晶界位错源，使之放出位错而导致晶界附近区域快速加工硬化。

(2)晶粒间取向差引起强化。

相邻晶粒取向不同，会引起两者主滑移系统取向因子出现差异。若在外力作用下，某一晶粒先开始滑移，相邻晶粒内的主滑移系统难以同时开动。这说明晶界的存在能使运动位错的晶体学特性受到破坏，从而引起强化效应。

晶界可引起多种强化因素，涉及晶界本身及其附近区域位错结构的复杂变化，从而使晶界对金属力学性能的影响十分复杂，需做具体分析。

晶界强化对多晶体而言，主要表现为晶粒大小与流变应力的关系。多晶体中的任一晶粒，按其取向和环境不同而必然有软硬差异。即使在同一晶粒内，离晶界远近不同的区域在变形抗力上也有区别，如图 3.23 所示。一般而言，细晶试样不但强度高，韧性也好。所以细晶强化成为金属材料一种重要的强化方式，获得了广泛的应用。

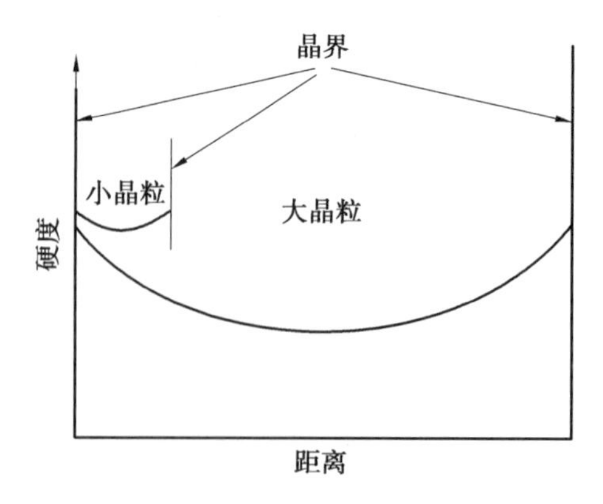

图 3.23 晶内硬度分布示意图

在大量试验基础上，建立了晶粒大小与金属强度的定量关系的一般表达式：

$$\sigma_s = \sigma_0 + kd^{-n} \tag{3.70}$$

式中 σ_s——屈服强度；

σ_0——晶格摩擦应力；

d——晶粒直径；

k——常数；

n——常数，$n=0.5$。

式(3.70)是著名的霍尔－佩奇(Hall－Petch)公式，是由 Hall 和 Petch 两人最先在软钢中针对屈服强度建立起来的，后来被证明可广泛应用于各种体心立方、面心立方及六方结构的金属和合金。大量试验结果已证明，此关系式还适用于整个流变范围直至断裂，仅常数 σ_0 和 k 有所不同。

3.4　常用的拉伸本构模型

材料的本构模型刻画了一定条件下应力与包含应变在内的重要因素之间的数学关系，这些重要因素既包含宏观层面上的环境条件等变量，也包括能够反映材料特征属性或内部结构形态的物理变量。

1. 根据本构模型的变量类型和构建方法分类

(1)从材料宏观力学特性出发，注重材料在不同试验条件下表现出来的变形差异，通过对大量试验数据的抽象归纳建立相应的数学表达形式，建立一种经验本构模型，也称为唯象型本构模型或者宏观模型，该类模型有较强的工程易用性，模型中每个参数都与材料力学性能关联，有明确的物理意义，简单易懂。其主要包括 Hollomon 模型、Johnson－Cook 模型、阿伦尼乌斯(Arrhenius)模型等。

(2)从材料微观变形机理出发，结合晶相变化、连续损伤力学等，从微观结构变化上解释材料产生性能差异的原因，建立相应的本构模型，称为物理本构模型或者微细观本构模型。这种模型有一定的理论基础，但表达式复杂，参数较多而且较为抽象。典型代表有 Zerilli－Armstrong 本构模型。

(3)兼具以上两种模型的部分特点、跨多尺度水平的宏微观本构模型，也称为半经验半物理型本构模型。

2. 应用最广的拉伸本构模型

(1)Hollomon 模型。

该模型由 Hollomon 于 1945 年提出，为单一的幂函数形式：

$$\sigma=K\varepsilon^n \tag{3.71}$$

$$\sigma=\sigma_0+K\varepsilon^n \tag{3.72}$$

式中　σ——应力；

ε——应变；

σ_0——初始应力；

K——强化系数；

n——硬化指数。

Hollomon 模型形式简单，参数较少，幂指数的形式能够较为准确地描述很多金属材料的加工硬化状态，但单一的幂指数形式存在很大的局限性。Hollomon 模型的提出，为其他经典本构模型奠定了基础。

(2)Johnson－Cook(J－C)模型。

J－C 模型是在 Hollomon 模型基础上提出的，该模型考虑了应变速率和温度对变形的影响，表达式如下：

$$\sigma=(A+B\varepsilon^n)\left(1+C\ln\frac{\dot{\varepsilon}}{\dot{\varepsilon}_0}\right)\left[1-\left(\frac{T-T_r}{T_m-T_r}\right)^m\right] \tag{3.73}$$

式中　A、B、C——待定系数；

$\dot{\varepsilon}$——应变速率；

$\dot{\varepsilon}_0$——参考应变速率；

T——温度；

T_m——熔点温度；

T_r——参考温度；

n——塑性硬化参数；

m——温度敏感系数。

J－C 模型是基于不同应变速率和温度下的试验数据建立的，常用于描述高应变速率和高温条件下的变形，在工程中得到广泛的应用。

(3)Arrhenius 模型。

1966 年，Sellars 等提出了一种通过双曲正弦函数来描述材料高温热变形行为的方程，主要通过 Arrhenius 方程来表达变形速率、温度、流动应力等变量之间的关系。具体的数学表达式可以表示为

$$\dot{\varepsilon}=AF(\sigma)\exp[-Q/(RT)] \tag{3.74}$$

式中　$F(\sigma)$有三种表达式，分别为

$$F(\sigma)=\begin{cases}A_1\sigma^{n_1} & \alpha\sigma<0.8\\ A_2\exp(\beta\sigma) & \alpha\sigma>1.2\\ A_3[\sinh(\alpha\sigma)]^n & \text{所有应力下}\end{cases} \tag{3.75}$$

式中　$\dot{\varepsilon}$——应变速率；

Q——热变形激活能，$\mathrm{kJ\cdot mol^{-1}}$；

R——摩尔气体常数 $R=8.314\ \mathrm{J\cdot mol^{-1}\cdot K^{-1}}$；

T——绝对温度；

A、α、β、n、n_1——材料常数。

Arrhenius 模型被广泛应用于描述高温变形下应变速率、变形温度和流变应力之间的关系，并且可以表征应力－应变曲线先增后减的特点。

(4)Zerilli－Armstrong(Z－A)模型。

1987 年，Zerilli 等提出了一种基于位错运动理论的模型，该模型具有一定的物理理论基础，其数学表达式如下：

$$\sigma = \sigma_a + \sigma_{th} \tag{3.76}$$

$$\sigma_{th} = \frac{M\Delta G_0}{Ab} e^{-\beta T} \tag{3.77}$$

$$\beta = -C_3 + C_4 \ln \dot{\varepsilon} \tag{3.78}$$

对于 BCC 金属来说，A 为常数，而对于 FCC 金属来说，A 正比于 $\varepsilon^{-1/2}$，同时如果将屈服力对晶粒尺寸的影响以 C_0 表示，则 Z－A 模型可以采用以下数学表达式：

对于 FCC 结构：

$$\sigma = C_0 + C_1 \exp(-C_3 T + C_4 T \ln \dot{\varepsilon}) + C_5 \varepsilon^n \tag{3.79}$$

对于 BCC 结构：

$$\sigma = C_0 + C_2 \varepsilon^{1/2} \exp(-C_3 T C_4 T \ln \dot{\varepsilon}) \tag{3.80}$$

Zerilli 认为，Z－A 模型适用于高应变速率和较低温度下($T < 0.5T_m$)。

3.5　拉伸本构模型的应用

在本节中，以镍基高温合金为例，分别分析了宏观本构模型以及微细观本构模型在宏观拉伸以及微拉伸中的应用，便于读者更好地理解这两者的区别。

高温合金是指以铁、镍、钴为基，能在 600 ℃以上的高温及一定应力作用下长期工作的一类金属材料；并具有较高的高温强度，良好的抗氧化和抗腐蚀性能，良好的疲劳性能、断裂韧性等综合性能。高温合金为单一奥氏体组织，在各种温度下具有良好的组织稳定性和使用可靠性，基于上述性能特点，且高温合金的合金化程度较高，因此其又被称为“超合金”，是广泛应用于航空、航天、石油、化工、舰船的一种重要材料。按基体元素来分，高温合金又分为铁基、镍基、钴基等高温合金。铁基高温合金使用温度一般只能达到 750～780 ℃，对于在更高温度下使用的耐热部件，则采用镍基和难熔金属为基的合金。

镍基高温合金在整个高温合金领域占有重要的地位，它广泛地用于制造航空喷气发动机、各种工业燃气轮机的最热部件。目前，在先进的发动机上，镍基合金已占总重量的一半，如涡轮盘、涡轮导向叶片、轴和机匣等。

3.5.1　动态拉伸本构模型的构建

在研究材料的动态力学性能时，常规的伺服拉伸机已经无法满足动态拉伸所需要的应变速率，现在普遍采用霍普金森杆进行动态试验。霍普金森杆包括霍普金森拉杆、压杆、扭杆等，目前霍普金森杆能测得材料在 $10^2 \sim 10^4\ \text{s}^{-1}$ 应变速率下的应力－应变曲线。下面对霍普金森拉杆进行简单的介绍。

如图 3.24 所示，传统的分离式霍普金森拉杆（split Hopkinson tension bar，SHTB）装置主要由加载设备（气压装置、枪管及冲击杆（子弹））、杆子系统（入射杆、透射杆及砧头）、吸收装置（吸收杆及挡板支座）以及数据采集和记录系统（光信号、应变片、动态应变仪及波形整形器）等部分组成。基于一维弹性波理论和所记录的入射波脉冲（ε_i）、反射波（ε_r）和透射波脉冲（ε_t），可通过下列公式分别计算出应力、应变以及应变率：

$$\begin{cases} \sigma(t) = E \cdot \left(\dfrac{A}{A_0}\right) \cdot \varepsilon_t(t) \\ \varepsilon(t) = \dfrac{2C}{L_0} \displaystyle\int_0^t [\varepsilon_i(\tau) - \varepsilon_t(\tau)] \mathrm{d}\tau \\ \dot{\varepsilon}(t) = \dfrac{2C}{L_0} [\varepsilon_i(t) - \varepsilon_t(t)] \end{cases} \tag{3.81}$$

式中 E——SHTB 杆系材料的弹性模量（杨氏模量）；

C——杆中的波速；

A 和 A_0——杆子和试样标距部分的截面面积；

L_0——矩形试样的标距长度，动态拉伸试样如图 3.25 所示。

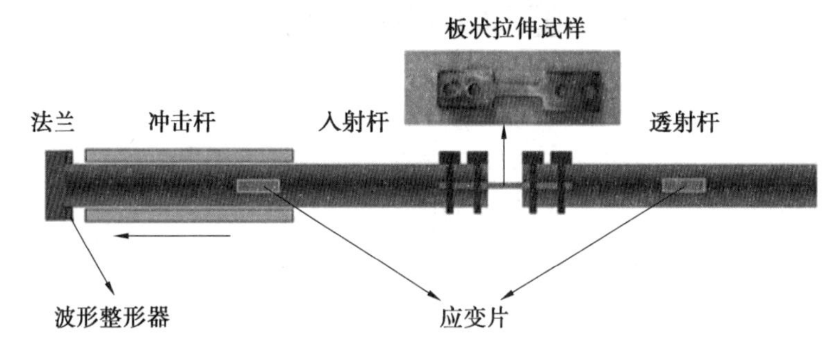

图 3.24 分离式霍普金森拉杆(SHTB)

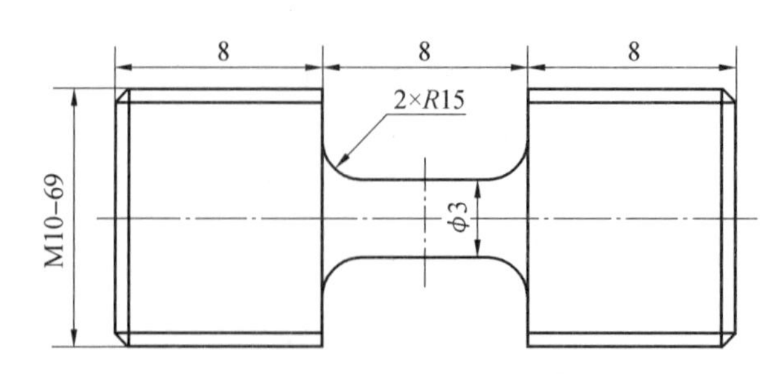

图 3.25 动态拉伸试验试样（单位：mm）

J—C 模型综合考虑了应变、应变速率、温度三个因素对流变应力的影响，被广泛应用于描述材料的动态力学行为。观察 J—C 模型可以发现这三个因数互为乘积，互不耦合，因此可用分步拟合法确定模型参数。

(1)通过室温($T=20$ ℃)且应变速率为 0.001 s^{-1} 条件下的准静态拉伸试验确定塑性硬化参数 A、B、n。

前面提到过 J—C 模型中存在一个参考应变速率，一般情况下这种参考应变速率都是准静态拉伸时的应变速率，进而通过准静态拉伸的结果可以得到 J—C 模型中的部分参数。在上述条件下，J—C 模型中的后两项为 1，因此不需要考虑应变速率和温度对流变应力的影响。模型中的 A 即为由准静态拉伸试验得到的屈服强度，两边同时取对数：

$$\ln(\sigma-A)=\ln B+n\ln\varepsilon \tag{3.82}$$

对 $\ln(\sigma-A)$ 与 $\ln\varepsilon$ 进行拟合，得到曲线的斜率即为 n，截距为 $\ln B$。根据准静态拉伸试验结果，得到 A 为 817 MPa，n 为 0.516 4，B 为 872 MPa，如图 3.26 所示。

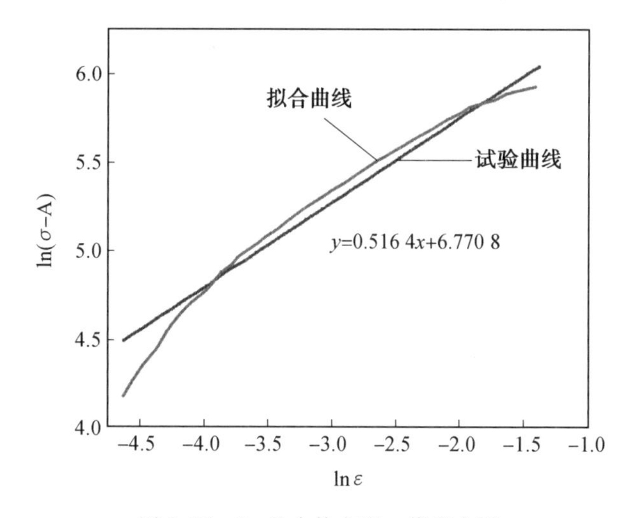

图 3.26　J—C 本构方程 n 值拟合图

(2)通过高应变率试验确定应变率敏感性系数 C 值。

依据室温(20 ℃)下不同应变率的动态力学性能试验结果，最后一项乘积为 1，J—C 本构方程前两项可变形为

$$\frac{\sigma}{A+B\varepsilon^{n}}-1=C\ln(\dot{\varepsilon}/\dot{\varepsilon}_{0}) \tag{3.83}$$

式中，A，B，n 上一步已经得到，因此左边可以变换成一个以 ε 为变量的函数 $f(\varepsilon)$，则式(3.83)可以变换为

$$C=f(\varepsilon)/\ln(\dot{\varepsilon}/\dot{\varepsilon}_{0}) \tag{3.84}$$

经计算发现，不同应变速率下得到的 C 并不相同，因此需要对其进行修正。

通过对不同应变率下的 C 值取平均值，再将平均值用于拟合，观察 C 值与应变率的

关系(图 3.27)。可以发现二者近似于线性关系,因此可以将原 J-C 本构方程中的常数 C 修正为与应变率相关的一次等式。经过拟合后可得 $C_1=-0.0222, C_2=2\times10^{-5}$。

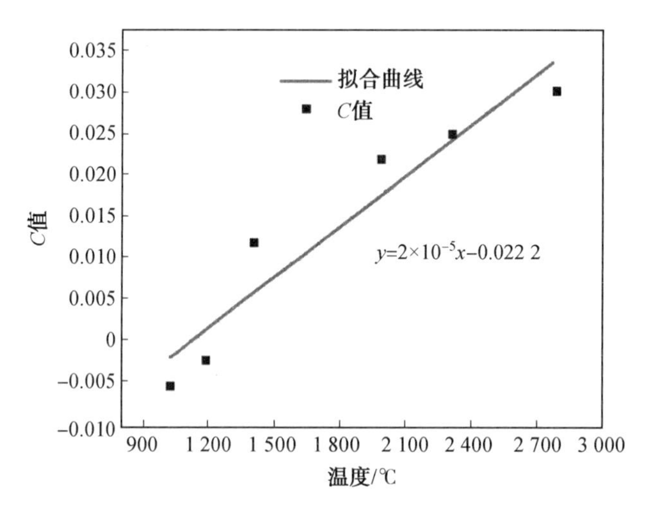

图 3.27 本构方程 C 值拟合图

(3)确定温度敏感性系数 m。

查阅手册可知此种高温合金的熔点大约为 1 320 ℃。

选取相同应变率下不同温度的三组数据(表 3.1)。

表 3.1 拟合本构模型参数 m 所需的数据

应变率/s^{-1}	1 880	1 940	1 964
温度/℃	200	300	400

原 J-C 本构方程可变换为

$$1-\frac{\sigma}{(A+B\varepsilon^n)[1+C\ln(\dot{\varepsilon}/\dot{\varepsilon}_0)]}=\left[\frac{T-T_r}{T_m-T_r}\right]^m \tag{3.85}$$

由于式(3.85)左边的参数已经确定,将两边取对数即可确定不同温度、不同应变率下的 m 值。在应变率接近而温度不同的情况下,m 值随着应变的变化不大。分别对 200 ℃、300 ℃、400 ℃下的 m 值取平均值,并将平均值用于 m 值的拟合,如图 3.28 所示。

由 m 值拟合结果发现,J-C 本构方程中的温度项不足以描述温度的影响,因此对 m 值进行修正,得

$$m=0.933\ 3+0.003T \tag{3.86}$$

至此,J-C 模型中的待定系数已经全部得到,见表 3.2。

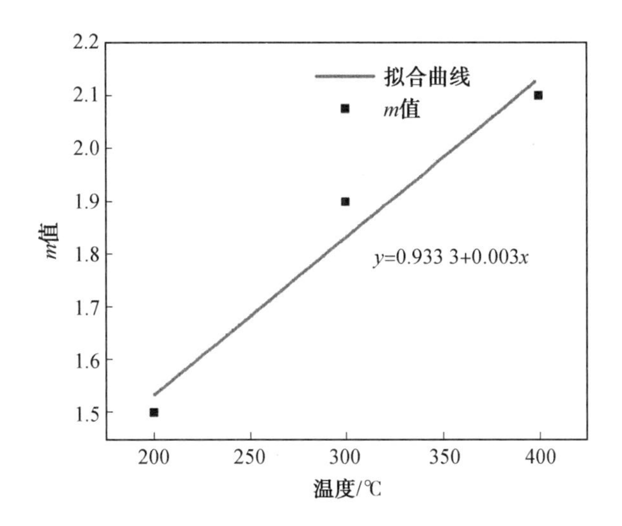

图 3.28　m 值拟合结果

表 3.2　修正 J－C 本构模型参数

A/MPa	B/MPa	n	C_1	C_2	m_1	m_2
817	872	0.516 4	−0.022 2	2×10^{-5}	0.933 3	0.003

3.5.2　微拉伸本构模型的构建

在宏观塑性变形中，许多参数往往与材料尺度无关。然而，金属薄板类微结构件关键特征尺寸和坯料晶粒尺寸同处于介观尺度，随着材料尺度的变化，其力学性能也会发生改变，在塑性变形过程中会产生显著的尺寸效应。

镍基高温合金作为高温应用中最重要的一类工程合金，在高温循环和恒定加载条件下表现良好，其强化来源于多种强化机制的综合作用，主要包括晶界强化、固溶强化和析出强化。当包含多种强化机理时，其塑性变形行为也更加复杂。镍基高温合金除了晶粒对其力学性能的影响外，更重要的是析出相的作用。然而，在介观尺度塑性变形过程中尺寸效应和析出相等微观组织结构如何影响镍基高温合金的变形行为还没有被很好地理解。

1. 基体 γ 相材料本构建模

晶界引起的流动应力贡献值可以采用 Hall－Petch 关系进行说明。式(3.70)中的 σ_0 表示单晶的摩擦应力，与临界剪切应力 $\tau(\varepsilon)$ 有关：

$$\sigma_0(\varepsilon)=M\tau(\varepsilon) \tag{3.87}$$

因此式(3.70)可以变为

$$\sigma_{gb}=M\tau(\varepsilon)+K(\varepsilon)/\sqrt{d} \tag{3.88}$$

Kim 等和 Lai 等结合表面层模型和 Hall－Petch 关系开发了混合材料模型，分别把材料的表面层和内部晶粒看作单晶材料和多晶材料。因此,材料的表面层晶粒的流动应力($\sigma_s(\varepsilon)$)和内部晶粒的流动应力($\sigma_i(\varepsilon)$)可以描述如下:

$$\sigma_s(\varepsilon)=m\tau(\varepsilon) \tag{3.89}$$

$$\sigma_i(\varepsilon)=M\tau(\varepsilon)+K(\varepsilon)/\sqrt{d} \tag{3.90}$$

式中 m——表面层晶粒的取向因子,$m\approx2.2$。

根据表面层理论,表面层晶粒中的位错由于约束较小而容易滑动,即表面层晶粒的流动应力低于内部晶粒的流动应力。因此,结合式(3.89)和式(3.90)可得包括表面层晶粒和内部晶粒的材料本构模型:

$$\sigma_{gb}=\eta m\tau(\varepsilon)+(1-\eta)(M\tau(\varepsilon)+K(\varepsilon)/\sqrt{d}) \tag{3.91}$$

式中 η——表面层晶粒占整个试样厚度的比例,$\eta=d/t$,其值见表 3.3。

表 3.3 GH4169 **合金不同微观组织的** η **值**

$T/\mu m$	200					150				
$d/\mu m$	50.6	69.8	91.4	107.4	134.6	48.1	63.7	76.9	88.8	106.1
η	0.253	0.349	0.457	0.537	0.673	0.321	0.425	0.513	0.592	0.707

$\tau(\varepsilon)$和 $K(\varepsilon)$可以用式(3.92)和式(3.93)表示:

$$\tau(\varepsilon)=k_1\varepsilon^{n_1} \tag{3.92}$$

$$K(\varepsilon)=k_2\varepsilon^{n_2} \tag{3.93}$$

式中 k_1、k_2、n_1、n_2——材料常数。

对于 GH4169 合金基体 γ 相,其强化机制除了晶界强化,还存在固溶强化。可以认为固溶原子在高温固溶处理过程中均匀地溶解在基体 γ 相中。基体 γ 相中的溶质原子阻碍了位错的运动,从而导致了对位错运动的摩擦阻力的变化。因此,固溶原子改变了 GH4169 合金塑性变形过程的应力一应变关系。需要根据合金元素 Cr、Nb、Mo、Al、Ti 和 Fe 的固溶强化能力和原子分数,计算固溶强化对流动应力的影响。对于 GH4169 合金基体相,其流动应力可以表示为晶界强化和固溶强化的线性叠加:

$$\sigma=\sigma_{gb}+\sigma_{ss}=\eta m\tau(\varepsilon)+(1-\eta)(M\tau(\varepsilon)+K(\varepsilon)/\sqrt{d})+\sqrt{3}k_{ss}(C_{ss})^{2/3} \tag{3.94}$$

式中 k_{ss}——材料常数;

C_{ss}——合金元素的溶解度。

式(3.92)和式(3.93)中的参数由纯 Ni 微拉伸试验结果通过准牛顿法(BFGS)和通用全局最优法迭代求出,结果见表 3.4。表中还列出了具有一定物理意义的参数的数值。将表 3.3 和表 3.4 的数值代入式(3.94),建立起 GH4169 合金微拉伸本构模型并计算了流动应力一应变值,并与应力试验值进行了对比分析,流动应力试验值与计算值曲线如图 3.29 所示。其中,试验值由线图表示,计算值由散点图表示。通过观察可以发现,GH4169 合金微拉伸流动应力计算值与试验值吻合较好,表明考虑固溶强化的表面层模型具有较好的预测精度。

表3.4 材料本构模型的参数数据

参数	M	m	k_{ss}/(MPa·at%$^{-2/3}$)	k_1	k_2	n_1	n_2
数值	3.06	2.2	24.0	320.8	97.1	0.63	0.62

注:at%表示原子数分数。

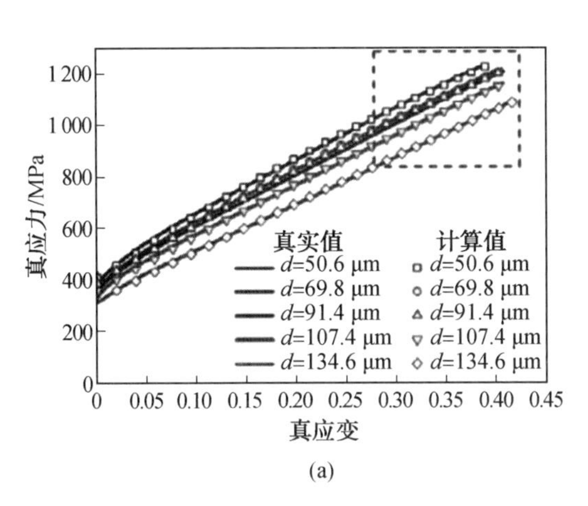

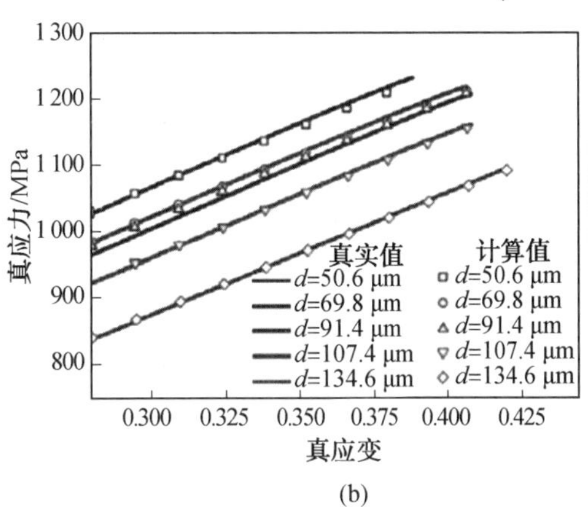

图3.29 GH4169合金基体相流动应力试验值与计算值曲线

为了定量评价建立的材料本构模型的准确性,引入平均相对误差绝对值(AARE)来评估其误差。AARE的表达式为

$$\mathrm{AARE}(\%)=\frac{1}{N}\sum_{i=1}^{N}\left|\frac{X_i-Y_i}{X_i}\right| \tag{3.95}$$

式中 X_i——试验值;

Y_i——计算值;

N——参与计算的数据点个数。

将GH4169合金微拉伸流动应力试验值与计算值代入式(3.95),平均相对误差绝对值仅为1.9%。这说明GH4169合金微拉伸流动应力试验值与计算值之间的误差很小。

2.含δ相材料本构建模

镍基高温合金的微观组织结构是非常复杂的,塑性变形行为不仅取决于样品的几何尺寸和材料的晶粒尺寸,也与析出物的存在密切相关。由于添加了大量的合金元素,流动应力可以根据经验通过许多强化贡献的叠加来描述:

$$\sigma=(\sigma_{gb}^k+\sigma_{ss}^k+\sigma_{ps}^k)^{1/k} \tag{3.96}$$

式中 σ_{gb}、σ_{ss}、σ_{ps}——晶界、溶质原子、析出相对流动应力的贡献值。

k的值介于1(线性相加率)和2(Pythagoren相加率)之间。有学者提出k的值与镍基高温合金的微观组织结构有关,选择$k=2$计算不可剪切的析出相引起的镍基高温合金的流动应力的贡献值。为了研究δ相对微拉伸变形过程真实应力与应变之间的实时影响，有必要将析出强化与塑性变形过程中的真应变联系起来。

通常，由位错强化引起的流动应力可以表示为

$$\sigma=M\alpha G\boldsymbol{b}\rho^{1/2} \tag{3.97}$$

式中 α——材料常数，α 约为 0.3；

G——剪切模量，G 约为 80 MPa；

$\boldsymbol{b}$——伯格斯矢量，$\boldsymbol{b}$ 约为 0.248 nm；

ρ——位错密度。

可以采用一阶非线性微分方程来揭示位错与塑性真应变之间的关系，如下：

$$\partial\rho/\partial\varepsilon_{\mathrm{p}}=k_3\rho^{1/2}-fk_4\rho+k_{\mathrm{D}} \tag{3.98}$$

式中 ε_{p}——真实塑性应变；

$k_3\rho^{1/2}$——由位错相互间的障碍导致的位错存储率；

$fk_4\rho$——与温度、应变率和溶质浓度密切相关的动态回复率；

f——位错和析出相的相互作用对动态回复影响的修正因子；

k_{D}——由不可剪切粒子造成存储几何必需位错而导致的位错存储速率。

δ 相在晶界处析出，由于 δ 相与基体 γ 相之间的晶格参数差异较大，δ 相与 γ 相不相干。因此，在式(3.98)中对于不可剪切的 δ 相，k_3 等于零。式(3.98)简化后可以表示为

$$\partial\rho/\partial\varepsilon_{\mathrm{p}}=-fk_4\rho+k_{\mathrm{D}} \tag{3.99}$$

$$\rho=[k_{\mathrm{D}}/(fk_4)][1-\exp(-fk_4\varepsilon_{\mathrm{p}})] \tag{3.100}$$

由不可剪切的 δ 相引起的流动应力贡献可描述如下：

$$\sigma_{\mathrm{ps}}=M\alpha G\boldsymbol{b}\sqrt{[k_D/(fk_4)][1-\exp(-fk_4\varepsilon_{\mathrm{p}})]} \tag{3.101}$$

因此可以得到含 δ 相的 GH4169 合金微拉伸材料本构模型：

$$\sigma=\left\{\begin{array}{l}[\eta m k_1\varepsilon^{n_1}+(1-\eta)(Mk_1\varepsilon^{n_1}+k_2\varepsilon^{n_2}/\sqrt{d})]^k+[\sqrt{3}k_{\mathrm{ss}}(C_{\mathrm{ss}})^{2/3}]^k+\\ \left[M\alpha G\boldsymbol{b}\sqrt{[k_D/(fk_4)][1-\exp(-fk_4\varepsilon_{\mathrm{p}})]}\right]^k\end{array}\right\}^{1/k} \tag{3.102}$$

本章参考文献

[1] 胡赓祥，蔡珣，戎咏华. 材料科学基础[M]. 3 版. 上海：上海交通大学出版社，2010.

[2] 甄良，邵文柱，杨德庄. 晶体材料强度与断裂微观理论[M]. 北京：科学出版社，2018.

[3] 束德林. 工程材料力学性能[M]. 3 版. 北京：机械工业出版社，2016.

[4] 杜丕一，潘颐. 材料科学基础[M]. 北京：中国建材工业出版社，2002.

[5] SELLARS C M, MCTEGART W J. On the mechanism of hot deformation[J]. Acta metallurgica, 1966, 14(9): 1136-1138.

[6] ZERILLI F J. Dislocation mechanics-based constitutive equations[J]. Metallurgical and materials transactions A, 2004, 35: 2547-2555.

[7] 邹品. GH4169高温动态本构模型与高速冲击性能研究[D]. 南京：南京航空航天大学，2017.

[8] 朱强. GH4169镍基高温合金薄板介观尺度塑性变形机理[D]. 哈尔滨：哈尔滨工业大学，2020.

[9] KIM G Y, NI J, KOÇ M. Modeling of the size effects on the behavior of metals in microscale deformation processes [J]. Journal of Manufacturing Science and Engineering, 2007, 129(3): 470-476.

[10] LAI X M, PENG L F, HU P, et al. Material behavior modelling in micro/meso-scale forming process with considering size/scale effects [J]. Computational materials science, 2008, 43(4): 1003-1009.

第4章　压缩本构模型及应用

4.1　压缩基本常识

4.1.1　压缩的特点

压缩性能是指材料在压缩应力作用下抗变形和抗破坏的能力。压缩试验是对试样施加轴向压力，在其变形和断裂过程中测定材料的强度和塑性。实际上，压缩与拉伸仅仅是受力方向相反。因此，进行金属拉伸试验时所定义的力学性能指标和相应的计算公式，在压缩试验中基本都能适用。但两者之间也存在差别，与拉伸试验相比，压缩试验有如下特点。

(1)单向压缩的应力状态软性系数 $\alpha=2$。因此，压缩试验通常适用于脆性材料和低塑性材料，以显示其在静拉伸、扭转和弯曲试验时所不能反映的材料在韧性状态下的力学行为。对脆性更大的材料，为了更充分地显示材料的微小塑性差异，可采用应力状态软性系数 $\alpha>2$ 的多向压缩试验。此外，对于在接触表面处承受多向压缩的机件，如滚珠轴承的套圈与滚动体也可以采用多向压缩试验，使试验条件更接近机件的实际服役条件。

(2)受力特点。作用在构件上的外力可合成为同一方向的作用力。

(3)变形特点。压缩时试样的变形不是伸长而是缩短，试样截面不是横向缩小而是横向增大。构件产生沿外力合力方向的缩短。塑性较好的金属材料(如退火钢、黄铜等)只能被压扁，一般不会被破坏。脆性材料压缩破坏的形式有剪坏和拉坏两种。剪坏的断裂面与底面约成45°；拉坏是由于试样的纤维组织与压缩应力方向一致，压缩试验时试样横截面积增加，而横向纤维伸长超过一定限度而破断。

(4)压缩试验时，试样端面存在很大的摩擦力，这将阻碍试样端面的横向变形(使试样呈腰鼓状)，影响试验结果的准确性。试样高度与直径之比(L/d)越小，其端面摩擦力对试验结果的影响越大。为了减小试样端面摩擦力的影响，可增加 L/d 的值，但也不宜过大，以免引起纵向失稳。

4.1.2　压缩试验原理

如图4.1所示，压缩试验是对试样施加轴向压力，在其变形和断裂的过程中测定材料的强度和塑性。从理论上讲，压缩试验可以看作反方向的拉伸试验，因此，金属拉伸时所定义的各种性能指标和相应的计算公式，对压缩试验都保持相同的形式，如压缩时，有压缩的比例极限、弹性极限、屈服强度、抗压强度等。压缩试验时的载荷－变形曲线如图4.2所示。图4.2中"1"为塑性材料的压缩曲线，其上的虚线表示金属被压成饼状但并不断裂，这就无法在试验中测出它的塑性和断裂抗力。

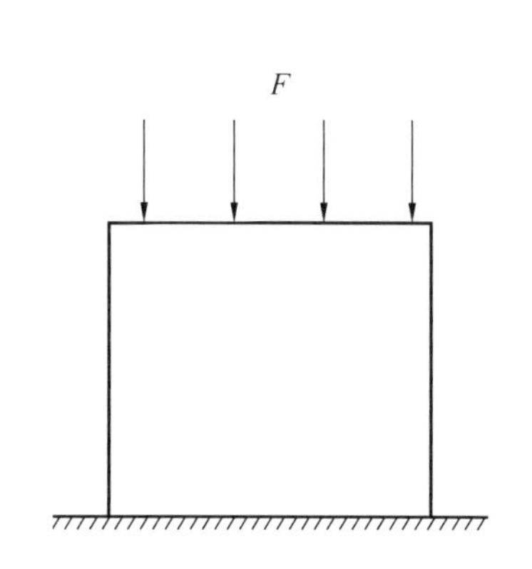

图4.1 压缩试验时试样的受力情况

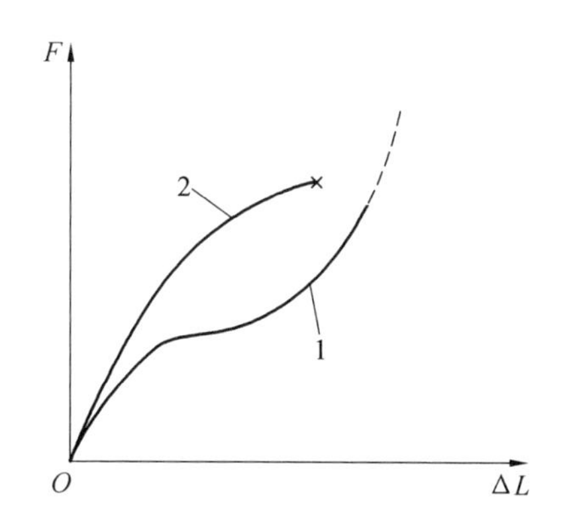

图4.2 金属压缩曲线

1—塑性材料；2—脆性材料

由图4.2看出，塑性材料压缩时的弹性模量、屈服点等都与拉伸试验的结果基本相同。当应力到达屈服点以后，试样出现显著的塑性变形，试样的长度缩短，横截面变大。由于试样两端面与压头间摩擦力的影响，试样两端的横向变形受到阻碍，所以试样被压成鼓形。随着压力的增加，试样越压越扁，但并不破坏，因此不能测出其抗压强度。

图4.2中"2"为脆性材料的压缩曲线，脆性材料在压缩时呈剪切状破坏。与塑性材料相反，脆性材料压缩时的力学性质与拉伸时有较大区别，其抗压强度远比其抗拉强度高，为抗拉强度的2～5倍。

4.1.3 压缩常用术语

(1)屈曲。

除通过材料的压溃方式引起压缩失效外，以下几种方式也可能发生压缩失效：

①由于非轴向加力而引起柱体试样在其全长度上的弹性失稳。

②柱体试样在其全长度上的非弹性失稳。

③板材试样标距内小区域上的弹性或非弹性局部失稳。

④试样横截面绕其纵轴转动而发生的扭曲或扭转失效。

以上这几种失效类型统称为屈曲。

(2)单向压缩。

单向压缩是指试样受轴向压缩时，弯曲的影响可以忽略不计，标距内应力均匀分布，且在试验过程中不发生屈曲。

(3)试样原始标距(L_0)。

试样原始标距是指用以测量试样变形的那一部分原始长度,此长度应不小于试样原始宽度或试样原始直径。

(4)实际压缩力(F)。

实际压缩力是指压缩过程中作用在试样轴线方向上的力;对夹持在约束装置中进行试验的板状试样,是标距中点处扣除摩擦力后的力。

(5)摩擦力(F_f)。

摩擦力是指被约束装置夹持的试样,在加力时,两侧面与夹板之间产生的摩擦力。

(6)压缩应力。

压缩应力是指试验过程中试样的实际压缩力 F 与其原始横截面积 S_0 的比值。

(7)规定非比例压缩强度(R_{pc})。

试样标距段的非比例压缩变形达到规定的原始标距百分比时的压缩应力称为规定非比例压缩强度。表示此压缩强度的符号应附以下标说明,例如,$R_{pc0.1}$ 表示规定非比例压缩应变为 0.1%时的压缩应力。

(8)规定总压缩强度(R_{tc})。

试样标距段的总压缩变形(弹性变形加塑性变形)达到规定的原始标距百分比时的压缩应力称为规定总压缩强度。表示此压缩强度的符号应附以下标说明,例如,R_{tc2} 表示规定总压缩应变为 2%时的压缩应力。

(9)压缩屈服强度。

当金属材料呈现屈服现象时,试样在试验过程中达到力不再增加而仍继续变形时所对应的压缩应力称为压缩屈服强度。应区分上压缩屈服强度和下压缩屈服强度。

①上压缩屈服强度(R_{eHc})。试样发生屈服而力首次下降前的最高压缩应力。

②下压缩屈服强度(R_{eLc})。屈服期间不计初始瞬时效应时的最低压缩应力。

(10)抗压强度(R_{mc})。

对于脆性材料,试样压至破坏过程中的最大压缩应力称为抗压强度。对于在压缩中不以粉碎性破裂而失效的塑性材料,其抗压强度取决于规定应变和试样几何形状。

(13)压缩弹性模量(E_c)。

试验过程中,轴向压应力与轴向应变呈线性比例关系范围内的轴向压应力与轴向应变的比值称为压缩弹性模量。

4.2 金属热压缩

热压缩是在高温下进行的塑性变形过程,一般变形温度均高于 $0.5T_m$(T_m 是金属材料的熔化温度)以上,即远高于再结晶温度。因此,热压缩变形过程中的塑性变形机理,不仅取决于材料的化学成分、组织结构,而且与变形温度、变形速度等因素密切相关。

4.2.1　热压缩过程中的动态再结晶

动态再结晶作为变形高温合金热变形过程中的一种重要的软化机制，对于细化晶粒、消除合金铸态组织具有重要的作用，一般来说动态再结晶按照再结晶晶粒的形核机制可分为三种，即非连续动态再结晶、连续动态再结晶和几何动态再结晶。

1. 非连续动态再结晶（dDRX）

非连续动态再结晶常见于具有低层错能的金属或合金材料，合金发生非连续动态再结晶的主要特征是再结晶晶粒以原始晶界弓弯的方式或在三叉晶界处形核。一般认为，合金原始晶界弓弯的驱动力是由相邻两个晶粒之间能量的不同而引起的，合金在热变形过程中原始晶界附近形成大量的亚晶，从而促进晶界的弓弯形核过程。在对多晶合金材料非连续动态再结晶行为的研究中发现，具有锯齿状特征的晶界是再结晶晶粒形核的主要位置。而再结晶晶粒在较低的应变量下即可在三叉晶界处形核的主要原因是，当合金中晶界滑移过程在三叉晶界处受阻时，可提高三叉晶界处的应变梯度，三叉晶界处应变梯度的提高是该处容易发生再结晶形核的主要原因。

2. 连续动态再结晶（cDRX）

对于具有高层错能的金属或合金材料，由于其动态回复作用较快，极易形成具有小角度晶界特征的胞状或亚晶界结构，这种小角度晶界会在随后的大变形过程中逐渐转化成为大角度晶界，从而达到晶粒细化的效果，该过程即称为连续动态再结晶。连续动态再结晶一般有两个显著特征：

（1）发生连续动态再结晶的合金通常具有高层错能（如铝及铝合金、铜及铜合金等），该类合金具有容易发生动态回复的特点，不利于非连续动态再结晶形核；

（2）需要较大的变形量（如多向锻造、等径角挤压和高压扭转）来促进晶内形成高密度的亚晶界以及随后的亚晶界角度不断长大过程。

3. 几何动态再结晶（gDRX）

研究发现，具有高层错能的金属或合金材料，在高温低应变速率下变形时也可达到晶粒细化的效果。该晶粒的细化行为主要发生在当合金发生大塑性变形时，当变形晶粒的宽度小于 1～2 个亚晶尺寸后，原始变形晶粒的锯齿状晶界发生相互接触，原始的变形晶粒随即被分割为若干个具有大角度晶界的等轴晶粒。在该过程中晶粒的细化主要是通过原始晶粒的拉长和窄化来实现，该晶粒的细化过程称为几何动态再结晶。

4.2.2　摩擦与绝热升温修正理论

热模拟压缩试验作为一种衡量材料热变形过程中流动应力水平以及加工性能的重要手段，在高温合金、TiAl 合金、钛合金以及不锈钢等材料的研究中具有十分广泛的应用。通过在不同温度与应变速率条件下进行热变形，即可获得不同温度、应变速率和应变条件下材料的流动应力，而材料流动应力的变化通常与其微观组织演变过程密切相关。热变形过程中通常伴随着动态回复与动态再结晶等冶金现象，上述冶金过程会使得材料发生流动软化效应，从而降低材料在热变形过程中的流动应力。而研究表明，在热压缩过程中存在的绝热升温与摩擦效应，也能够改变材料的流动软化行为，使得其流动应力的实测值与真实值之间存在偏差。一方面，热变形过程中模具与试样之间的摩擦作用会造成材料的非协调变形，使得材料流动应力的实测值高于材料的真实值。另一方面，热压缩过程中外力所做的功会有部分转换为内能而使材料的温度升高，在高应变速率下，由于材料在热变形过程中与外界的热交换不及时，从而会发生绝热升温效应，降低了材料热变形过程中的流动应力。为获得材料的真实流动应力数值，需对热变形过程中实测流动应力进行摩擦与温度修正。

4.2.3 经典的热压缩流动应力本构模型

在实际热压缩变形过程中，材料的流变应力与变形温度、变形程度和变形速率有关，即

$$\sigma=f(\varepsilon,\dot{\varepsilon},T) \tag{4.1}$$

Fields 等提出了一个考虑应变和应变速率的材料本构关系模型：

$$\sigma=K\varepsilon^{n}\ (\dot{\varepsilon}/\dot{\varepsilon}_{0})^{m} \tag{4.2}$$

式中 σ——流变应力；

ε——真应变；

n——应变硬化指数，$n=\left(\frac{\partial\ln\sigma}{\partial\ln\varepsilon}\right)_{\dot{\varepsilon},T}$；

m——应变速率敏感系数，$m=\left(\frac{\partial\ln\sigma}{\partial\ln\varepsilon}\right)_{\varepsilon,T}$；

K——弹性模量；

$\dot{\varepsilon}$——应变速率。

Takuda 等提出了考虑应变、应变速率和变形温度的材料本构关系模型：

$$\sigma=K(T)\varepsilon^{n(\dot{\varepsilon},T)}(\dot{\varepsilon}/\dot{\varepsilon}_{0})^{m(T)} \tag{4.3}$$

式(4.3)适合在应变范围为 0.05～0.7，应变速率为 0.01～1 s^{-1}，变形温度为 433～573 K 的条件下应用。

Johnson 等考虑大变形、高应变速率以及高温变形条件，提出了一种材料本构关系模型：

$$\sigma=(A+B\varepsilon^{n})(1+C\ln\dot{\varepsilon})(1-C_{T}^{m}) \tag{4.4}$$

式中 C_T——变形温度系数(无量纲)，$C_T=(T-T_r)/(T_m-T_r)$；

T——变形温度；

T_r——参考温度；

T_m——熔点温度；

A、B、C、n 和 m——待定参数。

Sellars 等提出了一种包含变形激活能 Q、变形温度 T、应变速率的双曲线正弦形式的材料本构方程：

$$\dot{\varepsilon}=A\left[\sinh(\alpha\sigma)\right]^{n}\exp\left(-\frac{Q}{RT}\right) \tag{4.5}$$

式中　Q——变形激活能，与材料有关，J/mol；

α——应力水平参数；

n——应力指数；

R——气体常数，$R=8.314$ J/(mol·K)；

A——与材料有关的常数。

Q、A、n 与变形温度无关。

变形温度和变形速率对变形过程的影响，可由 Zener－Hollomon 参数，即 Z 参数来综合表示：

$$Z=\dot{\varepsilon}\exp\left(-\frac{Q}{RT}\right) \tag{4.6}$$

当 $\alpha\sigma\leqslant0.5$ 时，根据式(4.5)，得

$$\dot{\varepsilon}=A_{1}\sigma^{n}\exp\left(-\frac{Q}{RT}\right) \tag{4.7}$$

当 $\alpha\sigma\geqslant2$ 时，根据式(4.5)，得

$$\dot{\varepsilon}=A_{2}\exp(\alpha n\sigma)\exp\left(-\frac{Q}{RT}\right) \tag{4.8}$$

将式(4.5)、式(4.7)、式(4.8)整理，得到材料本构方程：

$$\begin{cases}\dot{\varepsilon}=A\left[\sinh(\alpha\sigma)\right]^{n}\exp\left(-\frac{Q}{RT}\right)\\ \dot{\varepsilon}=A_{1}\sigma^{n}\exp\left(-\frac{Q}{RT}\right)\quad(\alpha\sigma\leqslant0.5)\\ \dot{\varepsilon}=A_{2}\exp(\alpha n\sigma)\exp\left(-\frac{Q}{RT}\right)\quad(\alpha\sigma\geqslant2)\end{cases} \tag{4.9}$$

式中，$A_{1}=A\alpha^{n}$，$A_{2}=A2^{n}$。

在变形温度不变的条件下，Q、T、A 均是常数，根据式(4.9)可以确定 n 和 α 的计算公式：

$$n=\frac{\partial\ln\dot{\varepsilon}}{\partial\ln\sigma} \tag{4.10}$$

$$\alpha=\frac{1}{n}\times\frac{\partial\ln\dot{\varepsilon}}{\partial\sigma} \tag{4.11}$$

在变形温度变化的条件下，Q 随变形温度的变化而变化，系数 α、n、A 是常数，根据式(4.9)可以得到 Q 的计算式：

$$Q=Rn\,\frac{\mathrm{d}\{\ln[\sinh(\alpha\sigma)]\}}{\mathrm{d}(1/T)} \tag{4.12}$$

根据材料真应力一真应变曲线，以及式(4.10)～(4.12)，即可求式(4.9)中的系数 n、α、Q、A 的值，因此，即可确定材料本构方程。

4.2.4 热压缩应力一应变曲线

本节以高温合金 GH4698 热压缩为例，对金属热压缩应力一应变曲线特点进行分析。利用热模拟试验机，在预设的变形温度和应变速率条件下进行恒温、恒应变速率压缩试验。选择的变形温度分别为 1 223 K、1 273 K、1 323 K、1 373 K、1 423 K；应变速率分别为 0.001 s^{-1}、0.1 s^{-1}、1 s^{-1}、3 s^{-1}、30 s^{-1}。

图 4.3 为不同变形条件下 GH4698 高温合金真应力一真应变曲线。从图中可以看出，此合金无论在何种热变形条件下应力值都表现出随应变量的增加而急剧增大，达到最大应力后逐渐缓慢下降，最终保持在动态稳定值的趋势。

这是由于在热变形中，加工硬化现象和回复再结晶软化现象同时发生作用。在变形初期，外加应力使合金内部位错等缺陷随着金属的流动而发生移动，从而使位错等缺陷的密度迅速增大，金属内部产生残余应力并迅速聚集，致使后续变形抗力急剧增大；随着变形的持续进行，合金内缺陷聚集产生的应力逐渐增大，当金属畸变能达到阈值时，金属内部会发生回复再结晶现象，新的晶粒会在变形金属内部能量较高的地方优先形核并逐渐长大，生成无畸变的新晶粒并逐渐取代原变形组织，此过程中原始组织中积累的残余应力会逐渐得到释放，从而使金属的变形抗力逐渐减小，因此图中流动应力的上升速率会逐渐放缓直至应力达到最大值；随着变形的继续进行，加工硬化引起的应力上升和回复再结晶软化引起的应力下降作用最终达到动态平衡，故图中流动应力最终会趋于稳定。由于变形温度较高，本书中所有的试验条件下材料都可以发生动态回复再结晶，因此图中的曲线都表现出大致相同的变化趋势。

在 1 223 K 下应变速率为 0.001 s^{-1}时，应力值小于 350 MPa，应变速率达到 3 s^{-1}时，流变应力可达到 680 MPa；在 1 273 K 下应变速率为 0.001 s^{-1}时，应力值小于 200 MPa，而应变速率达到 3 s^{-1}时，流变应力可达到 525 MPa；在 1 323 K 条件下应变速率为 0.001 s^{-1}时，应力值小于 100 MPa，应变速率达到 3 s^{-1}时，流变应力可达到 400 MPa；在 1 373 K 条件下应变速率为 0.001 s^{-1}时，应力值小于 60 MPa，应变速率达到 3 s^{-1}时，流变应力可达到 280 MPa；在 1 423 K 条件下应变速率为 0.001 s^{-1}时，应力值小于 50 MPa，应变速率达到 3 s^{-1}时，流变应力可达到 240 MPa。以上的真应力一应变曲线规律显示当温度保持恒定时，应力值随应变速率的升高而呈增大趋势。这主要是因为发生回复再结晶时晶核形成和生长需要时间，在较小的应变速率下，动态回复再结晶有足够的时间进行，能够在相当程度上抵消加工硬化效果，故变形时应力值较小；当金属应变速率较大时，由于时间较短导致再结晶过程进行不充分，故对加工硬化效果的抵消作用也比低应变速率时小，从而导致变形时流动应力相对较大。

在 1 223 K 下应变速率为 0.001 s^{-1}时，应力值小于 350 MPa，应变速率达到 3 s^{-1}

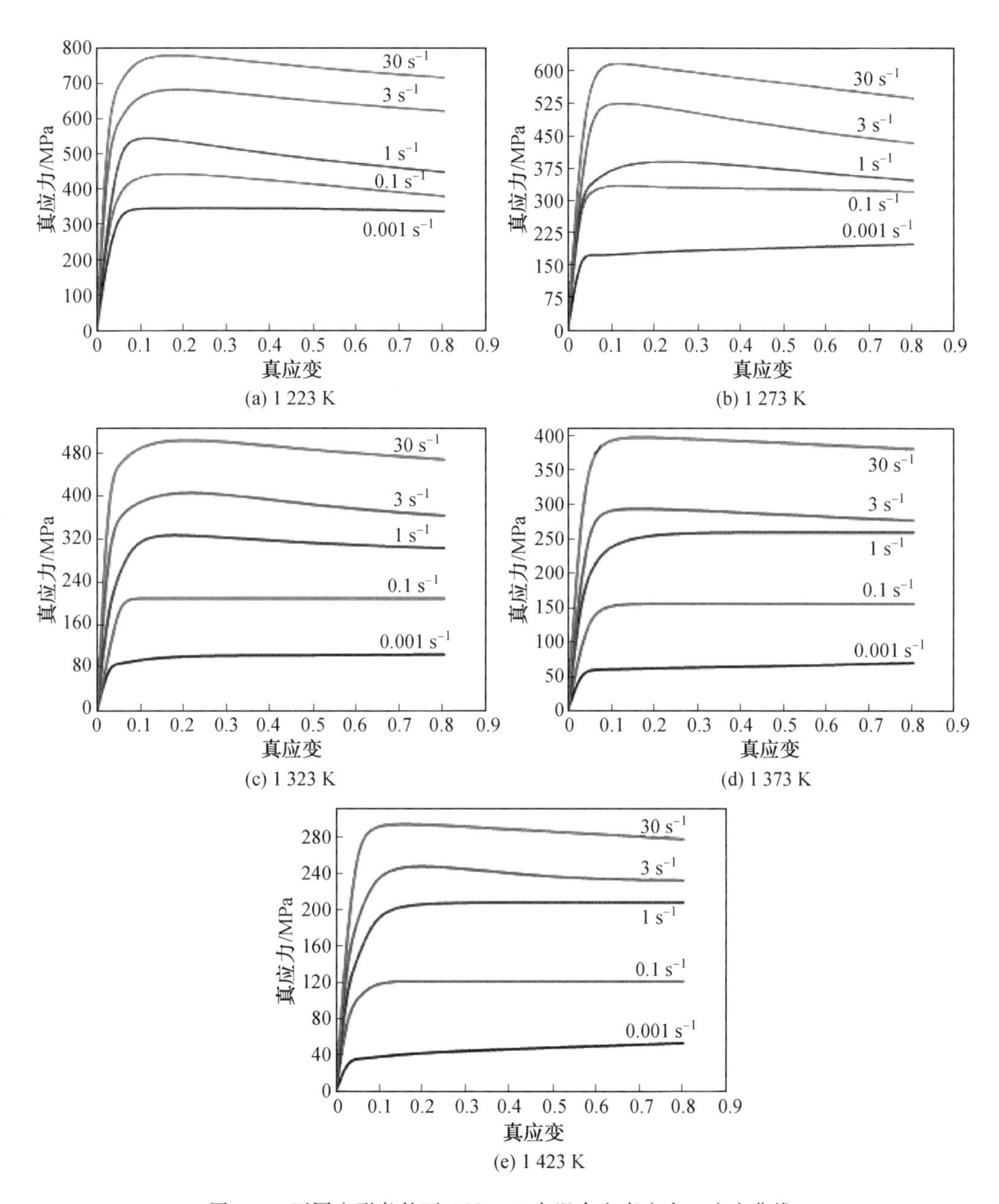

图 4.3　不同变形条件下 GH4698 高温合金真应力—应变曲线

时，流变应力可达 680 MPa；在 1 273 K 下应变速率为 0.001 s^{-1} 时，应力值小于 200 MPa，应变速率达到 3 s^{-1} 时，流变应力可达 525 MPa；在 1 323 K 下应变速率为 0.001 s^{-1} 时，应力值小于 100 MPa，应变速率达到 3 s^{-1} 时，流变应力可达 400 MPa；在 1 373 K下应变速率为 0.001 s^{-1} 时，应力值小于 60 MPa，应变速率达到 3 s^{-1} 时，流变应力可达 280 MPa；在 1 423 K 下应变速率为 0.001 s^{-1} 时，应力值小于 50 MPa，应变速率

达到 3 s^{-1}时，流变应力可达 240 MPa。

4.3 压缩本构建模实例

金属在热变形过程中其内部应力会随着应变量、应变速率以及温度等参数发生改变，只有符合热变形条件的表达式建立的本构关系才可达到理想的精度。

4.3.1 GH4698 热压缩本构建模

1. 基于 Arrhenius 方程的 GH4698 合金高温本构关系

(1)简化的 Arrhenius 本构关系中参数的确定。

在对精度要求不高的情况下，可以认为 Arrhenius 本构方程中各个参数是不随着应变的改变而改变的常量，因此可以取各条曲线的峰值应力和应变代入计算。对式(4.7)和式(4.8)两边同时取自然对数并整理可得

$$\ln\sigma=\ln\dot{\varepsilon}/n_1-\ln A_1/n_1 \tag{4.13}$$

$$\sigma=\ln\dot{\varepsilon}/\beta-\ln A_2/\beta \tag{4.14}$$

由式(4.13)和式(4.14)可知，作出不同温度下 $\ln\sigma$ 和 $\ln\dot{\varepsilon}$ 的关系图以及 σ 和 $\ln\dot{\varepsilon}$ 的关系图并用直线拟合，所得到的斜率的平均值便是式(4.13)和式(4.14)中的参数 n_1 和 β。图 4.4 为两组参数的拟合图，最终计算可得：$n_1=6.96$，$\beta=0.026\ 792$，$\alpha=\beta/n_1=0.003\ 849\ 6$。

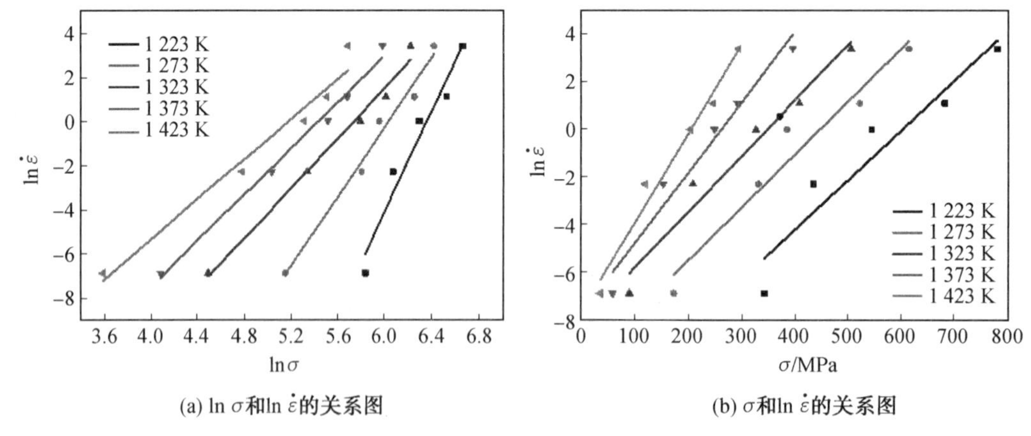

(a) $\ln\sigma$和$\ln\dot{\varepsilon}$的关系图　　(b) σ和$\ln\dot{\varepsilon}$的关系图

图 4.4 参数 $\ln\dot{\varepsilon}$ 与 $\ln\sigma$、σ 的拟合图

对式(4.5)中的数学模型取对数并移项后可得

$$\ln[\sinh(\alpha\sigma)]=\frac{1}{n}\ln\frac{\dot{\varepsilon}}{A}+\frac{Q}{n\cdot R}\cdot\frac{1}{T} \tag{4.15}$$

将不同温度下 GH4698 高温合金热变形时的 σ_{peak} 和 $\dot{\varepsilon}$ 代入式(4.15)，拟合 $\ln\dot{\varepsilon}$ 与 $\ln[\sinh(\alpha\sigma)]$，如图 4.5(a)所示，所得到的直线斜率平均值便可表示参数 n 的大小，最终

可得 $n=4.672\ 582$。再将不同 $\dot{\varepsilon}$ 下的 T 和对应的 σ_{peak} 代入式(4.15)，用直线拟合 $\ln[\sinh(\alpha\sigma)]$ 与 $1/T$，如图 4.5(b)所示，所得到的直线的斜率便可表示参数 Q/nR 的大小，最终可得 $Q=646.341$ kJ/mol。图 4.5(a)中横坐标上的截距表示参数 $Q/nRT-\ln A/n$，计算可得 $A=e^{56.769\ 5}=9.071\ E^{25}$。

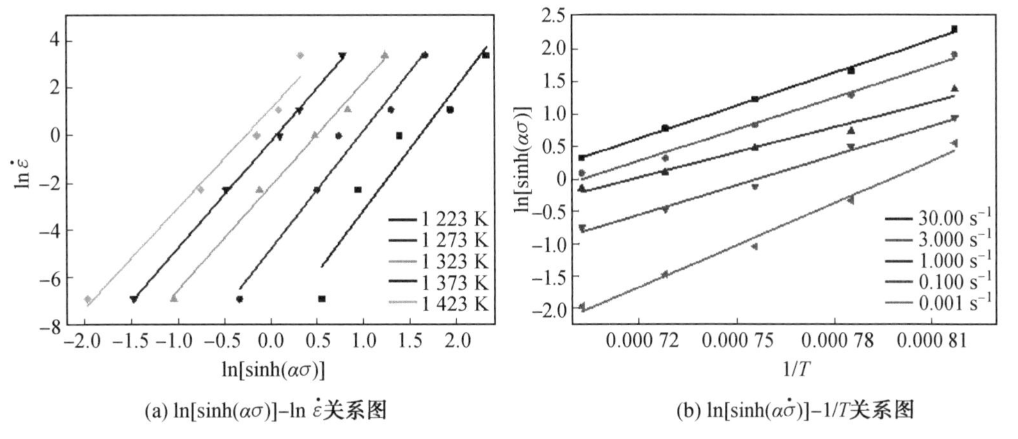

图 4.5　参数 $\ln[\sinh(\alpha\sigma)]$与各变量之间关系图

通过以上分析最终可确定简化后不考虑应变对各个变形参量影响的 Arrhenius 方程的数学表达式为

$$\dot{\varepsilon}=e^{56.769\ 5}[\sinh(0.003\ 849\ 6\sigma)]^{4.672\ 582}\exp(-646\ 341/RT) \tag{4.16}$$

(2)考虑应变的 Arrhenius 本构模型中参数的确定。

在上述推导过程中，为了计算的简便对方程作了一定的简化，即默认本构方程中各个参数是与应变等参数无关的常量。然而在实际中由于应变量和温度等参数是变化的，这导致本构方程中的各个参量在数值上或多或少都会发生变化，因此如果在计算推导过程中，将应变的变化对各个参数的影响考虑在内，则得到的本构关系在理论上更加准确。

由于本构方程中各个参数均是与应变有关的量，因此可以先分别求出不同应变下各个不同的参量，再通过数学方法确定这些参量随着应变量的变化而发生变化的规律，并将这些参量表示为应变量的函数，最终可得到包含应变的 Arrhenius 本构模型。

首先，在不同的应变条件下拟合 $\ln\sigma$ 与 $\ln\dot{\varepsilon}$ 之间的关系，通过求拟合直线平均值的方法便可得到一系列的参数 $1/n_1$ 值，如图 4.6 所示；根据相同的方法分别拟合 σ 与 $\ln\dot{\varepsilon}$ 之间的关系可得到不同应变下的一系列参数 $1/\beta$ 的值，如图 4.7 所示；最后通过 $\alpha=\beta/n_1$ 便可得到一系列不同应变下本构关系中的参数 α 值，不同应变下的参数 α 值如表 4.1 所示，不同应变下的方程参数如表 4.2 所示。

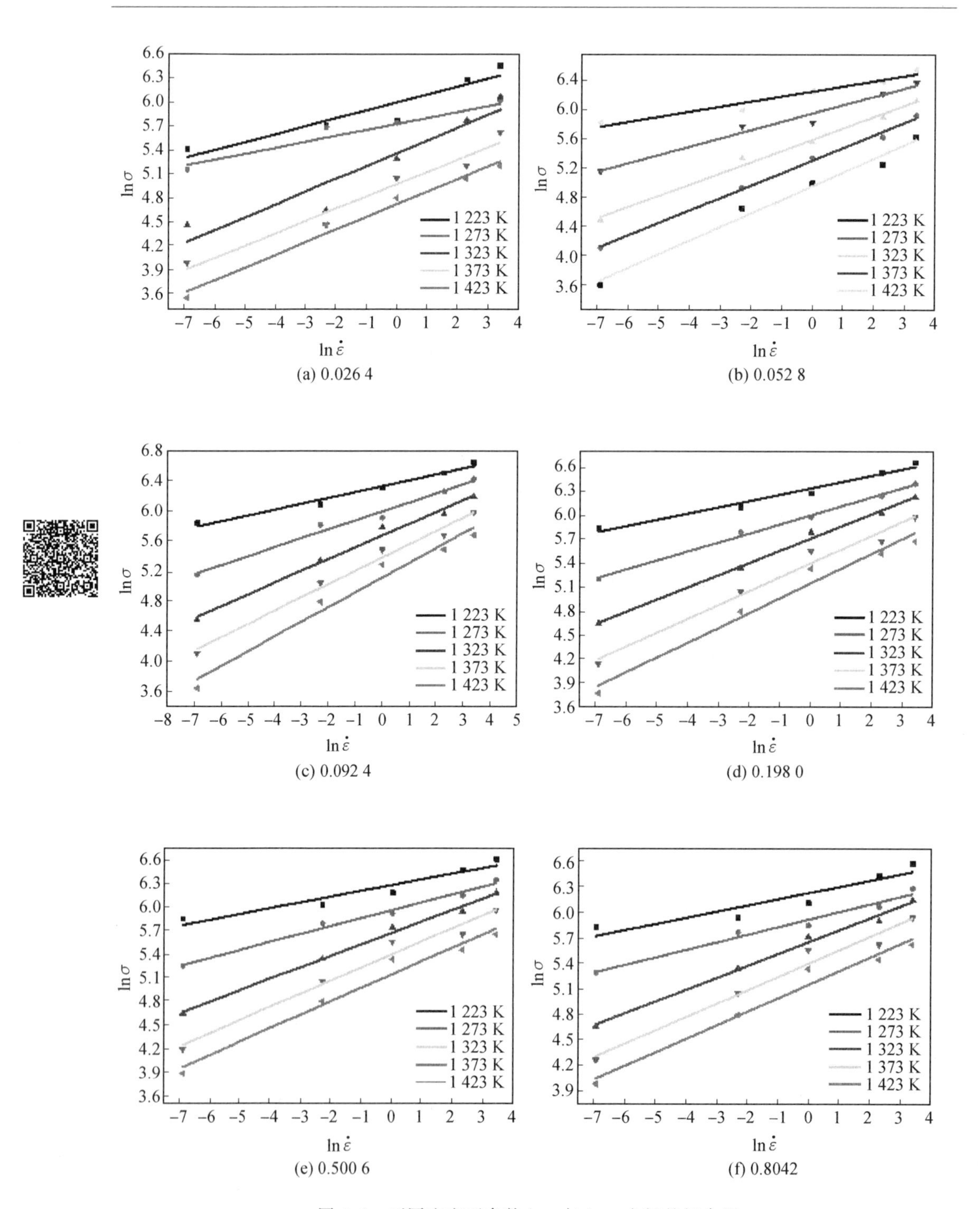

图 4.6 不同应变下参数 $\ln\sigma$ 与 $\ln\dot{\varepsilon}$ 之间的拟合图

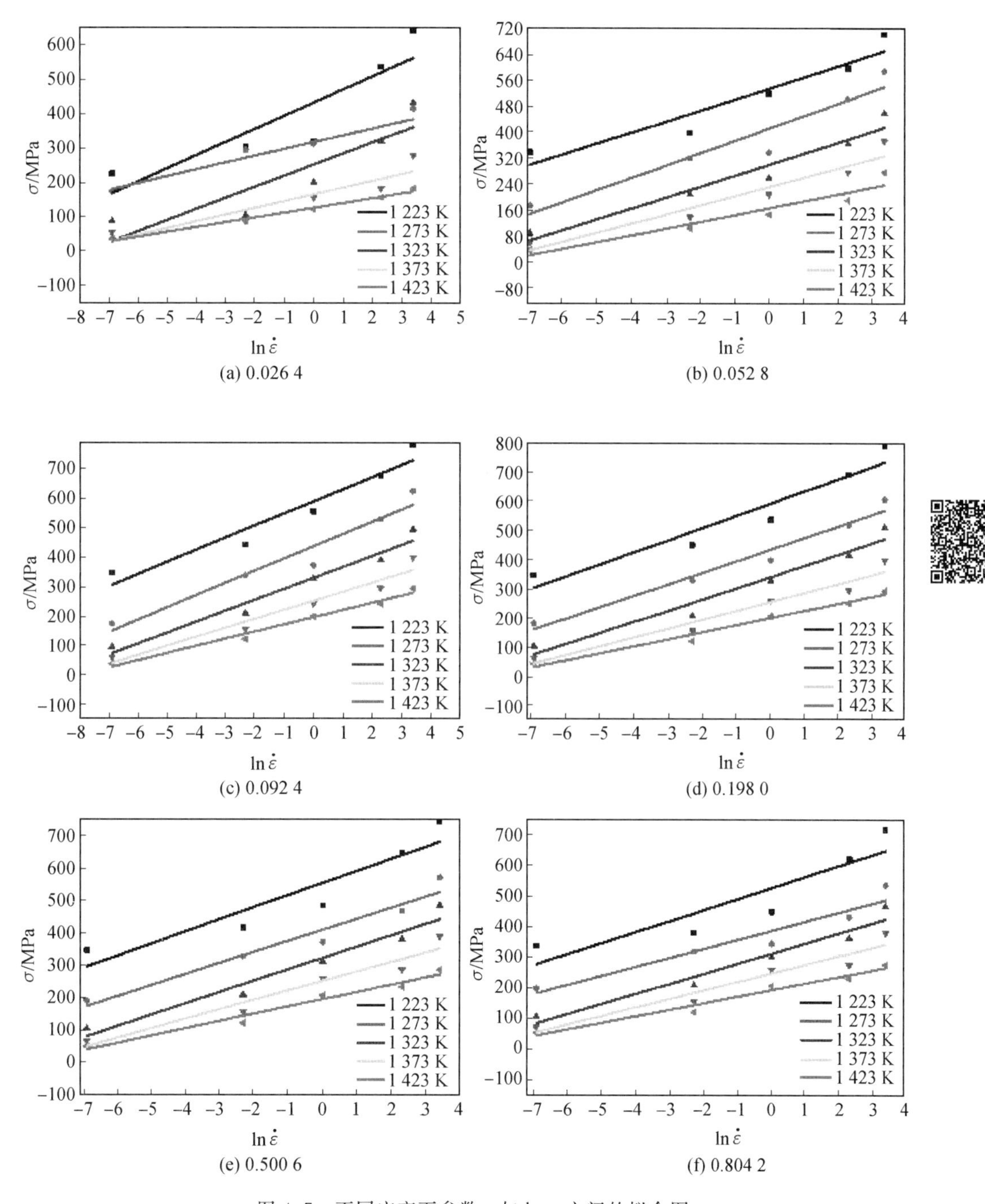

(a) 0.026 4　(b) 0.052 8　(c) 0.092 4　(d) 0.198 0　(e) 0.500 6　(f) 0.804 2

图 4.7　不同应变下参数 σ 与 $\ln\dot{\varepsilon}$ 之间的拟合图

表 4.1 不同应变下的参数 α 值

应变	0.026 4	0.052 8	0.092 4	0.198 0	0.500 6	0.804 2
α	0.005 222 4	0.004 487 7	0.004 180 4	0.004 054 3	0.004 155 1	0.004 186 5

表 4.2 不同应变下的 n、$\ln A$ 及 Q 值

应变	0.026 4	0.052 8	0.924	0.198	0.500 6	0.804 2
n	5.290 0	4.904 9	4.694 5	4.846 9	5.209 7	5.558 0
$\ln A$	67.447 1	63.547 7	58.649 3	58.499 2	58.957 3	58.619 5
Q	763.592 9	732.445 0	660.776 0	677.443 0	683.141 0	679.257 0

在得到不同应变下的 α 值后，选用合适的数学表达式拟合便可将 α 值表达为应变的函数，在本书中利用多项式 $\alpha=(a_1\varepsilon^2+b_1\varepsilon+c_1)/(d_1\varepsilon+e_1)$ 可以较好地拟合 α 与应变之间的关系，拟合过程如图 4.8(a)所示。拟合后所得详细方程参数见表 4.3。最终拟合后所得到的参数 α 与 ε 之间的的数学表达式为

$$n=(a_2\varepsilon^2+b_2\varepsilon+c_2)/(d_2\varepsilon+e_2) \tag{4.17}$$

$$\ln A=(a_3\varepsilon^2+b_3\varepsilon+c_3)/(d_3\varepsilon+e_3) \tag{4.18}$$

$$Q=(a_4\varepsilon^2+b_4\varepsilon+c_4)/(d_4\varepsilon+e_4) \tag{4.19}$$

表 4.3 各参数和应变的拟合系数值

拟合系数	a	b	c	d	e
n	5.924 7	19.687 6	−0.104 7	4.407 1	−0.037 2
$\ln A$	14.168 7	216.526 6	3.302 4	3.892 5	0.030 8
Q	192.920 0	2 471.936 7	36.450 5	3.861 8	0.030 9

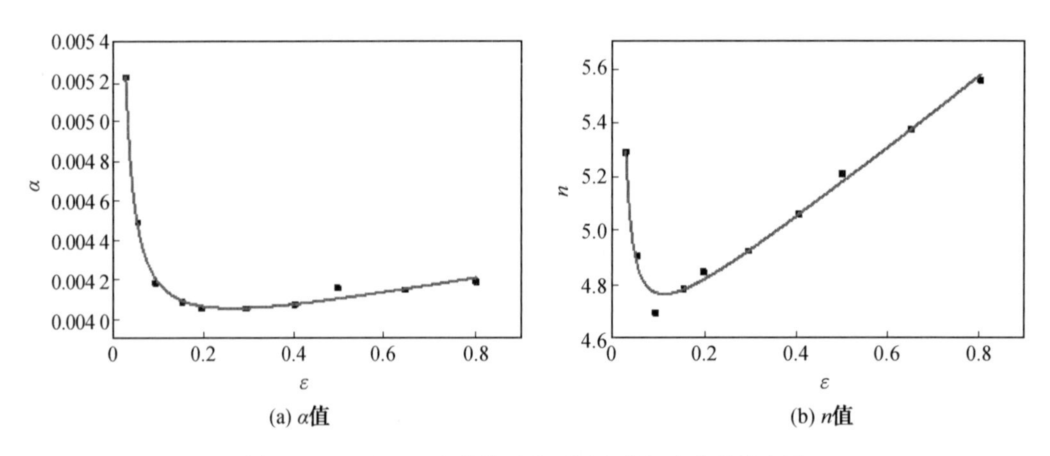

图 4.8 Arrhenius 本构关系中不同参数与应变的拟合图

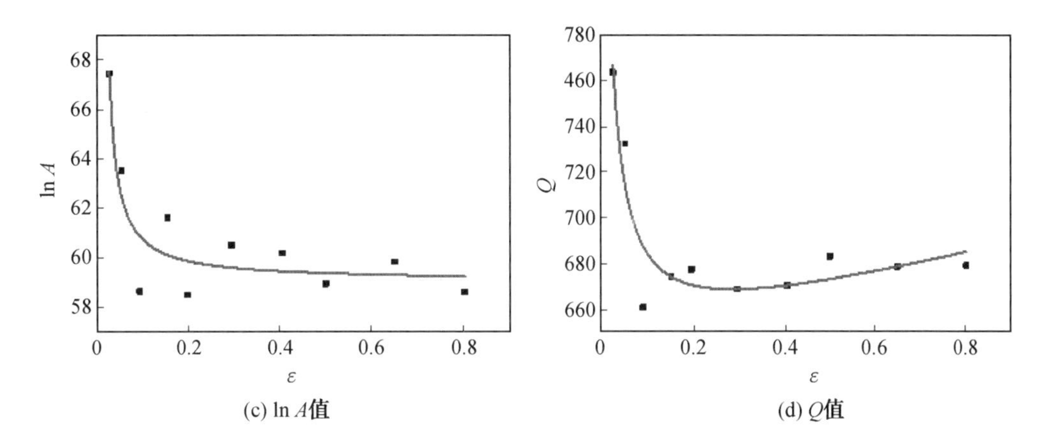

续图 4.8

最终建立的考虑应变对变形参数影响的 Arrhenius 本构关系如下：

$$\sigma=\frac{1}{\alpha}\text{arcsinh}\left[\exp\left(\frac{\ln\dot{\varepsilon}-\ln A+Q/RT}{n}\right)\right] \tag{4.20}$$

$$\alpha=(2.040\,2E39\varepsilon^{2}+1.862\,7E40\varepsilon+3.617\,3E37)/(4.856\,6E42\varepsilon-2.689\,8E40) \tag{4.21}$$

$$n=(5.924\,7\varepsilon^{2}+19.687\,6\varepsilon-0.104\,7)/(4.407\,1\varepsilon-0.037\,2) \tag{4.22}$$

$$\ln A=(14.168\,7\varepsilon^{2}+216.526\,6\varepsilon+3.302\,4)/(3.892\,5\varepsilon+0.030\,8) \tag{4.23}$$

$$Q=(192.920\,0\varepsilon^{2}+2\,471.936\,7\varepsilon+36.45.45)/(3.861\,8\varepsilon+0.030\,9) \tag{4.24}$$

2. 基于 Arrhenius 方程的 GH4698 合金高温本构关系

Zerilli 和 Armstrong 等人为了描述金属在高温下的流动应力，曾提出过著名的 Zerilli－Armstrong 本构方程，在原始的本构方程中，需要先确定金属的晶格在特定的变形条件下究竟是面心立方还是体心立方结构才可以选择具体形式的数学表达式，合金的晶格在面心立方和体心立方结构下的本构关系表达式分别如下：

$$\sigma=C_0+C_2\varepsilon^{\frac{1}{2}}\exp(-C_3+C_4T\cdot\ln\dot{\varepsilon}) \tag{4.25}$$

$$\sigma=C_0+C_1\exp(-C_3+C_4T\cdot\ln\dot{\varepsilon})+C_5\varepsilon^{n} \tag{4.26}$$

在上述两式中等式右边的第二项均表示与热力学及热变形速率有关的流动应力，其余部分为非热力学及热变形速率相关应力，这些部分主要与应变及金属类别有关，理论上只需要确定一定条件下金属的晶格结构便可以利用它们来计算金属在高温下的本构方程。然而在实际中很多金属的晶格结构会随着温度等因素的改变而发生变化，例如，铁碳合金在温度升高到 727 ℃左右时会发生相转变，晶格会由体心立方转变为面心立方结构，并且升温速度还会影响到晶格的转变温度，此时若使用 Zerilli－Armstrong 模型研究其流动应力与应变的关系就显得非常复杂，可见经典形式的 Zerilli－Armstrong 模型在使用时有很大的局限性。

经过修正的 Zerilli－Armstrong 数学模型如下：

$$\sigma=(C_1+C_2\varepsilon^n)\exp[-(C_3+C_4\varepsilon)T^*+(C_5+C_6T^*)\ln\dot{\varepsilon}^*] \tag{4.27}$$

式中 $T^*=T-T_{ref}$；

$\dot{\varepsilon}^*=\dot{\varepsilon}/\dot{\varepsilon}_{ref}$，$T_{ref}$、$\dot{\varepsilon}_{ref}$分别为相关参考温度和相关参考应变速率，这两个参量可以在计算前根据设计的试验方案选为任意一组合适的数值，但它们一旦被确定在后续计算中就不可再随意更改，在本书中基于试验条件可将这些参数选择为 $T_{ref}=1\ 000$ ℃，$\dot{\varepsilon}_{ref}=0.001\ s^{-1}$。

当变形过程中应变速率等于相关参考应变速率即 $\dot{\varepsilon}=\dot{\varepsilon}_{ref}=0.001\ s^{-1}$时，修正的本构模型可以简化为以下形式：

$$\sigma=(C_1+C_2\varepsilon^n)\exp[-(C_3+C_4\varepsilon)T^*] \tag{4.28}$$

对式(4.28)中的数学模型取自然对数并整理可得

$$\ln\sigma=\ln(C_1+C_2\varepsilon^n)-(C_3+C_4\varepsilon)T^* \tag{4.29}$$

此时剩余应力、温度和应变三个变量，若将应变固定为一系列常量，通过拟合 $\ln\sigma$ 与 T^* 之间的关系便可得到不同应变下的一系列拟合直线，这些直线的斜率 $k=-(C_3+C_4\varepsilon)$，对应的纵坐标上的截距 $l_1=\ln(C_1+C_2\varepsilon^n)$，不同应变下的拟合直线如图 4.9(a)所示，拟合后所得到的参数如表 4.4 所示。

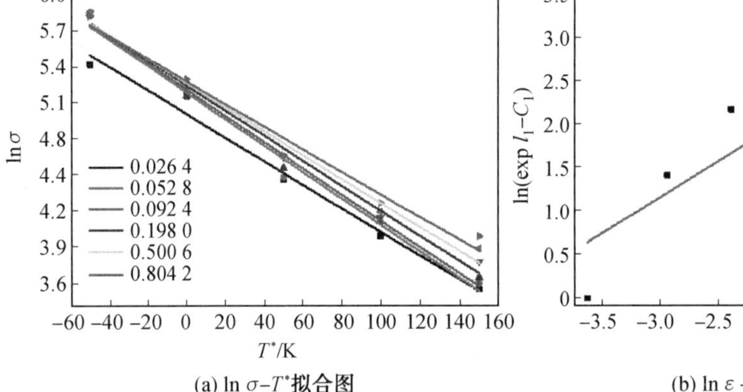

(a) ln σ-T*拟合图

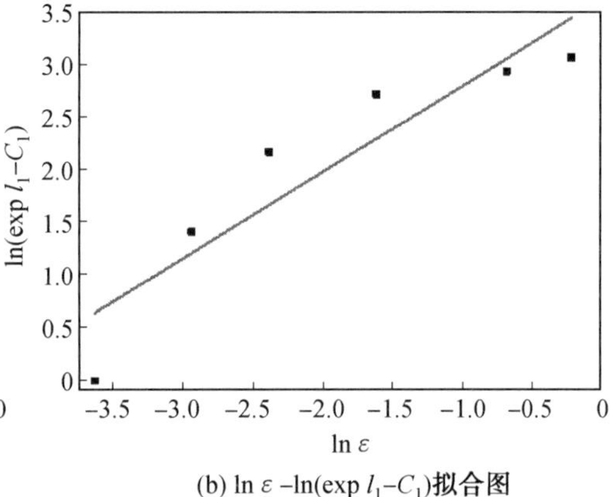

(b) ln ε -ln(exp l_1-C_1)拟合图

图 4.9 不同参量之间的拟合图

表 4.4 $\ln\sigma$ 与 T^* 拟合直线参数

应变	0.026 4	0.052 8	0.092 4	0.198 0	0.500 6	0.804 2
斜率	−0.009 8	−0.011 0	−0.010 9	−0.010 5	−0.009 9	−0.009 4
截距	5.163 9	5.181 5	5.207 2	5.242 1	5.261 2	5.274 9

对截距的表达式取对数可得

$$\ln(\exp l_1-C_1)=\ln C_2+n\ln\varepsilon \tag{4.30}$$

根据式(4.29)可知，当试验温度等于相关参考温度，试验应变速率等于相关参考应变速率，并且塑性应变为 0 时，参数 C_1的值等于此条件下材料的屈服应力，根据试验数据点的

详细坐标可得 C_1 的值为173.84。在 C_1 的值确定后，每个应变下的 $\ln(\exp l_1 - C_1)$ 便可确定，通过拟合不同应变下 $\ln(\exp l_1 - C_1)$ 的值与 $\ln \varepsilon$ 的值所得到的拟合直线的斜率值便是参数 n，截距值是 $\ln C_2$，如图4.9(b)所示。最终计算出参数 $n=0.823\,3$，$C_2=37.54$。

在图4.9(a)中，斜率的表达式 $k=-(C_3+C_4\varepsilon)$，拟合斜率值 k 和应变 ε 的关系所得到的直线的斜率便是 $-C_4$，截距是 $-C_3$，拟合过程如图4.10所示。故可得参数 $C_3=0.010\,7$，$C_4=-0.001\,5$。

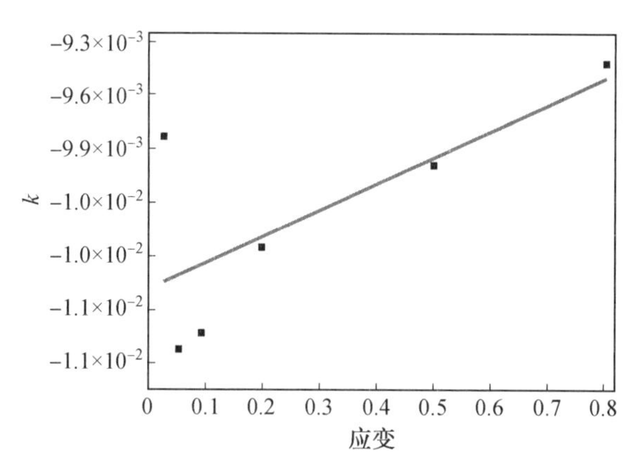

图4.10　斜率 k 与应变之间的拟合图

对本构关系式(4.27)两边同时取对数可得

$$\ln \sigma = \ln(C_1 + C_2\varepsilon^n) - (C_3 + C_4\varepsilon)T^* + (C_5 + C_6 T^*)\ln \dot{\varepsilon}^* \tag{4.31}$$

此时在本构方程中参数 C_1、C_2、C_3、C_4 都已确定，在不同的温度下拟合每个特定的应变对应的 $\ln \sigma$ 与 $\ln \dot{\varepsilon}^*$ 之间的关系，如图4.11所示，此时每条拟合直线都对应着此温度下的某个特定应变，其斜率 $k=C_5+C_6T^*$。此时所得到的各个斜率值包含的变量较多，因此可以在每个不同的应变下拟合所得到的斜率 k 和 T^* 之间的关系，所得到的拟合直线的截距和斜率便分别是不同应变下的参数 C_5 和 C_6，如图4.12所示，拟合后所得到的不同应变量下的参数 C_5 和 C_6 见表4.5。

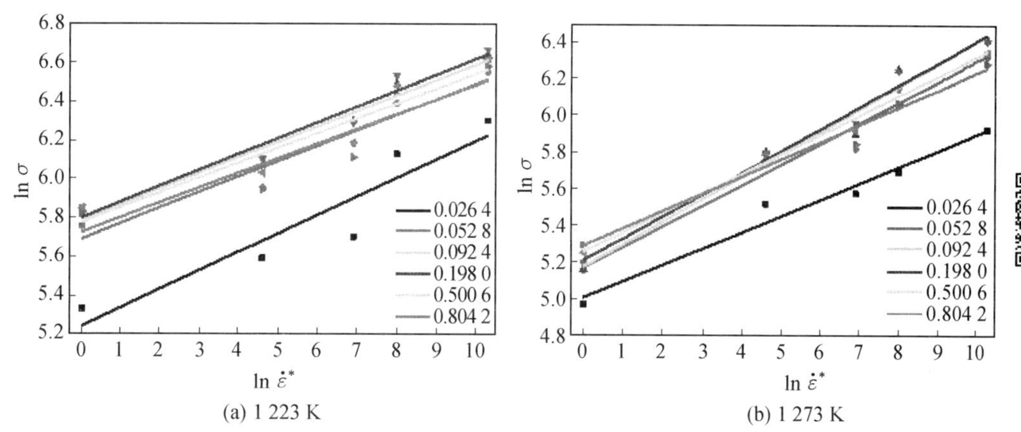

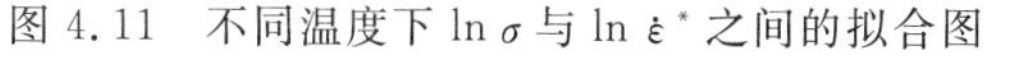

图4.11　不同温度下 $\ln \sigma$ 与 $\ln \dot{\varepsilon}^*$ 之间的拟合图

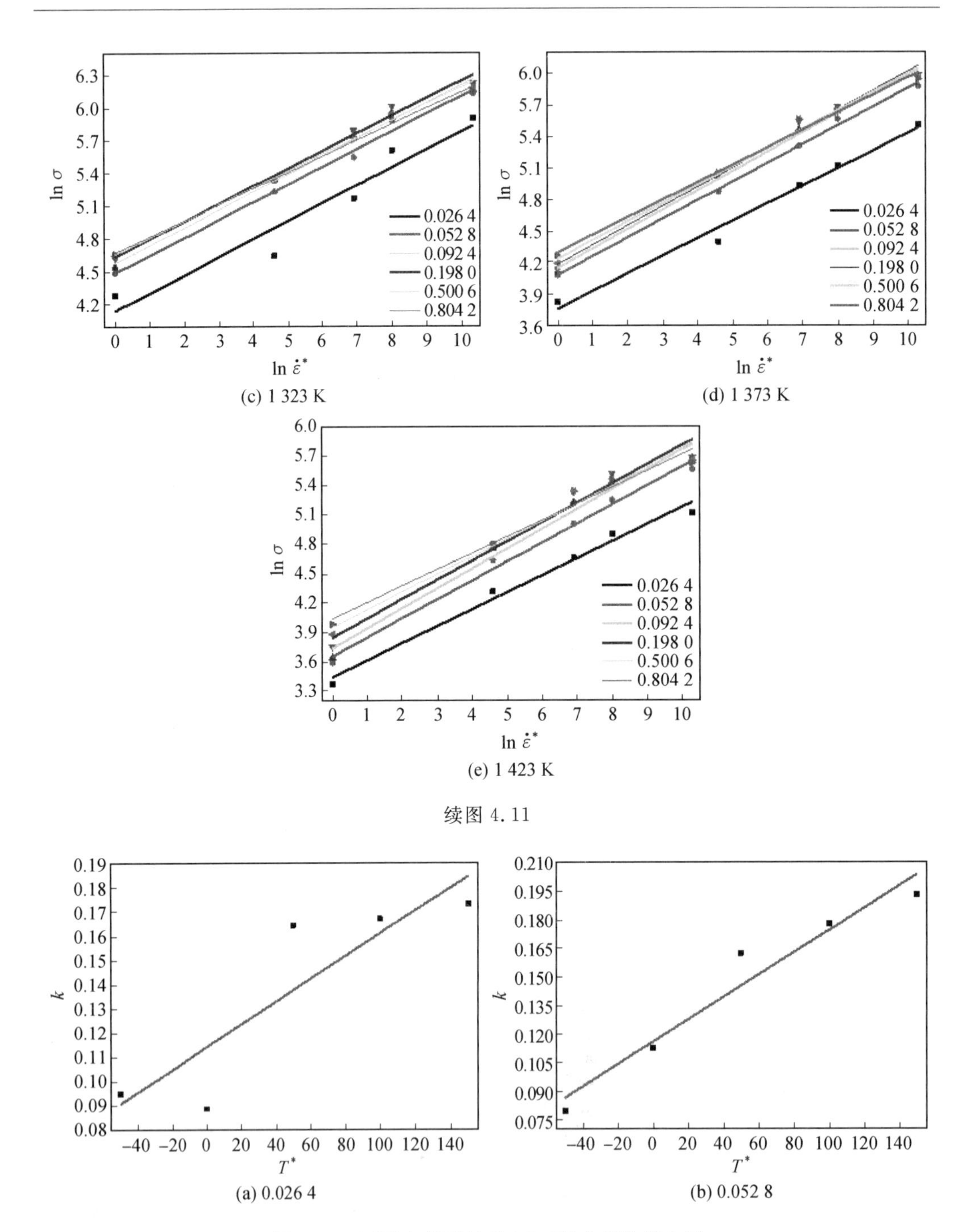

(c) 1 323 K

(d) 1 373 K

(e) 1 423 K

续图 4.11

(a) 0.026 4

(b) 0.052 8

图 4.12 不同应变下斜率 k 和 T^* 之间的拟合图

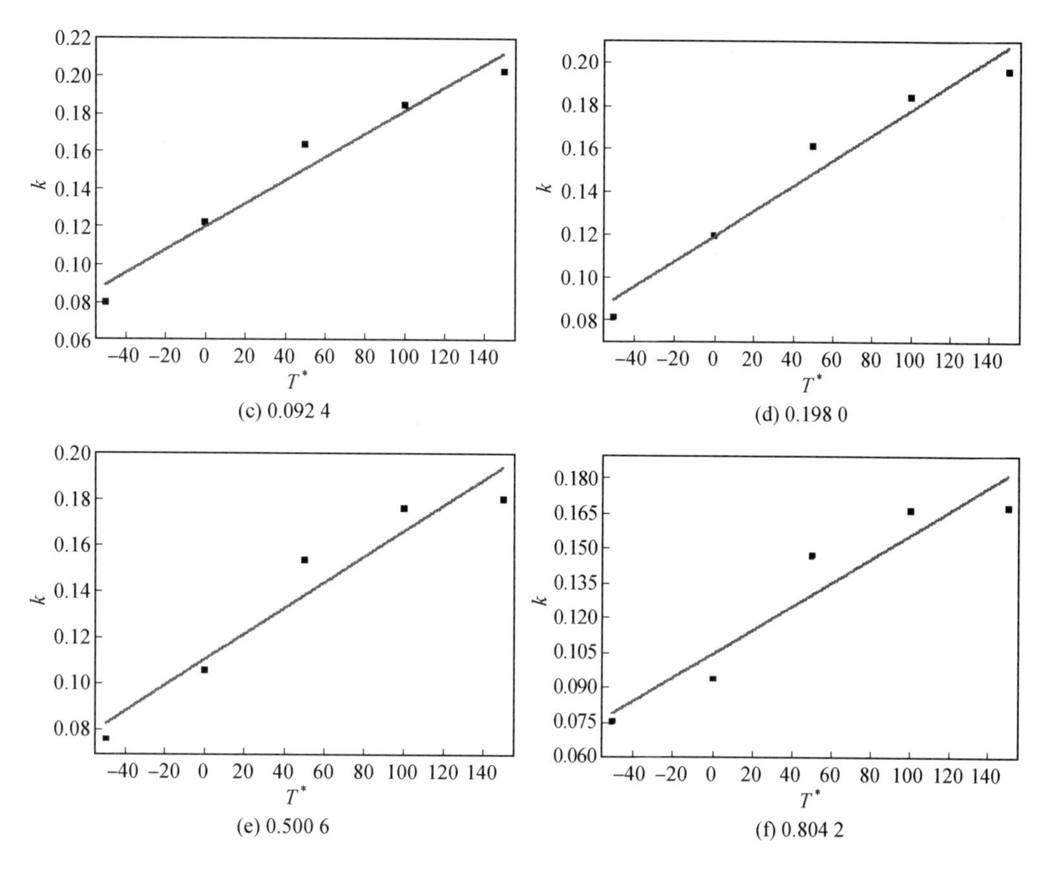

续图 4.12

表 4.5　不同应变下的 C_5 和 C_6 值

应变	0.026 4	0.052 8	0.092 4	0.198 0	0.500 6	0.804 2
截距	0.114 2	0.115 8	0.119 7	0.119 1	0.110 7	0.104 6
斜率/$\times10^{-4}$	4.70	5.86	6.17	5.88	5.55	5.13

最终本构方程中的参数 C_5 和 C_6 值是由最小误差法确定的，即将求得的所有 C_5 和 C_6 值分别代入修正的 Zerilli－Armstrong 本构方程中，利用确定的本构方程去预测不同变形条件下的应力值，再将预测值与试验值做对比并分析各个包含不同参数的本构方程的误差，最后取相对误差最小的那一组作为最合适的本构方程，方程中的参数 C_5 和 C_6 便是最终的选用值。

在本例中使用的 6 个应变值确定的 6 个不同本构方程各自的误差值如表 4.6 所示，可见当应变为 0.804 2 时所确定的 C_5 和 C_6 值代入本构方程误差最小。

表 4.6 不同的 C_5 和 C_6 值确定的本构方程误差分布

应变	0.026 4	0.052 8	0.092 4	0.198 0	0.500 6	0.804 2
误差/%	8.217	12.869	16.659	15.187	8.447	3.385

因此修正的 Zerilli－Armstrong 本构方程形式如下：

$$\sigma=(173.84+37.54\varepsilon^{n})\exp[-(0.010\,7-0.001\,5\varepsilon)T^{*}+(0.104\,6+5.13\times10^{-4}T^{*})\ln\dot{\varepsilon}^{*}] \tag{4.32}$$

4.3.2 GH4169 合金微压缩本构建模

在宏观塑性变形中，一般认为材料是各向同性的，因此在考虑其变形行为时，较少考虑试样尺寸带来的影响。然而，微成形的塑性变形过程与传统塑性变形不尽相同，其成形零件的特征尺寸在亚毫米级。同一试样尺寸下，随着晶粒尺寸的增大，单一晶粒对塑性变形起到的作用增大，出现了尺寸效应现象。下面以 GH4169 合金微压缩为例，对其本构建模展开叙述。

1. 固溶态 GH4169 合金微压缩本构建模

(1)流动应力尺寸效应。

①晶粒尺寸的影响。

在宏观变形中，多晶体材料及晶粒尺寸效应可用 Hall－Petch 方程来表示。该方程反映了在塑性变形中晶粒尺寸与流动应力的关系：

$$\sigma(\varepsilon,d)=\sigma_0(\varepsilon)+\frac{K_{\mathrm{hp}}(\varepsilon)}{\sqrt{d}} \tag{4.33}$$

式中 $\sigma(\varepsilon,d)$——流动应力，MPa；

d——试样平均晶粒尺寸，μm；

$\sigma_0(\varepsilon)$ 和 $K_{\mathrm{hp}}(\varepsilon)$——给定应变 ε 下的材料常数。

从 Hall－Petch 方程可以看出，试样随着晶粒尺寸的增加，流动应力会随之减小。图 4.13 为不同晶粒尺寸试样在单向压缩时的流动应力曲线。

从图中可以看出，在晶粒尺寸小于 161.4 μm 时，随着晶粒尺寸的增加，流动应力均逐渐降低。这种流动应力与晶粒尺寸的关系符合经典的 Hell－Petch 方程。但随着试样晶粒尺寸增大至 208.4 μm 时，流动应力反而上升。这种现象不符合经典的 Hall－Petch 方程，产生了晶粒尺寸效应的现象，不能用宏观塑性变形理论来解释。

对此进一步分析，在晶粒尺寸增大时，变形区域晶粒数目减少。单向压缩过程中，单个晶粒对塑性变形的作用被放大，晶粒的变形无法像宏观变形一样在多个易开动的滑移系进行，晶粒之间的变形协调性较差；接触模具的区域内晶粒受到的摩擦远大于试样内部与自由表面的晶粒，且该区域晶粒所占比重随着晶粒尺寸的增加而增加，这使得试样的塑性变形抗力增大。因此，引入试样尺寸与晶粒尺寸之比(D/d)，并继续对流动应力增

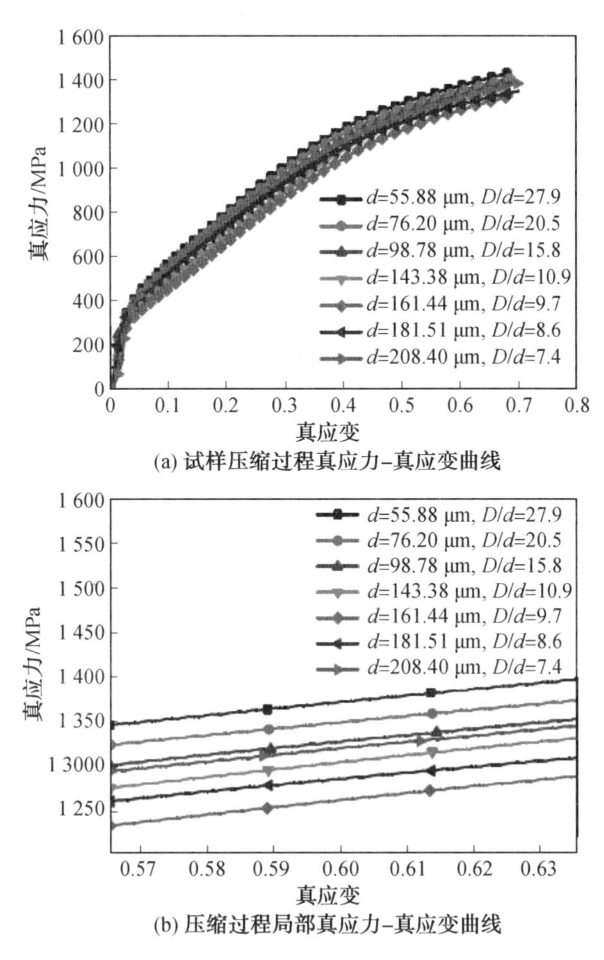

图 4.13　不同晶粒尺寸试样的真应力－真应变曲线

大的影响因素展开讨论。

②试样尺寸与晶粒尺寸比值的影响。

基于以上分析，通过不同晶粒尺寸试样的微压缩试验，探究压缩过程中试样尺寸与晶粒尺寸之间耦合作用的关系。图 4.14 是试样尺寸与晶粒尺寸的比值与流动应力之间的关系。

当 $D/d \geqslant 9.7$ 时，流动应力与晶粒尺寸之间满足 Hall－Petch 关系，与宏观成形相似。当 $D/d < 9.7$ 时，随着晶粒尺寸的增加，流动应力反而上升，偏离了经典的 Hall－Petch 关系，与宏观成形规律相反。根据压缩后应变分布，在介观尺度上的压缩过程中，随着晶粒尺寸的增加，晶粒尺寸效应的灵敏度也随之增加。当变形区域内仅有少量晶粒时，由模具约束带来的摩擦力引起的难变形区晶粒比重增加；同时有着自由表面且具有软化效应的小变形区晶粒的比重减小。两方面的耦合作用导致了微压缩过程中流动应力尺寸效应现象。

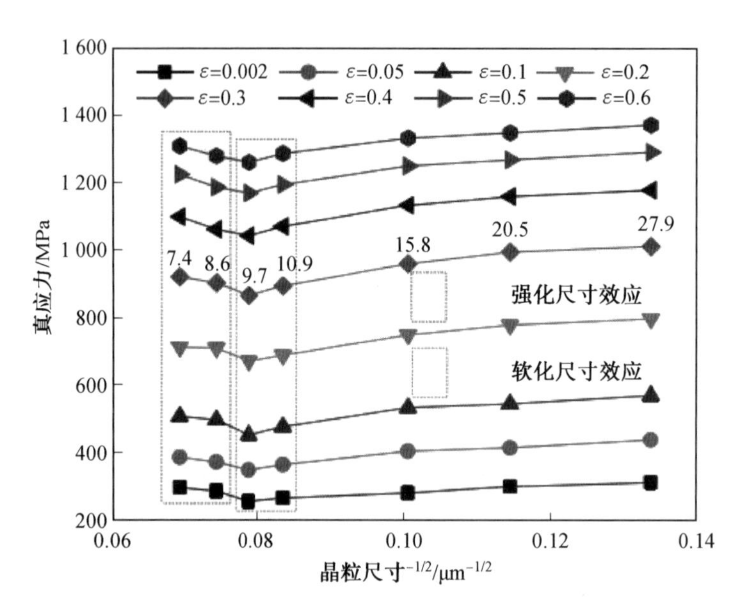

图 4.14 真应力与晶粒尺寸的关系

(2)流动应力尺寸效应模型建立。

圆柱体的压缩可看成是镦粗的一种，在压缩过程中，试样内部晶粒变形复杂，且变形不均匀，常将纵向切面根据应变分布，分为大变形区(Ⅰ区)、小变形区(Ⅱ区)和难变形区(Ⅲ区)三个变形区。根据变形程度，可大致分为三个区，其示意图如图 4.15 所示。

①第一区域——大变形区(Ⅰ区)：在此区域的晶粒受模具带来摩擦力的影响较小，因而在水平方向所受的压应力较小，并且由于Ⅲ区晶粒的楔入作用，促使周围质点流动阻力加大，向四周移动；在直径方向，晶粒受到较小压应力的同时，轴向力作用使试样产生较大的压缩变形，晶粒沿径向流动，径向扩展较大。

②第二区域——小变形区(Ⅱ区)：在此区域的外侧即为自由表面，受摩擦力的影响很小，变形较为自由；同时由于大变形区晶粒的流入，该区域变形较小。

③第三区域——难变形区(Ⅲ区)：该区域与压头接触，试样表面受到很大的摩擦阻力，该区域的晶粒将处于三向压应力状态。晶粒越靠近试样表面，其压缩程度越强烈，导致该区域的变形很小；若试样与模具之间摩擦系数较小，会有少量的变形。

在变形过程中，圆柱中间部分沿径向流动速度较大，两端面则因受上、下压头的摩擦作用而流动较慢，同时上下两难变形区对大变形区晶粒的挤压作用，导致出现鼓形。

Hall－Petch 关系仅取决于材料的晶粒尺寸，而不取决于宏观尺度变形中的试样尺寸；然而，在微成形中，随着晶粒尺寸的增加，变形区域中的晶粒数量减少，晶粒尺寸逐渐接近试样尺寸，其塑性变形行为与宏观不同，因此无法用经典的 Hall－Petch 关系对微成形中的流动应力大小效应进行解释。

阿姆斯特朗表明，晶粒之间的关系流动应力 $\sigma_0(\varepsilon)$、临界剪应力 $\tau_c(\varepsilon)$和 Taylor 因子

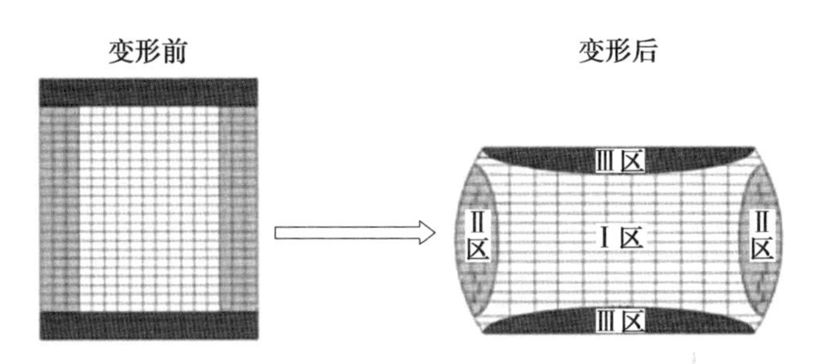

图 4.15　压缩试样应变分区示意图

M 可以被表示为

$$\sigma_0(\varepsilon)=M\tau_c(\varepsilon) \tag{4.34}$$

Taylor 因子与晶粒取向及其邻近环境有关。晶界强化是主要的材料强化方法之一，晶界密度的变化导致微观成形中试样力学性能的变化。因此，有必要考虑晶界密度对微观样品整体力学性能的影响。

为了表征晶界密度对微观试样塑性变形整体力学性能的影响，将晶界因子 θ 引入到 Hall－Petch 方程中。

$$\sigma(\varepsilon)=M\tau_c(\varepsilon)+\theta\frac{K_{hp}(\varepsilon)}{\sqrt{d}} \tag{4.35}$$

式中　$\tau_c(\varepsilon)$——临界分切应力，与单个晶粒的力学性能和变形协调性有关；

$K_{hp}(\varepsilon)$——晶界变形抗力，与晶界对变形的阻碍作用有关。

由于大变形区、小变形区及难变形区所受到的晶粒限制不同，其所引起的变形抗力也不同。考虑晶粒分布与晶界的影响，大变形区、小变形区及难变形区的流动应力可以表示如下：

$$\sigma_1(\varepsilon)=M_1\tau_c(\varepsilon)+\theta_1\frac{K_{hp}(\varepsilon)}{\sqrt{d}} \tag{4.36}$$

$$\sigma_2(\varepsilon)=M_2\tau_c(\varepsilon)+\theta_2\frac{K_{hp}(\varepsilon)}{\sqrt{d}} \tag{4.37}$$

$$\sigma_3(\varepsilon)=M_3\tau_c(\varepsilon)+\theta_3\frac{K_{hp}(\varepsilon)}{\sqrt{d}} \tag{4.38}$$

式中　$\sigma_1(\varepsilon)$、$\sigma_2(\varepsilon)$和 $\sigma_3(\varepsilon)$——大变形区、小变形区和难变形区晶粒的流动应力；

M_1、M_2和 M_3——大变形区、小变形区和难变形区晶粒的 Taylor 因子；

θ——晶界因子，$\theta=f_1\theta_1+f_2\theta_2+f_3\theta_3$。

结合材料本构关系复合模型，在多晶体材料塑性变形过程中，试样整体流动应力与晶粒的流动应力之间的关系可以表示如下：

$$\sigma(\varepsilon)=\sum_{m=1}^{n}\sigma_m(\varepsilon) \tag{4.39}$$

$$\sigma(\varepsilon)=(f_1M_1+f_2M_2+f_3M_3)\tau_c(\varepsilon)+\theta\frac{K_{hp}(\varepsilon)}{\sqrt{d}} \tag{4.40}$$

式中 θ_1、θ_2和θ_3——大变形区、小变形区和难变形区晶粒的晶界因子；

f_1——大变形区面积所占截面面积比例；

f_2——小变形区面积所占截面面积比例；

f_3——难变形区面积所占截面面积比例。

其分区的具体方法是通过区分不同区域的晶粒变形状况来确定的，如图4.16所示。

图4.16 变形分区示意图

大变形区、小变形区和难变形区晶粒的占比分数是根据它们的面积与纵向截面中的总面积的比例来确定的。通过观察压缩后试样微观组织，统计各区占比，如图4.17所示。

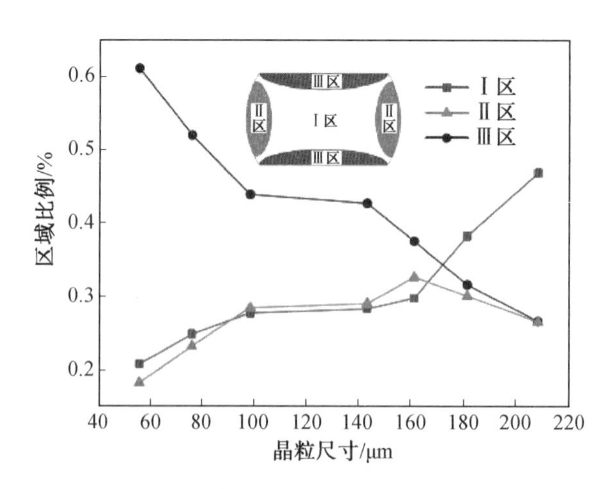

图4.17 各变形区占比变化

从图中可以看出，在$d=160\ \mu m$左右时，小变形区占比不升反降。这是由于晶粒相对试样尺寸较大，内部包含的晶粒数量相对较少，变形过程中晶粒间的协调性逐渐变差，每个晶粒的作用在塑性变形过程中增强，导致不均匀变形加剧。

晶界因子是指单位面积中晶界的相对长度。对于宏观成形，多晶材料的晶界因子为1，图4.18显示了θ值的变化。晶界因子、晶粒尺寸和试样尺寸之间的关系表示如下：

$$\theta=1-\frac{d}{2D}\eta_1-\frac{d}{2H}\eta_2 \tag{4.41}$$

式中　D——原始试样直径尺寸，μm；

H——原始试样高度，μm；

η_1——变形后晶界径向变化率；

η_2——变形后晶界轴向变化率。

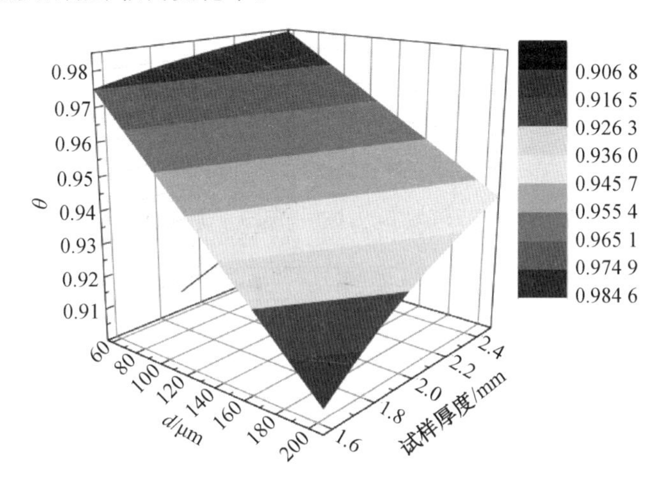

图4.18　晶界因子θ的变化

Taylor多晶模型表明宏观塑性应变等于材料的每个晶粒的塑性应变，需要同时启动每个晶粒的至少五个独立的滑移系统以实现宏观塑性变形。对于面心立方(FCC)金属，晶粒的平均Taylor因子为3.06。Taylor因子可以反映塑性变形中晶粒的变形协调能力，晶粒的Taylor因子系数越大，该晶粒的变形越困难，变形协调性越差。对于单晶而言，其Taylor因子大于2。大变形区晶粒的变形行为类似于宏观多晶，因此大变形区的Taylor因子可以认为等于3.06。具有自由表面的小变形区晶粒的Taylor因子小于大变形区晶粒的Taylor因子，因为从它们的相邻晶粒对它们施加的约束较少。因此，使用单晶和内部晶粒的Taylor因子的平均值，即2.5，来代替具有自由表面的小变形区晶粒的Taylor因子。难变形区的晶粒的Taylor因子被指定为3.925。

在式(4.40)中，临界分切应力$\tau_c(\varepsilon)$和晶界变形抗力$K_{hp}(\varepsilon)$待定。这两个参数与具体的试验材料相关。可结合已确定的参数及具体的试验结果，通过数据拟合确定，如图4.19所示。

2. 模型精确度验证

图4.20显示了具有不同晶粒尺寸的试样的流动应力曲线。通过使用相同试样尺寸和上述试验中的晶粒尺寸计算，反映试样尺寸与晶粒尺寸的比值与真实应力之间的关

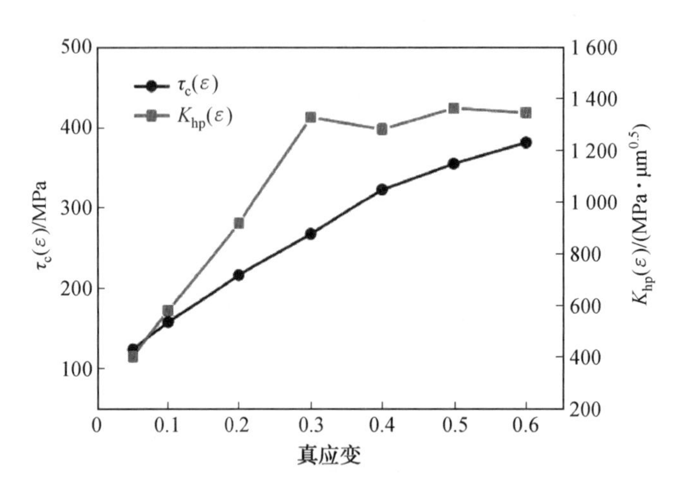

图 4.19 材料常数 $\tau_c(\varepsilon)$和 $K_{hp}(\varepsilon)$

系。随着晶粒尺寸的增加,试样的流动应力发生先减小后增大的变化。

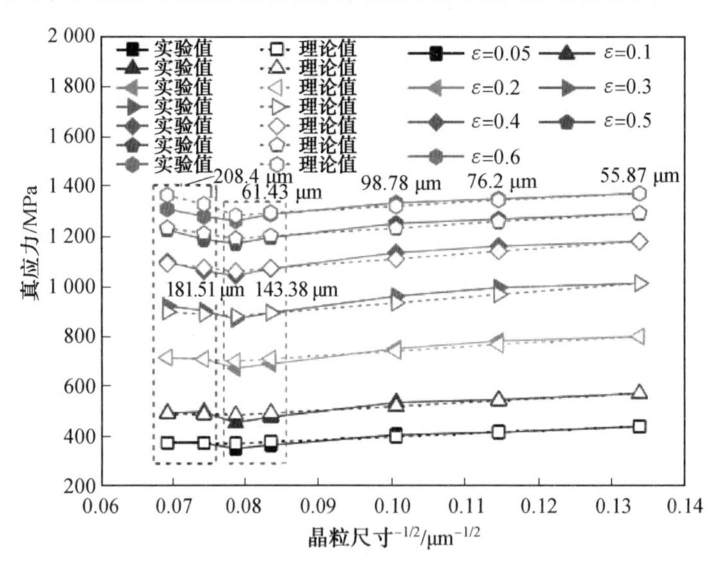

图 4.20 不同晶粒尺寸试样流动应力试验值与理论值的对比

将数值分析结果与试验结果进行对比分析,仅在晶粒尺寸较大时,且在具有强化效应的大应变下流动应力误差相对较大,但数值相差在 10%以内。

3. 时效态含 δ 相 GH4169 合金微压缩本构建模

(1)流动应力尺寸效应。

①时效时间的影响。

试样随着时效热处理时间的增长,析出相 δ 相的含量、分布以及形貌会发生变化,从而对塑性变形中的流动应力产生影响。图 4.21 为不同晶粒尺寸,不同时效热处理时间试样单向压缩时的流动应力曲线。

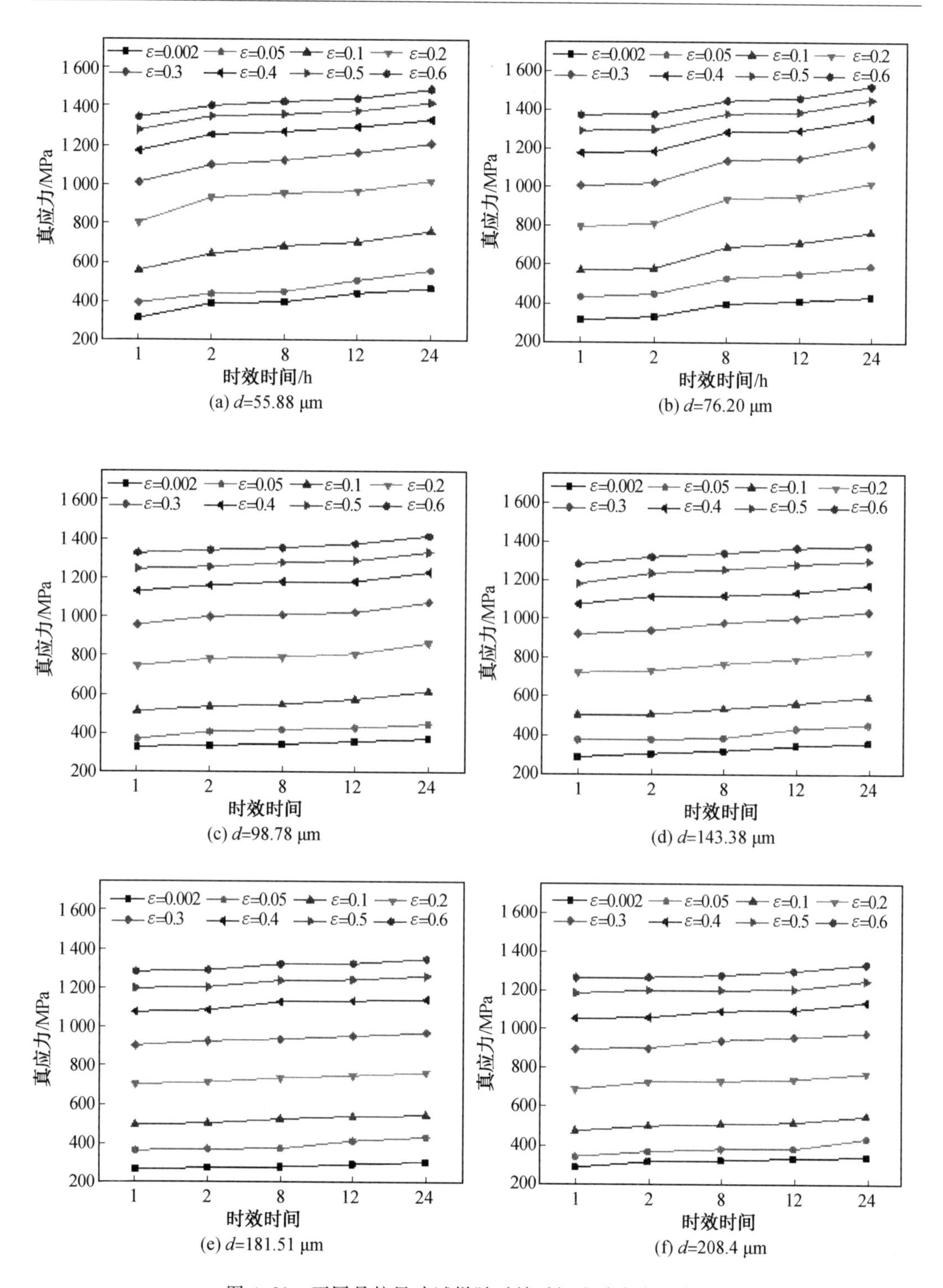

图 4.21　不同晶粒尺寸试样随时效时间流动应力的变化

试样随着时效热处理时间的增加，流动应力逐渐增加。这是由于在高温时效下，δ相在晶界析出，晶界上的δ相从颗粒状逐渐演变为针状，在变形过程中，δ相与基体的应变不相容性阻碍了晶粒的变形，晶粒变形抗力增大，从而流动应力上升，提高了合金的强度；但在较大的晶粒尺寸下，时效时间较长时，试样流动应力提升不明显。

为了探究δ相对流动应力的影响，将经过时效处理的试样与未经时效的试样的流动应力进行对比。发现在短时效时间下，流动应力虽有上升，但是幅度较小，如图4.22所示。分析其原因是在短时间时效下，由于晶粒δ相含量较少，其形貌呈颗粒状，虽在晶界析出，但是由于长度较短，对位错滑移的钉扎作用较小，且同时存在着固溶强化与析出相相强化的竞争，流动应力增强较小。在较小的晶粒尺寸且长时效时间下，流动应力上升幅度较大。分析其原因是晶粒δ相含量较大，分布在晶界与晶粒内，其形貌从颗粒状演变为针状，且含量较大，对位错滑移的钉扎作用较大，在固溶强化与δ相强化中，δ相强化明显占主导地位，流动应力增强较大。但在晶粒尺寸大于143.38 μm时，随着时效时间的增长，流动应力上升趋势减缓，这是由于晶粒尺寸的增大造成晶界长度增长，导致了试样内晶界密度的减小，从而晶界体积分数减少，晶界强化效应降低，导致压缩过程中由晶界强化贡献的流动应力降低。

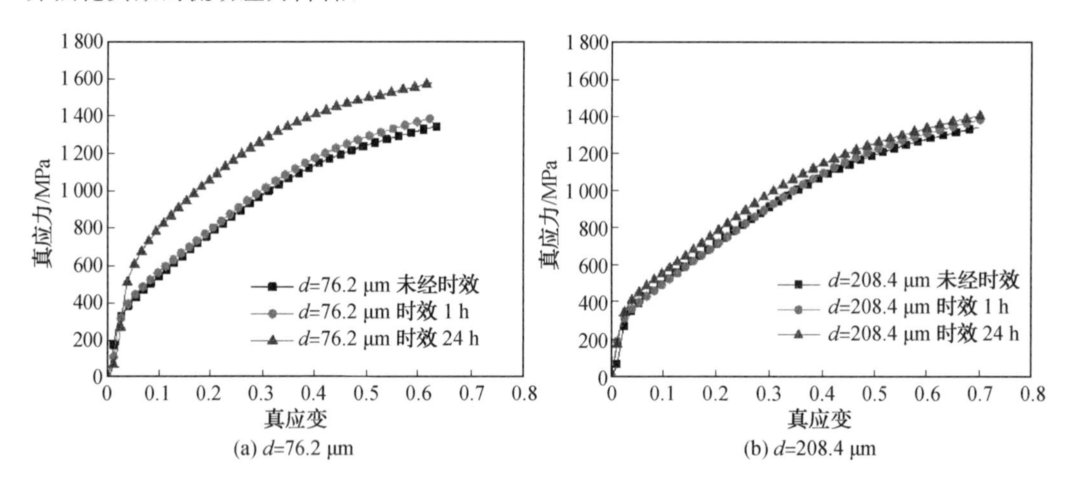

(a) d=76.2 μm (b) d=208.4 μm

图4.22 不同晶粒尺寸、时效不同时间试样流动应力的变化

②试样尺寸与晶粒尺寸比值的影响。

基于以上分析，对不同晶粒尺寸、相同时效时间试样进行微压缩试验，探究δ相与流动应力之间的关系，如图4.23所示。

当$D/d \geqslant 9.7$时，流动应力与晶粒尺寸之间满足宏观成形中的Hall－Petch关系。当$D/d < 9.7$时，流动应力反而上升，究其原因，是δ相仅仅起到了析出相强化作用，并没有改变晶粒的受力状况。在受到应力较大的情况下，δ相对晶粒的变形阻碍作用有限，试样与固溶态试样的流动应力变化情况相同，依然存在着流动应力尺寸效应现象。

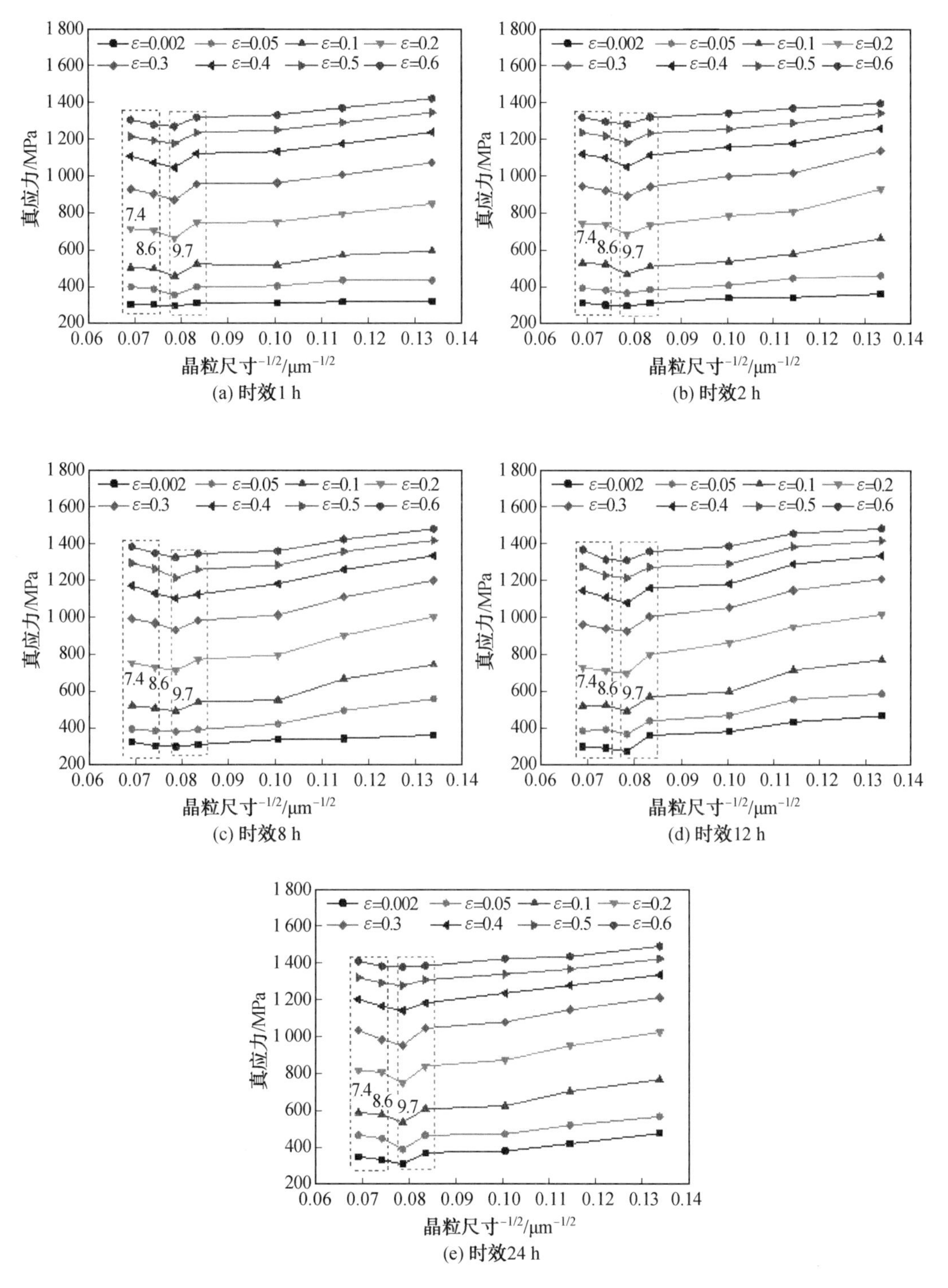

(a) 时效1 h

(b) 时效2 h

(c) 时效8 h

(d) 时效12 h

(e) 时效24 h

图 4.23　相同时效时间试样随晶粒尺寸变化流动应力的变化

(2)含δ相材料流动应力尺寸效应模型建立。

在本章中,GH4169合金的强化机制应包括基体强化、固溶强化和δ相对晶粒的调控作用。微观结构分析的结果表明,在试样中存在着不同含量与不同形貌的δ相。因此,在GH4169合金的沉淀强化体系中,强化方式比固溶体材料复杂得多。

①本构的建立。

Sharma等人表明多晶可以通过溶质原子、可剪切和不可剪切的沉淀物来增强。流动应力可以描述如下:

$$\sigma_F=\sigma_f+\sigma_{ss}+\sigma_{os}+\sigma_{cs} \tag{4.42}$$

式中 σ_f、σ_{ss}、σ_{os}、σ_{cs}——基体、溶质原子、不可剪切沉淀物、可剪切沉淀物所贡献的流动应力。

在滑移面位错移动并相互作用,导致流动性下降,产生位错强化。流动应力可以通过位错密度来表示:

$$\sigma=\alpha\cdot G\cdot \boldsymbol{b}\cdot M\cdot\sqrt{\rho} \tag{4.43}$$

式中 ρ——位错密度;

α——常数;

G——剪切模量;

$\boldsymbol{b}$——伯格斯矢量;

M——Taylor因子。

位错密度ρ可以通过求解非线性一阶微分方程来获得:

$$\frac{\partial\rho}{\partial\varepsilon^p}=(k_1\cdot\rho^{\frac{1}{2}}-f\cdot k_2\cdot\rho+k_D) \tag{4.44}$$

式中 ε^p——塑性应变;

$k_1\cdot\rho^{1/2}$——位错存储率;

$f\cdot k_2\cdot\rho$——与动态回复有关,取决于温度,应变速率和溶质浓度;

k_D——位错存储速率项。

对于可剪切沉淀物的情况,k_D等于零,则

$$\frac{\partial\rho}{\partial\varepsilon^p}=k_1\cdot\rho^{\frac{1}{2}}-f\cdot k_2\cdot\rho \tag{4.45}$$

来自位错密度ρ的流动应力贡献为

$$\rho=\frac{k_1}{f\cdot k_2}\cdot\left[1-\exp\left(-\frac{1}{2}\cdot f\cdot k_2\cdot\varepsilon^p\right)\right] \tag{4.46}$$

$$\sigma_{cs}=\alpha\cdot G\cdot\boldsymbol{b}\cdot M\cdot\sqrt{\frac{k_1}{f\cdot k_2}\cdot\left[1-\exp\left(-\frac{1}{2}\cdot f\cdot k_2\cdot\varepsilon^p\right)\right]} \tag{4.47}$$

对于不可剪切沉淀物的情况,k_1等于零,则

$$\frac{\partial\rho}{\partial\varepsilon^p}=k_D-f\cdot k_2\cdot\rho \tag{4.48}$$

$$\rho=\frac{k_D}{f\cdot k_2}\cdot[1-\exp(-f\cdot k_2\cdot\varepsilon^p)] \tag{4.49}$$

那么来自不可剪切沉淀物的流动应力可描述为

$$\sigma_{os}=\alpha\cdot G\cdot \boldsymbol{b}\cdot M\cdot\sqrt{\frac{k_D}{f\cdot k_2}\cdot[1-\exp(-f\cdot k_2\cdot\varepsilon^p)]} \tag{4.50}$$

合金中的溶质原子可以阻止位错的移动性，导致屈服应力的增加。σ_{ss}取决于溶质原子的浓度，并且可以计算如下：

$$\sigma_{ss}=A\cdot X_s^{\frac{2}{3}} \tag{4.51}$$

式中　X_s——溶质的浓度；

　　A——常数。

式(4.49)中仅位错密度待定，这与δ相含量、分布有关，可结合已确定的参数及具体的试验结果，通过数据拟合获得。

在关于固溶态的研究中，方程(4.35)可以描述基体对流动应力尺寸效应的影响。在本章研究中，认为GH4169合金的流动应力是纯镍圆柱的流动应力、多种元素的固溶强化贡献的流动应力和由δ相贡献的流动应力共同得到的。因此，GH4169镍基高温合金的流动应力可以通过如下方程计算：

$$\sigma_F=\sigma_f+\sigma_{ss}+\sigma_{os} \tag{4.52}$$

②本构的试验验证。

图4.24显示了具有相同晶粒尺寸、不同δ相含量的试样流动应力曲线。

通过使用相同试样和上述试验中的晶粒尺寸计算，反映试样直径与晶粒尺寸的比例与真实应力之间的关系。将数值分析结果与试验结果进行对比分析，仅在应变较大时误差较大，但数值平均误差均在10%以内，说明本章所构建的含δ相材料流动应力尺寸效应理论模型是有理论意义的。

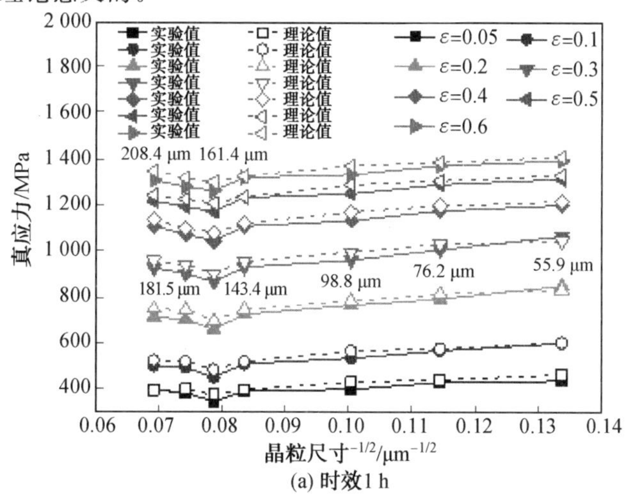

(a) 时效1 h

图4.24　不同时效时间流动应力试验值与理论值的对比

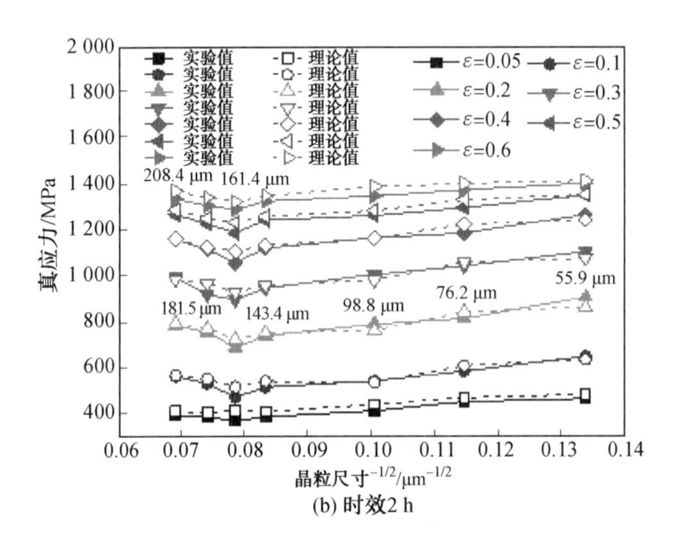

(b) 时效2 h

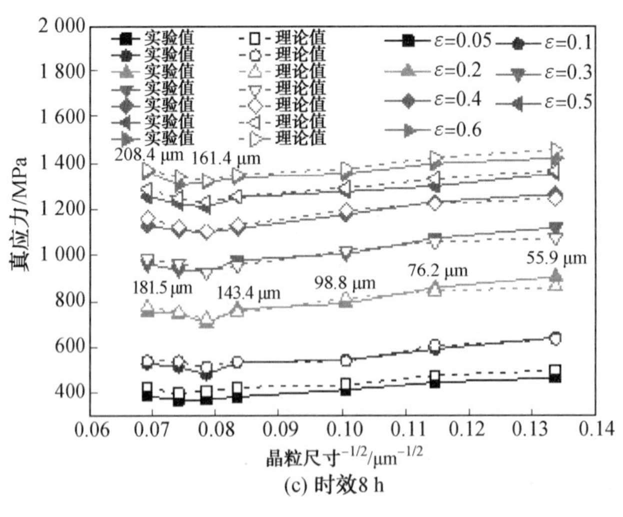

(c) 时效8 h

续图 4.24

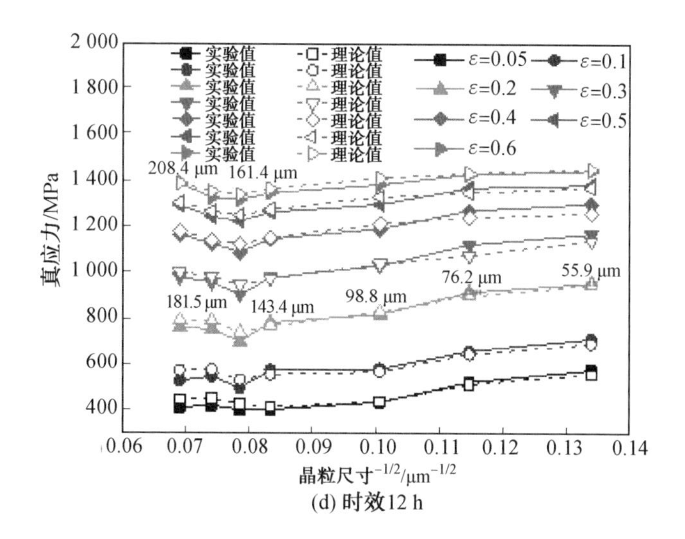

(d) 时效12 h

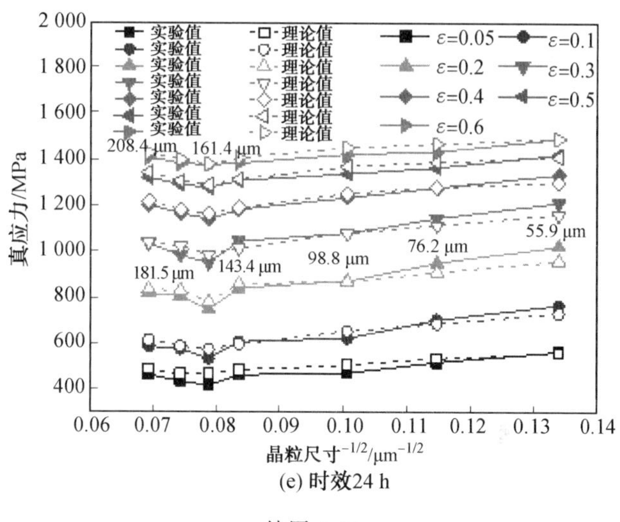

(e) 时效24 h

续图 4.24

本章参考文献

[1] 郭广平，丁传富. 航空材料力学性能检测[M]. 北京：机械工业出版社，2018.

[2] 万志鹏. GH4720LI 镍基合金高温变形行为及组织性能控制研究[D]. 哈尔滨：哈尔滨工业大学，2019.

[3] FIELDS D S, BACKOFEN W A. Determination of strain hardening characteristics by torsion testing[C]. Proceeding of american society for testing and materials, 1957, 57:1259-1272.

[4] TAKUDA H, MORISHITA T, KINOSHITA T, et al. Modelling of formula for flow stress of a magnesium alloy AZ31 sheet at elevated temperatures[J]. Journal of materials processing technology, 2005, 164: 1258-1262.

[5] JOHNSON G R, COOK W H. Fracture characteristics of three metals subjected to various strains, strain rates, temperatures and pressures[J]. Engineering fracture mechanics, 1985, 21(1): 31-48.

[6] SELLARS C M, MCTEGART W J. On the mechanism of hot deformation[J]. Acta metallurgica, 1966, 14(9): 1136-1138.

[7] 胡超. GH4698 镍基高温合金热塑性变形行为研究[D]. 哈尔滨：哈尔滨工业大学，2015.

[8] 杨凯. GH4169 镍基高温合金微压缩尺寸效应机理研究[D]. 哈尔滨：哈尔滨工业大学，2019.

[9] SHARMA V M J, SREE KUMAR K, NAGESWARA RAO B, et al. Studies on the work-hardening behavior of AA2219 under different aging treatments[J]. Metallurgical and materials transactions A, 2009, 40(13): 3186-3195.

[10] SHAHA S K, CZERWINSKI F, KASPRZAK W, et al. Work hardening and texture during compression deformation of the Al-Si-Cu-Mg alloy modified with V, Zr and Ti[J]. Journal of alloys and compounds, 2014, 593: 290-299.

第5章 蠕变本构模型及应用

5.1 基本概念

5.1.1 蠕变的定义

蠕变是指材料在恒载(外界载荷不变)条件下,变形程度随时间延长而增加的现象,特别是材料在高温条件下受到低于材料屈服强度的应力作用而发生缓慢的永久变形。蠕变不仅出现在塑料(高分子材料)中,还出现在金属材料中。蠕变反映材料在外载条件下的流变性质,即受载后的流动;对于塑料和其他高分子材料而言,反映了其内在的黏弹性。

引起蠕变的应力称为蠕变应力,大多数情况下蠕变应力远低于金属的屈服极限。金属随时间推移发生的缓慢塑性变形,称为金属的蠕变变形。随蠕变变形增加导致断裂的现象称为蠕变断裂,引起断裂的初始应力称为蠕变断裂应力。

在工程设计中,常把蠕变应力和蠕变断裂应力作为材料在特定条件下的强度指标,称为蠕变强度及蠕变断裂强度。若是非周期加载,蠕变断裂强度又称为持久强度。对于一般的金属材料,在高温和常温条件下易出现蠕变现象,但对于特殊材料或低熔点金属,低温条件下亦会出现蠕变变形,这种现象称为低温蠕变。

蠕变与塑性变形本质不同,塑性变形是指材料到达其屈服点后发生的不可逆变形,而蠕变变形可发生在材料屈服点之前的弹性阶段。图5.1为单轴拉伸试验的载荷一变形示意图,在弹性范围内,随载荷增加变形值呈线性增长,若温度达到金属材料的蠕变温度,随载荷增加变形值则不变。蠕变能显著降低合金的硬度、抗拉强度、屈服强度以及合金的承载能力。

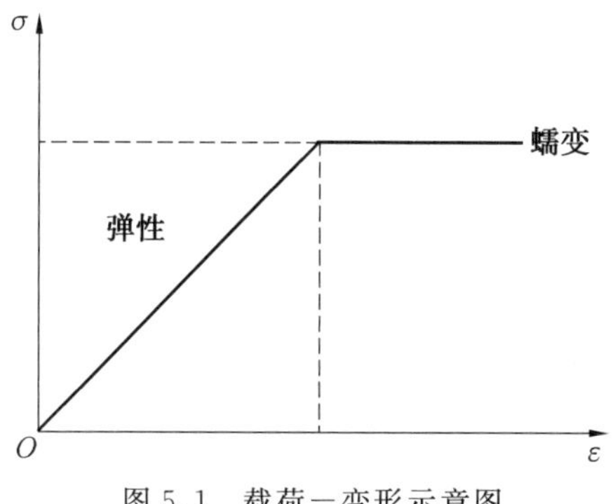

图5.1 载荷一变形示意图

5.1.2 蠕变的微观解释

金属材料在高温高压的环境下易发生蠕变现象，在工程中会产生不可忽略的负面影响。如果达到材料的蠕变条件，即使处于材料的屈服极限内，仍会发生蠕变现象。

从微观角度分析蠕变现象，可以利用位错理论来解释蠕变。材料承受载荷时，各个晶体内的位错在应力作用下，发生位错增殖，从而产生加工硬化。当温度升高，超过材料的蠕变临界温度时（小于熔点），在原子扩散运动的作用下，产生回复现象。加工硬化种类分别有位错交互作用引起硬化、位错交截引起硬化和洛默－科雷特尔不动位错引起硬化。蠕变三个阶段的微观解释见表 5.1。

表 5.1 蠕变三个阶段的微观解释

蠕变阶段	微观解释	宏观现象
第Ⅰ阶段（减速蠕变阶段）	消耗理论、安德雷德蠕变	蠕变变形、蠕变裂纹扩展
第Ⅱ阶段（稳态蠕变阶段）	加工硬化与回复相平衡（贝利）、速度反应理论（考兹曼）	蠕变变形、蠕变裂纹扩展
第Ⅲ阶段（加速蠕变阶段）	晶界应力集中引起微小裂纹、点阵缺陷在晶界析出	蠕变断裂、蠕变损伤、蠕变裂纹扩展

5.2 蠕变曲线

5.2.1 蠕变曲线

绘制蠕变曲线是反映材料蠕变特征最基本、最直观的方法，如图 5.2 所示。其横坐标对应时间 t，纵坐标对应其应变值 ε。在载荷不变的条件下，变形随时间的增加而持续增大，并在一定的时间下出现断裂现象。

根据蠕变曲线的形状，蠕变过程可分为三个阶段：蠕变第一阶段，在外加应力的作用下材料会发生硬化，导致蠕变速率不断降低，通常称为减速蠕变阶段；蠕变第二阶段，蠕变速率达到最小，并保持相对稳定，是材料蠕变失效的主要阶段，通常称为稳态蠕变阶段；蠕变第三阶段，蠕变速率和应变量迅速增大，直到试样断裂，通常称为加速蠕变阶段。蠕变曲线的形状反映了材料高温变形的加工硬化和回复软化过程。在蠕变初期，蠕变速率很大（或流变应力很小），说明材料的变形抗力小。随后，蠕变变形导致材料加工硬化。随着加工硬化程度的增加，动态回复速率也逐渐增大；当回复软化和加工硬化过程达到动态平衡时，蠕变速率趋于稳定，进入蠕变变形的第二阶段（稳态蠕变）。在蠕变第三阶

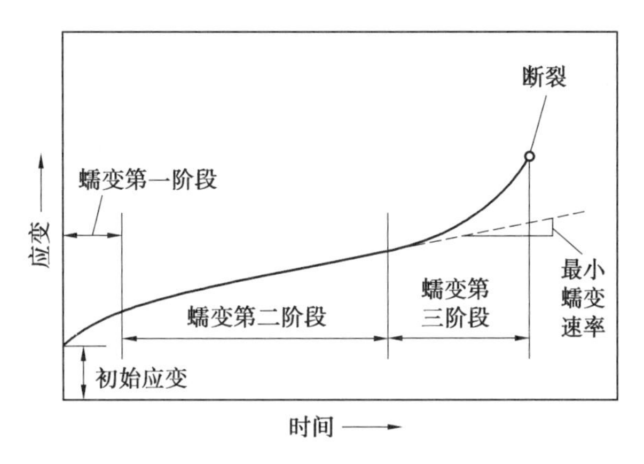

图 5.2　典型金属材料的蠕变曲线

段，材料由于损伤产生蠕变空洞导致应力集中，截面积减少和发生颈缩导致实际应力升高，以及材料微观组织结构变化等因素，材料的蠕变速率增大，最终断裂。

纯金属和第二类固溶体合金蠕变的三个阶段具有较明显的区别。第一类固溶体合金的蠕变第一阶段与纯金属显示出不同的特征。一些组织结构比较复杂的工程合金，如有第二相析出的合金可能不会出现明显的稳态蠕变阶段，即经过蠕变第一阶段后直接进入蠕变第三阶段。通常在这种情况下，工程上一般用最小蠕变速率来代替稳态蠕变速率。金属材料的蠕变行为相对复杂，有可能受到一种或多种机制共同作用，宏观上表现为蠕变应变随蠕变应力和蠕变温度等工艺参数的变化而变化。

5.2.2　影响蠕变行为的因素

金属的蠕变行为相对复杂，影响金属材料蠕变行为的因素主要包括外界条件（蠕变温度、蠕变应力）和材料性能（剪切模量、晶粒尺寸、层错能）两方面。

1. 外界条件

(1)蠕变温度。

蠕变温度是影响金属材料蠕变行为的重要因素。图 5.3 所示为蠕变温度对 7075 铝合金蠕变应变的影响规律。在相同蠕变应力条件下，蠕变应变随蠕变温度的升高而增加。其主要原因如下：①金属材料的蠕变变形是一个热激活过程，随蠕变温度的升高，位错的活动能力将逐渐增强；②蠕变温度升高，原子活性增强，脱溶速度加快；③随蠕变温度的升高，金属材料的临界剪应力减小，蠕变温度的升高会引起滑移系的增多。金属晶体原子间的结合力是滑移抗力的起源，蠕变温度越高，原子的动能越大，原子间的结合力越弱，即剪应力越低。

(2)蠕变应力。

影响金属材料蠕变行为的另一个重要因素是蠕变应力。图 5.4 所示为蠕变应力对 7075 铝合金蠕变应变的影响规律。蠕变应力增大，导致材料内可开启的滑移系增多，因

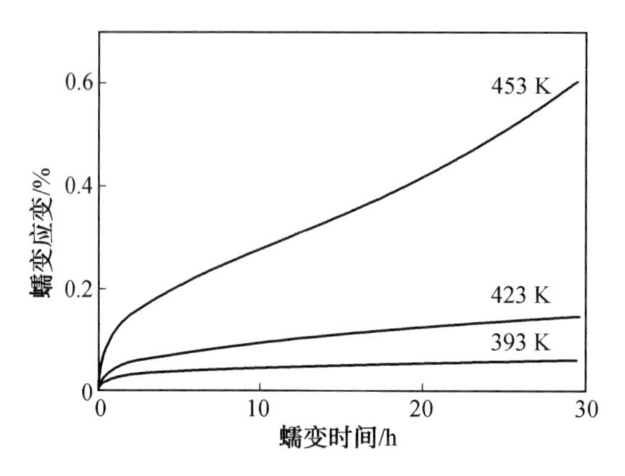

图 5.3　蠕变温度对 7075 铝合金蠕变应变的影响规律（蠕变应力为 200 MPa）

此在相同蠕变温度条件下，随蠕变应力的增大 7075 铝合金的蠕变应变增大。

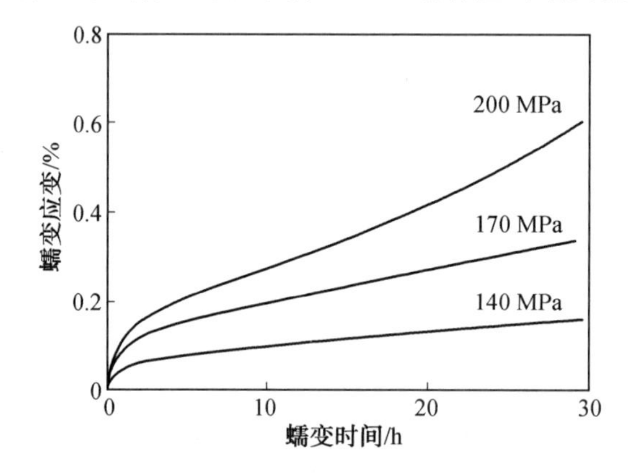

图 5.4　蠕变应力对 7075 铝合金蠕变应变的影响规律（蠕变温度为 453 K）

2. 材料性能

（1）剪切模量对蠕变的影响。

图 5.5 是给定的应变速率 $\dot{\varepsilon}/D=10^7$ 所对应的不同金属的流变应力与弹性模量的关系。尽管数据点相对分散，流变应力和弹性模量之间大致呈线性关系，表明弹性模量对金属的蠕变速率具有明显影响。

（2）晶粒尺寸对蠕变速率的影响。

为获得不同晶粒尺寸而进行的一系列的热－机械处理会改变材料的微观组织，包括晶粒取向、晶界的结构和杂质分布等，使稳态蠕变速率的影响因素更加复杂，难以单独分析晶粒尺寸本身的影响。因此，关于晶粒尺寸对幂律蠕变速率的影响规律研究结果不尽相同。

Barret 等通过大量试验研究了多晶体铜的稳态蠕变速率与晶粒尺寸之间的关系。结果表明，随晶粒尺寸 d 增大，材料蠕变速率 $\dot{\varepsilon}$ 减少，但当晶粒尺寸超过 150 μm，蠕变速率与晶粒尺寸无关，如图 5.6 所示。大晶粒金属的稳态蠕变速率和蠕变规律与单晶体相

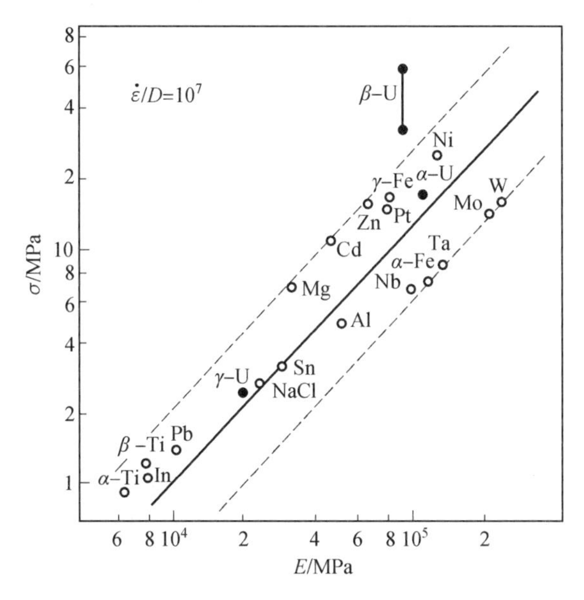

图 5.5　给定应变速率所对应的不同金属的流变应力与弹性模量的关系

比没有明显区别。高温条件下，晶界表现出黏滞性，在作用于晶界面的切应力分量作用下，晶粒可以沿晶界发生滑动，从而引起材料的变形。因此，多晶体的变形由晶粒本身的变形和晶界滑动两部分组成。晶粒越细，晶界面积越大，晶界滑动对总变形量的贡献也就越大。因此，对于高温蠕变，晶粒细的材料的蠕变速率大。同时，晶粒尺寸越小，扩散蠕变的贡献越大，蠕变速率越大。但当晶粒尺寸增大到一定程度，即晶界滑动和扩散蠕变对总变形的贡献小到可以忽略时，蠕变速率将不依赖于晶粒尺寸。

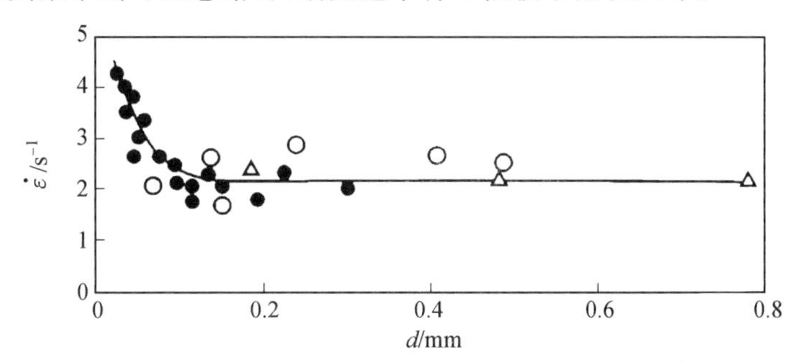

图 5.6　铜的稳态蠕变速率与晶粒尺寸的关系

Fang 和 Murty 等研究了 18Cr－14Ni 不锈钢蠕变速率随晶粒直径的变化，结果表明，随晶粒尺寸的增大，材料的蠕变速率减小，同时得到了考虑晶粒尺寸的蠕变方程：

$$\frac{\dot{\varepsilon}}{D}=A_g\frac{G\boldsymbol{b}}{kT}\left(\frac{\boldsymbol{b}}{d}\right)^2\left(\frac{\sigma}{G}\right)^{n-1} \tag{5.1}$$

式中　$\dot{\varepsilon}/D$——扩散系数补偿的稳态蠕变速率；

A_g——无量纲的常数项；

G——材料的剪切弹性模量；

$\boldsymbol{b}$——位错的伯格斯矢量；

k——玻尔兹曼常数；

T——蠕变温度(热力学温度)；

σ——外加蠕变应力；

d——晶粒直径；

n——应力指数，通常取 $n=5.5$。

当 $d \leqslant d_s$(亚晶粒直径)时，式(5.1)可以表示为

$$\frac{\dot{\varepsilon}}{D}=A_g'\frac{G\boldsymbol{b}}{kT}\frac{\boldsymbol{b}}{d}\left(\frac{\sigma}{G}\right)^n \quad (d \leqslant d_s) \tag{5.2}$$

Kassner 和 Li 研究了高温下纯铝的屈服应力与晶粒尺寸的关系，如图 5.7 所示。结果表明，随晶粒尺寸的减小，屈服应力增加，同时两者存在类似常温下的 Hall－Petch 关系：

$$\sigma_s=\sigma_o+k_y d^{-1/2} \tag{5.3}$$

式中 σ_s——屈服应力；

k_y——Hall－Petch 常数；

d——晶粒直径；

σ_o——单晶体屈服应力。

结果表明，k_y 随温度的升高而减小，如图 5.8 所示，这表明如果温度足够高时，k_y 很小，屈服应力与晶粒尺寸几乎无关。

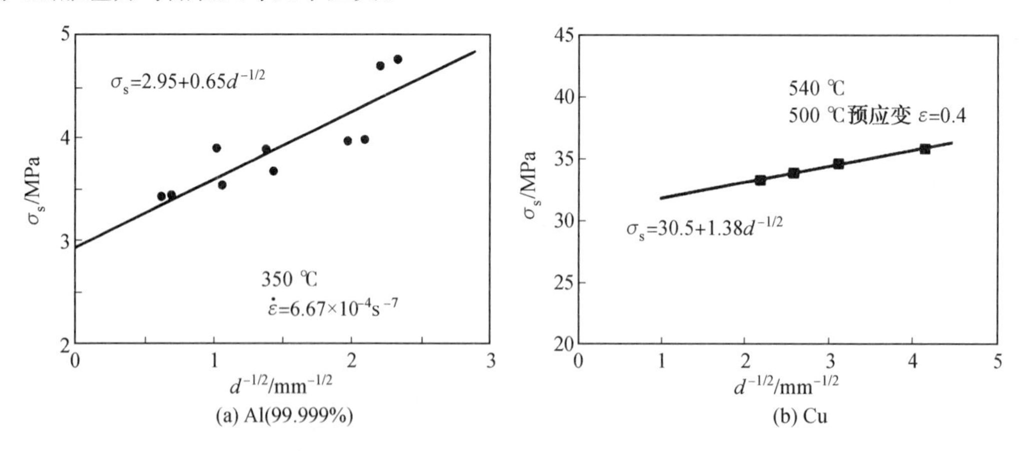

图 5.7 纯 Al 和纯 Cu 的高温屈服应力与晶粒尺寸的关系

(3)层错能对蠕变速率的影响。

一般而言，层错能低的金属位错扩展宽度大，难以发生交滑移；而层错能高的金属位错扩展宽度小，易发生交滑移。通常，在幂律蠕变的温度应力条件下，蠕变速率由位错攀移控制，而不是由交滑移过程控制。目前层错能影响蠕变速率的具体机制还有待深入

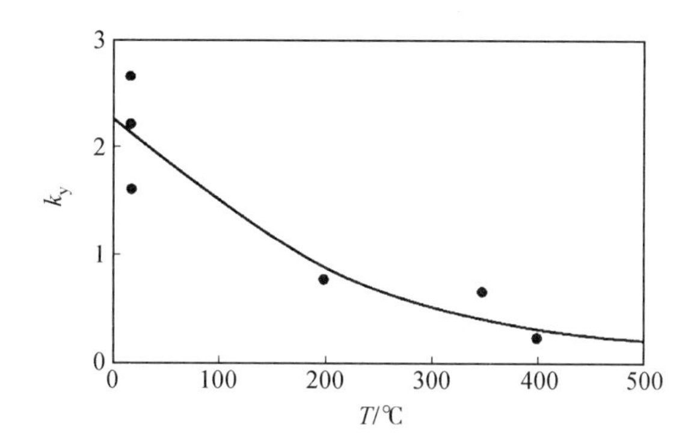

图 5.8　Hall－Petch 常数 k_y 随温度的变化

研究。

Barrett 和 Sherby 研究表明许多面心立方(FCC)金属的蠕变速率和层错能之间存在以下关系：

$$\frac{\dot{\varepsilon}}{D}=A'\gamma_F^{3.5}\left(\frac{\sigma}{E}\right)^n \tag{5.4}$$

式中　$\dot{\varepsilon}/D$——扩散系数补偿的稳态蠕变速率；

A'——无量纲的常数项；

σ——外加蠕变应力；

E——材料的弹性模量；

γ_F——材料的层错能；

n——应力指数。

因式(5.4)两边量纲不一致，Mukherjee 等提出采用无量纲的 $\gamma_F/(G\boldsymbol{b})$ 表示材料的层错能，并获得如下修正的关系式：

$$\frac{\dot{\varepsilon}kT}{DG\boldsymbol{b}}=A''\varphi\left(\frac{\gamma_F}{G\boldsymbol{b}}\right)\left(\frac{\sigma}{G}\right)^n \tag{5.5}$$

式中　$\varphi(\gamma_F/(G\boldsymbol{b}))$——关于层错能的函数，可通过试验获得。

如图 5.9 所示，Mohamed 和 Langdon 研究分析了 25 种面心立方金属的蠕变速率和层错能之间的关系。图中直线的斜率约等于 3，结果表明除少数固溶体外，大部分数据符合 $\varphi(\gamma_F/(G\boldsymbol{b}))=[\gamma_F/(G\boldsymbol{b})]^3$ 的关系。因此，式(5.5)可以表示为

$$\frac{\dot{\varepsilon}kT}{DG\boldsymbol{b}}=A''\left(\frac{\gamma_F}{G\boldsymbol{b}}\right)^3\left(\frac{\sigma}{G}\right)^n \tag{5.6}$$

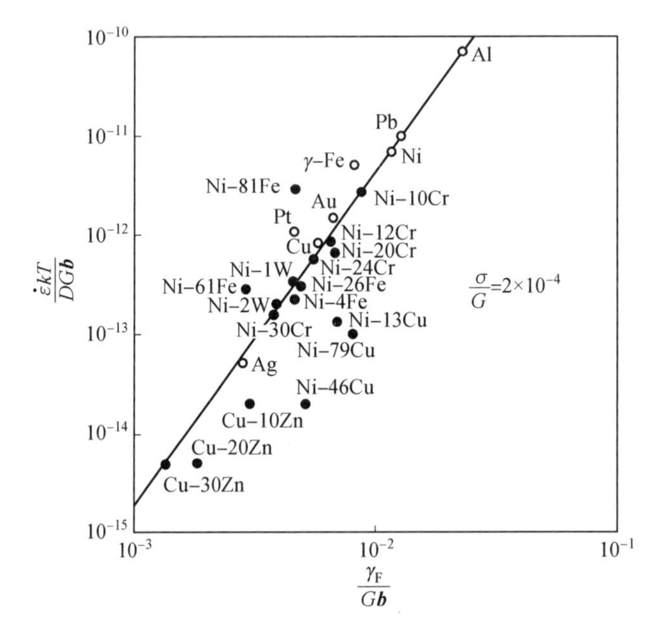

图 5.9 不同金属的蠕变速率与层错能之间的关系

5.3 经典的蠕变本构模型

随着工业的发展，蠕变现象已引起人们的广泛关注。目前的研究工作大致包括以下三方面：①从微观角度出发，研究蠕变机理及冶金因素对蠕变特性的影响，从而提高金属的蠕变抗力，致力于高温耐热合金的制造；②从唯象研究的途径出发，以宏观试验为基础，观察宏观蠕变现象，分析研究得到的试验数据，总结规律，假设本构关系，建立描述蠕变规律的理论，研究构件在蠕变条件下的应力与应变计算方法及其寿命的估算方法；③在不可逆热力学的基础上，利用正交法则得到应力一应变关系。据此建立了许多不同形式的含损伤变量的蠕变本构方程和损伤演化方程，进行试验和理论计算。目前，由于国内外学者建立模型方法和目的均有差异，因此建立的材料蠕变模型形式较多。常用来描述金属材料蠕变行为的本构模型主要包括应力律和时间律本构模型、幂律本构模型、CDM 模型、析出相动力学模型、Theta 模型和蠕变寿命的预测模型。

5.3.1 应力律和时间律本构模型

金属材料的蠕变量、蠕变率、应力、时间、温度及微观组织结构之间存在着复杂的关系。一般而言，蠕变应变可看成是外加蠕变应力、温度、时间及微观组织结构的函数。一维情况下，蠕变应变可写为

$$\varepsilon = F(\sigma, T, t, s) \tag{5.7}$$

式中　σ——外加蠕变应力；

T——蠕变温度(热力学温度)；

t——蠕变时间；

s——材料微观组织结构因子。

对于固定的材料结构因子，在一定的温度和应力范围内，式(5.7)可分离为时间、温度、应力函数之积，即

$$\varepsilon=f_1(\sigma)f_2(T)f_3(t) \tag{5.8}$$

式中　$f_1(\sigma)$——蠕变方程的应力分离函数，其变化规律称为蠕变的应力律；

$f_2(T)$——蠕变方程的温度分离函数，其变化规律称为蠕变的温度律；

$f_3(t)$——蠕变方程的时间分离函数，其变化规律称为蠕变的时间律。

据此建立的蠕变理论主要有时间硬化理论、应变硬化理论、恒速理论等。

1. 蠕变的应力律

目前已提出了多种形式的蠕变应力律 $f_1(\sigma)$，如 Norton 公式、Dorton 公式和 Mcvetty 公式等。

Norton 公式：

$$f_1(\sigma)=A\sigma^n \tag{5.9}$$

Dorton 公式：

$$f_1(\sigma)=C\exp(\sigma/\sigma_0) \tag{5.10}$$

Mcvetty 公式：

$$f_1(\sigma)=A\sinh(\sigma/\sigma_0) \tag{5.11}$$

式中　σ——外加蠕变应力；

A 和 C——依赖于材料和蠕变机制的材料常数。

2. 蠕变的时间律

因材料、外加应力及温度水平不同，材料蠕变变形随时间变化呈现出差异，既可以用经验公式表示，也可以用理论公式计算。时间律函数通常可用如下多项式的形式来表达：

$$f_2(t)=t^m+Ct+Dt^l \tag{5.12}$$

式中　m——一个分数；

l——一个整数。

此经验公式的每一项分别描述了蠕变的三个阶段，即瞬态蠕变阶段、稳态蠕变阶段和加速蠕变阶段。

黄硕等研究了不同蠕变温度(145 ℃、155 ℃和 165 ℃)和外加应力对 7B04 铝合金蠕变行为的影响规律，同时建立了合理的蠕变本构方程。研究发现在 145 ℃条件下，7B04 铝合金蠕变主要处于第一阶段。因此，在本构方程中，应力律采用 $f_1(\sigma)=A\sigma^n$，时间律采用 $f_2(t)=t^m$，则在该温度下，本构关系可表示为

$$\varepsilon = A\sigma^n t^m \tag{5.13}$$

当蠕变温度为155 ℃和165 ℃时，7B04铝合金蠕变主要处于第一和第二阶段。因此，在本构方程中，应力律采用 $f_1(\sigma)=A\sigma^n$，时间律采用 $f_2(t)=t^m+Ct$，则在该温度下，本构关系可表示为

$$\varepsilon = A\sigma^n(t^m+Ct) \tag{5.14}$$

5.3.2 幂律本构模型

一般而言，稳态蠕变速率 $\begin{cases}\varepsilon_c=\varepsilon_1+\varepsilon_2\\ \varepsilon_1=\theta_1(1-e^{-\theta_2 t})\\ \varepsilon_2=\theta_3(e^{\theta_4 t}-1)\end{cases}$ 可以用来描述金属材料的蠕变性能。稳态蠕变速率的大小既受金属材料本身的特性影响，也受到蠕变温度 T、蠕变应力 r 等外界因素的影响。研究结果表明：材料的稳态蠕变速率 $\dot{\varepsilon}_{ss}$ 和蠕变应力 $K=K_{IC}$ 存在如下函数关系：

$$\dot{\varepsilon}_{ss}=A_1\sigma^n \tag{5.15}$$

式中 A_1——材料常数；

n——应力指数，其数值可以通过拟合试验数据获得；

σ——外加蠕变应力。

在恒定应力和变温度条件下，由金属材料的蠕变试验可以发现稳态蠕变速率的对数值($\lg\dot{\varepsilon}_{ss}$)和蠕变温度的倒数 $1/T$ 存在较好的线性关系。因此，可采用如下Arrhenius方程来表示稳态蠕变速率 $\dot{\varepsilon}_{ss}$ 和蠕变温度 T 之间的关系：

$$\dot{\varepsilon}_{ss}=A_2\exp\left(-\frac{Q_c}{RT}\right) \tag{5.16}$$

式中 A_2——材料常数；

Q_c——材料的激活能；

R——通用气体常数；

T——蠕变温度(热力学温度)。

通常，材料蠕变的三个阶段是较难严格区分的，通常采用最小蠕变速率来代替稳态蠕变速率。综合考虑蠕变温度和蠕变应力对金属材料蠕变应变的影响，可得到如下幂律蠕变本构模型：

$$\dot{\varepsilon}_{ss}=A\times\sigma^n\times\exp\left(-\frac{Q}{RT}\right) \tag{5.17}$$

式中 A——材料常数；

n——应力指数；

Q——材料的蠕变表观激活能；

R——通用气体常数；

T——蠕变温度(热力学温度)。

一般而言,根据金属材料的蠕变试验数据,可求得式(5.17)所示幂律蠕变本构方程中的材料常数 A、应力指数 n 和蠕变表观激活能 Q,从而判断在该变形条件下材料的蠕变机制。研究表明:一般而言,$n=1$ 代表材料的蠕变机制为晶界扩散蠕变;$n=3$ 代表材料的蠕变机制为位错黏滞运动(位错拖拽溶质原子气团运动);$n=4\sim6$ 代表材料的蠕变机制为晶格自扩散引起的位错高温攀移。对于金属(包括 BCC、FCC 和 HCP 等结构的金属材料)而言,当材料的蠕变机制为位错攀移时,材料对应的激活能与自扩散激活能相近,其蠕变表观激活能与高温(高于 $0.5T_m$)时的自扩散激活能相符;当 $n>6$ 时,通常认为式(5.17)失效。

5.3.3　CDM 模型

20 世纪 90 年代,Kowalewski 等提出 CDM(continuum damage mechanics)模型。该模型可表示为

$$
\begin{cases}
\dfrac{d\varepsilon}{dt}=A\sinh\left[\dfrac{B\sigma(1-H)}{(1-\Phi)(1-\omega)}\right]\\
\dfrac{dH}{dt}=\dfrac{h}{\sigma}\left(1-\dfrac{H}{H^*}\right)\dfrac{d\varepsilon}{dt}\\
\dfrac{d\Phi}{dt}=\dfrac{K_c}{3}(1-\Phi)^4\\
\dfrac{d\omega}{dt}=C\dfrac{d\varepsilon}{dt}
\end{cases}
\tag{5.18}
$$

式中　σ——外加蠕变应力;

ε——材料的蠕变应变;

t——蠕变时间;

A、B、C、K_c、h 和 H^*——材料常数;

H——材料硬化对初始蠕变的影响(H 从零开始增加,直到蠕变稳态阶段变为 H^*);

ω——晶粒间的蠕变空洞的损伤(变化范围为 $0\sim\omega_f$,ω_f 为材料断裂时的损伤值,通常取 1/3);

$C=\omega_f/\varepsilon_f$(ε_f 为材料的断裂应变);

Φ——沉淀相析出和长大对材料性能的影响参数。

5.3.4　析出相动力学模型

根据“统一理论”、析出相的时效动力学和析出相粒子在定体积分数下长大等理论,Lin 等提出了析出相动力学模型:

$$\begin{cases}\dfrac{\mathrm{d}\varepsilon}{\mathrm{d}t}=A\sinh\left[B(\sigma-\sigma_{\mathrm{A}})(1-H)\left(\dfrac{C_{\mathrm{ss}}}{\sigma_{\mathrm{ss}}}\right)^{n}\right]\\ \dfrac{\mathrm{d}H}{\mathrm{d}t}=\dfrac{h}{\sigma^{0.1}}\left(1-\dfrac{H}{H^{*}}\right)\dot{\varepsilon}_{\mathrm{c}}\\ \dfrac{\mathrm{d}r}{\mathrm{d}t}=C_{0}\dot{\varepsilon}_{\mathrm{c}}^{0.2}(Q-r)^{1/3}\\ \sigma_{\mathrm{A}}=C_{\mathrm{A}}r^{m_{0}}\\ \sigma_{\mathrm{ss}}=C_{\mathrm{ss}}(1+r)^{-m_{1}}\\ \sigma_{\mathrm{y}}=\sigma_{\mathrm{ss}}+\sigma_{\mathrm{A}}\end{cases} \tag{5.19}$$

式中 σ——外加蠕变应力；

ε——材料的蠕变应变；

t——蠕变时间；

A、B、h、H^{*}、n、C_0、C_{A}、C_{ss}、m_0 和 m_1——材料常数；

Q——材料的激活能；

H——位错强化参数；

σ_{A}——时效强化参数；

σ_{ss}——固溶强化参数；

r——析出相粒子的半径；

H——材料硬化对初始蠕变的影响（H 从零开始增加，直到蠕变稳态阶段变为 H^{*}）。

5.3.5 Theta 模型

1985 年，Evans 和 Wilshire 提出了描述材料蠕变行为的 Theta 本构模型，其认为沉淀硬化合金的蠕变变形过程可以用应变硬化和空洞的形核、聚集、长大引起的材料弱化的物理模型来描述。Theta 本构模型不仅可以用相对简单的函数来描述材料的蠕变行为，而且具有较好的外推和内插功能，该模型可表示为

$$\begin{cases}\varepsilon_{\mathrm{c}}=\varepsilon_{1}+\varepsilon_{2}\\ \varepsilon_{1}=\theta_{1}(1-\mathrm{e}^{-\theta_{2}t})\\ \varepsilon_{2}=\theta_{3}(\mathrm{e}^{\theta_{4}t}-1)\end{cases} \tag{5.20}$$

式中 θ_1、θ_2、θ_3 和 θ_4——材料常数；

t——蠕变时效时间；

ε_1——近似描述蠕变第一阶段的应变；

ε_2——近似描述蠕变第三阶段的应变。

5.3.6 蠕变寿命的预测模型

在蠕变过程中，当损伤累积导致试件断裂，即蠕变断裂发生，此时的蠕变时间即为蠕

变寿命。根据蠕变应力、蠕变温度和材料的不同，蠕变断裂可以分为以下三种：①如果单独由晶内位错累积导致试件失稳，断裂可能与拉伸延展性的耗尽相关，此种情形多为韧性蠕变断裂；②如果断裂在晶粒严重蠕变变形之前大量的晶粒间空穴发生，则其主要是由晶粒间的分离造成的，此种情形多为脆性蠕变断裂；③如果断裂是由一个主导裂纹的扩展而发生，加上环境因素、空穴长大和微裂纹连接，断裂的准则应为 $K=K_{IC}$（断裂韧性），此种情形亦为脆性蠕变断裂。蠕变寿命的预测通常采用一些经验性的参数方法，如 Larson－Miller 方法、Monkman－Grant 方法、Orr－Sherby－Dorn 方法和 Goldhoff－Sherby 方法等。这些方法的目标是用短期蠕变数据中适当的参量或关系去推测长期服役的蠕变寿命。许多学者已成功采用这些方法应用于一些材料或结构蠕变寿命的预测。但是，这些方法仍不具有通用性。在蠕变情况下，材料有许多变形损伤累积机制的复杂组合以及微观组织的演变，因此长期以来缺乏一种一致的蠕变寿命预测方法。下面将介绍四种常用的经验方法。

（1）Larson－Miller 方法。

$$P=T(C+\lg t_f) \tag{5.21}$$

式中　P——Larson－Miller 参数；

t_f——断裂寿命；

T——蠕变温度（热力学温度）；

C——材料常数（约为 20）。

（2）Monkman－Grant 方法。

$$t_f \dot{\varepsilon}_{ss}^{\alpha}=C_0 \tag{5.22}$$

式中　t_f——断裂寿命；

α 和 C_0——材料常数（$0.8<\alpha<0.95$，$3<C_0<20$）；

$\dot{\varepsilon}_{ss}$——稳态蠕变速率。

（3）Orr－Sherby－Dorn 方法。

$$t_f=t_0\sigma^{-n}\exp\left(\frac{Q}{RT}\right) \tag{5.23}$$

式中　t_f——断裂寿命；

t_0——材料常数；

Q——材料的激活能；

R——通用气体常数；

T——蠕变温度（热力学温度）；

σ——外加蠕变应力。

（4）Goldhoff－Sherby 方法。

$$P_{GS}=\frac{\lg t_f+C_{GS}}{1/T-1/T_{GS}} \tag{5.24}$$

式中 t_f——断裂寿命；

P_{GS}、C_{GS}和 T_{GS}——材料常数；

T——蠕变温度(热力学温度)。

5.4 蠕变本构模型的应用

5.4.1 2024 铝合金的蠕变本构模型

1. 试验材料和方法

根据 ASTM E139－06 标准设计蠕变试样，将 2024 铝合金从薄板上沿轧制方向切割加工成标距为 50 mm 的蠕变标准拉伸试样。蠕变试验是在 MTS－GWT2105 试验机上进行，该试验机加热炉采用三段高温加热，通过自动控温系统控制，具有较快的升温速率、较宽的均温带以及较好的保温性。通过控制操作系统在预设的时效温度(423 K、448 K和 473 K)和蠕变应力(185 MPa、205 MPa 和 225 MPa)下进行恒温、恒应力蠕变试验。该试验机的升温速率为 10 K/min，待温度达到预设温度之后，保温 0.5 h，便开始加载进行高温蠕变试验。考虑到蠕变时效成形的经济性和构件高品质制造的要求，必须严格控制蠕变时效成形时间，设定 2024－T3 铝合金的高温蠕变试验时间为 24 h。

2. 蠕变本构模型

(1)幂律本构模型。

一般而言，采用稳态蠕变速率 $\dot{\varepsilon}_{ss}$(最小蠕变速率)来描述金属材料的蠕变特性。稳态蠕变速率的大小既受金属材料本身的特性影响，也受蠕变温度 T、蠕变应力 r 等外界因素的影响。研究结果表明：材料的稳态蠕变速率 $\dot{\varepsilon}_{ss}$和蠕变温度 T、外加蠕变应力 σ 存在如下函数关系：

$$\dot{\varepsilon}_{ss}=A\sigma^{n}\exp\left(-\frac{Q}{RT}\right) \tag{5.25}$$

式中 A——材料常数；

n——应力指数；

Q——材料的激活能；

R——通用气体常数；

T——蠕变温度(热力学温度)；

σ——外加蠕变应力。

根据 2024 铝合金的高温蠕变特性，建立其幂律本构模型。

①应力指数 n、激活能 Q 和材料常数 A 的确定。

对式(5.25)进行对数变换，可得到以下关系：

$$\ln \dot{\varepsilon}_{ss}=\ln A+n\ln \sigma-\frac{Q}{RT} \tag{5.26}$$

因为试验过程中，加载过程相对较短，且外加应力远小于材料的屈服应力，故可以认为加载阶段造成的塑性应变为零，即 $\varepsilon_p=0$。因此，试样的整个形变随时间变化的曲线可以简化成两个阶段的应变分别进行计算：第一阶段应变，即弹性加载应变 ε_e；第二阶段应变，即蠕变应变 ε_c，则试样的整个形变可以简化表示为

$$\varepsilon_t=\varepsilon_e+\varepsilon_c \tag{5.27}$$

如果把不同试验条件下的总应变减去加载阶段的弹性应变，可以获得蠕变应变随时间变化的曲线，如图 5.10 所示。蠕变曲线的第一阶段（减速蠕变阶段）相对较短，然后进入第二阶段（稳态蠕变阶段），而第三阶段（加速蠕变阶段）基本没有出现。由图可知，蠕变温度和外加蠕变应力对 2024 铝合金的蠕变应变具有明显影响。在相同的蠕变温度条件下，蠕变应变随着外加应力的增大而增大。在相同外加应力条件下，蠕变速度随着蠕变温度的升高而加快。在高温条件下，金属材料内部受到外力作用会立即产生变形，研究其机理，这种变形的基础是金属内部位错的增殖和移动、晶粒的相互滑移以及点阵缺陷的移动。低温时，位错保持加工硬化的状态；高温时，原子扩散加剧，位错滑动相对容易，从而产生回复现象。材料的蠕变现象多产生在回复阶段，其受多种因素的影响。

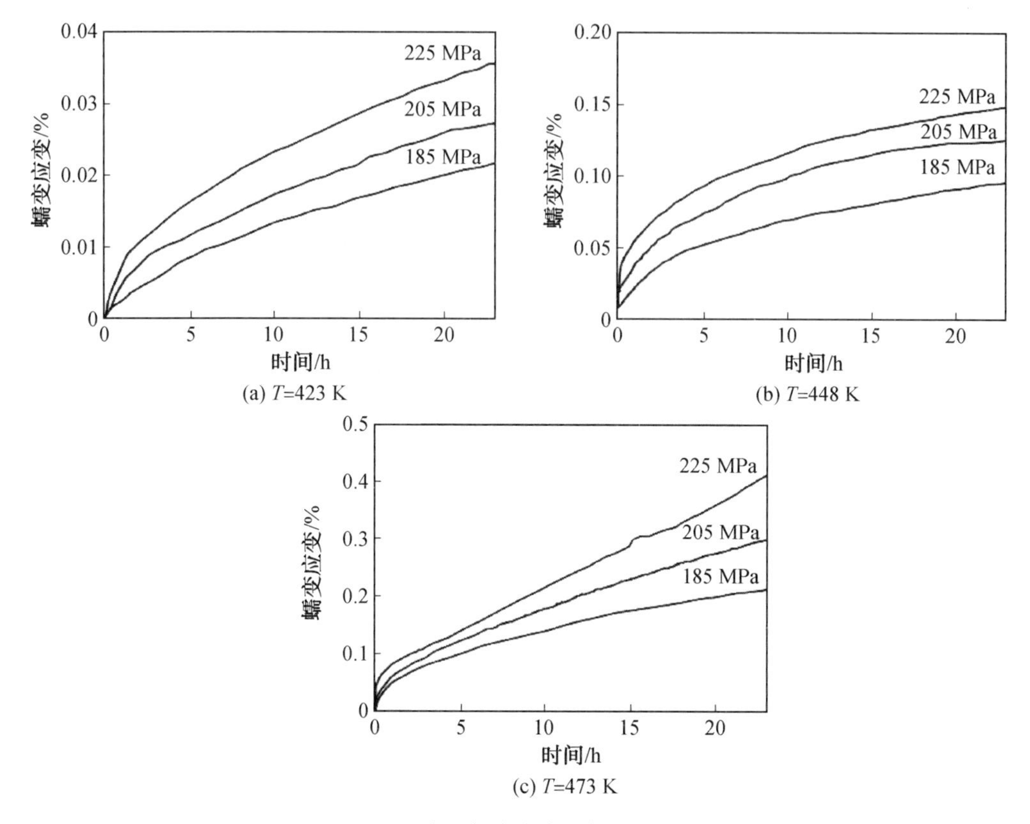

(a) T=423 K　(b) T=448 K　(c) T=473 K

图 5.10　2024 铝合金蠕变应变—蠕变时间的关系曲线

根据图 5.10 所示的试验数据，可获得不同试验条件下的最小蠕变速率，如表 5.2 所

示。根据试验条件,可求得 $\ln\dot{\varepsilon}_{ss}-\ln\sigma$ 与 $\ln\dot{\varepsilon}_{ss}-1/T$ 的关系,分别如图 5.11 和图 5.12 所示。由图可知,$\ln\dot{\varepsilon}_{ss}$ 与 $\ln\sigma$、$1/T$ 均存在较好的线性关系。因此,对这两组关系曲线进行线性回归,通过求解 $\ln\dot{\varepsilon}_{ss}-\ln\sigma$ 与 $\ln\dot{\varepsilon}_{ss}-1/T$ 拟合线的斜率,可以确定应力指数 n 和激活能 Q,通过求解 $\ln\dot{\varepsilon}_{ss}-1/T$ 拟合线的截距可求得材料常数 A。

表 5.2 2024 铝合金的最小蠕变速率

蠕变温度/K	蠕变应力/MPa	最小蠕变速率/s^{-1}
423	185	1.36×10^{-7}
	205	2.23×10^{-7}
	225	2.83×10^{-7}
448	185	4.31×10^{-7}
	205	6.44×10^{-7}
	225	8.53×10^{-7}
473	185	2.11×10^{-6}
	205	2.45×10^{-6}
	225	3.77×10^{-6}

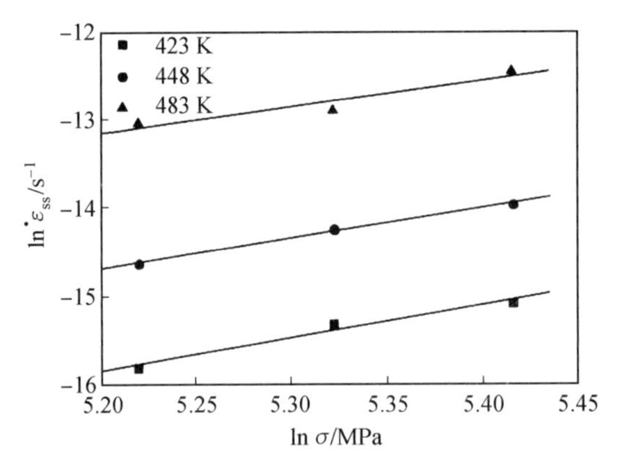

图 5.11 $\ln\dot{\varepsilon}_{ss}$ 与 $\ln\sigma$ 的关系

通过回归分析,2024 铝合金在蠕变温度为 423 K、448 K 和 473 K 条件下的应力指数分别为 3.776、3.496 和 2.946。因此,2024 铝合金的平均应力指数为 3.405。在 185 MPa、205 MPa 和 225 MPa 条件下的激活能 Q 分别为 90.919 kJ/mol、79.556 kJ/mol 和 85.834 kJ/mol。因此,2024 铝合金的平均激活能为 85.436 kJ/mol。

同时,获得材料常数 A 的平均值为 9.101×10^{-5}。金属材料的蠕变过程通常是以晶界的滑移和迁移、位错的滑移和攀移以及热扩散等方式进行的。在不同条件下金属材料的蠕变机制不同,其可能是一种或者多种机制综合作用的结果。因此,金属材料的蠕变速率是各种蠕变机制作用的综合体现。在设定的试验条件下,2024 铝合金蠕变应力指数为 2.946~3.776,激活能为 85.832~90.912 kJ/mol,远低于纯 Al 的激活能(145 kJ/mol)。这

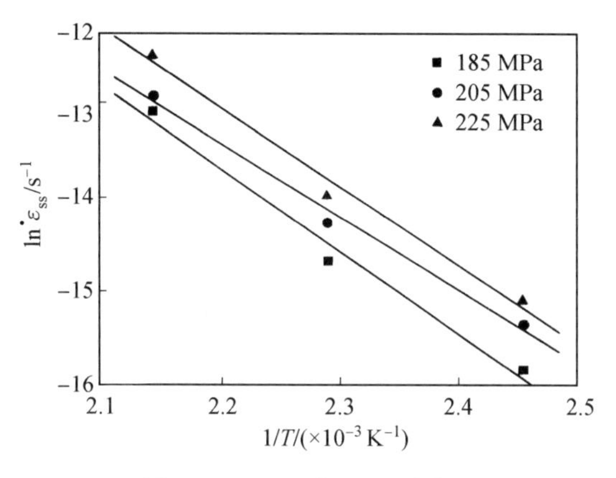

图 5.12　$\ln\dot{\varepsilon}_{ss}$ 与 $1/T$ 的关系

说明 2024 铝合金的蠕变行为符合幂律本构模型，其蠕变机制为位错黏滞运动。

②最小蠕变速率的预测值和试验值对比。

基于线性拟合结果，可以获得 2024 铝合金最小蠕变速率 $\dot{\varepsilon}_{ss}$ 与蠕变温度 T、外加蠕变应力 σ 的关系：

$$\dot{\varepsilon}_{ss}=9.101\times10^{-5}\times\sigma^{3.405}\times\exp\left(-\frac{85\ 436}{RT}\right) \tag{5.28}$$

式(5.28)为幂律本构模型，由此计算出的最小蠕变速率如表 5.3 所示。图 5.13 为 2024 铝合金最小蠕变速率试验值和预测值的比较。由图可知，通过幂律本构模型计算获得的最小蠕变速率与试验测得的最小蠕变速率较好地吻合。因此，可以通过建立的幂律本构模型较好地预测 2024 铝合金在时效温度(423 K、448 K 和 473 K)和蠕变应力(185 MPa、205 MPa 和 225 MPa)条件下的最小蠕变速率。

表 5.3　不同试验条件下的最小蠕变速率

蠕变应力/MPa	最小蠕变速率/s^{-1}		
	423 K	448 K	473 K
185	1.361×10^{-7}	5.227×10^{-7}	1.772×10^{-6}
205	1.931×10^{-7}	7.485×10^{-7}	2.514×10^{-6}
225	2.651×10^{-7}	1.027×10^{-7}	3.452×10^{-6}

(2)Theta 本构模型。

综合考虑蠕变温度和外加蠕变应力对材料蠕变应变的影响，Evans 和 Wilshire 提出了描述材料蠕变行为的 Theta 本构模型，其认为沉淀硬化合金的蠕变变形过程可以用应变硬化和空洞的形核、聚集、长大引起的材料弱化的物理模型来描述。该模型可表示为

$$\begin{cases}\varepsilon_c=\varepsilon_1+\varepsilon_2\\ \varepsilon_1=\theta_1(1-e^{-\theta_2 t})\\ \varepsilon_2=\theta_3(e^{\theta_4 t}-1)\end{cases} \tag{5.29}$$

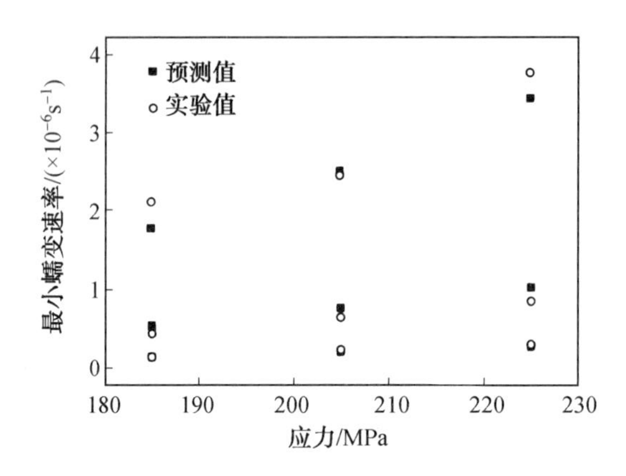

图 5.13 2024 铝合金最小蠕变速率试验值和预测值的比较

式中 ε_c——整个蠕变阶段的蠕变应变；

θ_1、θ_2、θ_3 和 θ_4——材料常数，均为蠕变温度、外加应力和材料性能的函数；

t——蠕变时效时间；

ε_1——近似描述蠕变第一阶段的应变，描述因加工硬化而导致蠕变速率随时间减小的过程；

ε_2——近似描述蠕变第三阶段的应变，描述因回复软化而导致蠕变速率随时间延长而增大的过程。

各参数可由以下两个式子确定：

$$\begin{cases}\theta_1=G_1\exp H_1(\sigma/\sigma_y)\\ \theta_2=G_2\exp\left(-\dfrac{Q_2+H_2\sigma}{RT}\right)\end{cases} \tag{5.30}$$

$$\begin{cases}\theta_3=G_3\exp H_3(\sigma/\sigma_y)\\ \theta_4=G_4\exp\left(-\dfrac{Q_4+H_4\sigma}{RT}\right)\end{cases} \tag{5.31}$$

式中 G_i 和 $H_i(i=1,2,3,4)$——材料常数；

σ_y——材料的屈服强度；

σ——外加蠕变应力；

R——通用气体常数；

T——蠕变温度(热力学温度)；

Q_2 和 Q_4——材料的激活能，简化后，用材料激活能的平均值 Q 代替。

如图 5.10(a)所示，当蠕变温度为 423 K 时，2024 铝合金的蠕变曲线可近似认为只包含蠕变的第一阶段。因此，式(5.29)可简化为

$$\varepsilon_1=\theta_1(1-e^{-\theta_2 t}) \tag{5.32}$$

如表 5.4 所示，通过最小二乘法可确定不同蠕变时效条件下的 θ_1 和 θ_2 值。由前述可知，2024 铝合金的平均激活能为 85.436 kJ/mol。同时，取 $\sigma_y=\sigma_{0.2}$，可以计算出所有蠕

变试验条件下的 σ/σ_y、$\lg\theta_1$ 与 $\lg\{\theta_2\exp[Q/(RT)]\}$ 值，如表 5.5 和表 5.6 所示。由表可知，在相同的外加蠕变应力条件下，蠕变温度对 $\lg\{\theta_2\exp[Q/(RT)]\}$ 值的影响较小。因此，求解材料常数时，可近似取相应温度条件下的平均值。另外，当蠕变应力分别为 185 MPa、205 MPa 和 225 MPa 时，$\lg\{\theta_2\exp[Q/(RT)]\}$ 的平均值分别为 9.330 3、9.384 5 和 9.430 8。

表 5.4　不同蠕变试验条件下的 θ_1 和 θ_2 值

蠕变应力/MPa	423 K		448 K		473 K	
	θ_1	θ_2	θ_1	θ_2	θ_1	θ_2
185	0.029 5	0.059 1	0.030 8	0.239 3	0.054 1	0.780 8
205	0.035 1	0.062 1	0.037 3	0.270 3	0.069 4	0.885 1
225	0.043 1	0.075 1	0.045 5	0.297 4	0.089 0	0.989 4

表 5.5　不同蠕变试验条件下的 $\lg\theta_1$ 与 σ/σ_y 值

蠕变应力/MPa	423 K		448 K		473 K	
	σ/σ_y	$\lg\theta_1$	σ/σ_y	$\lg\theta_1$	σ/σ_y	$\lg\theta_1$
185	0.573 4	−1.530 2	0.590 7	−1.511 8	0.775 8	−1.266 7
205	0.635 4	−1.454 7	0.654 6	−1.427 9	0.859 7	−1.158 9
225	0.697 3	−1.365 5	0.718 5	−1.342 0	0.934 6	−1.050 5

表 5.6　不同蠕变试验条件下的 $\lg\{\theta_2\exp[Q/(RT)]\}$ 值

蠕变应力/MPa	$\lg\{\theta_2\exp[Q/(RT)]\}$		
	423 K	448 K	473 K
185	9.322 3	9.340 8	9.327 9
205	9.377 4	9.393 8	9.382 4
225	9.426 3	9.435 2	9.430 7

根据计算结果，可以建立 $\lg\theta_1-\sigma/\sigma_y$ 和 $\lg\{\theta_2\exp[Q/(RT)]\}-\sigma$ 的关系，如图 5.14 所示。由图可知，$\lg\theta_1$ 与 σ/σ_y、$\lg\{\theta_2\exp[Q/(RT)]\}$ 与 σ 之间均存在较好的线性关系。

对式(5.30)两边取对数可得

$$\begin{cases}\lg\theta_1=\lg G_1+H_1\times\lg e\times\dfrac{\sigma}{\sigma_y}\\ \lg\left[\theta_2\exp\left(\dfrac{Q_2}{RT}\right)\right]=\lg G_2-H_2\times\lg e\times\dfrac{\sigma}{RT}\end{cases}\tag{5.33}$$

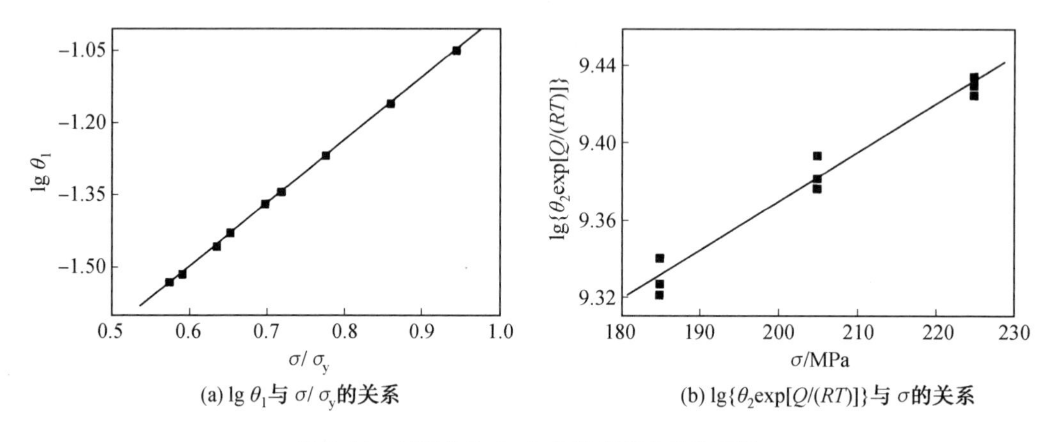

图 5.14 材料常数 θ_1、θ_2 与蠕变应力的关系图

基于图 5.14 所示的线性关系，易确定 G_1、H_1、G_2 和 H_2 值，如表 5.7 所示，然后将所求得的参数值代入式(5.30)和式(5.32)，可以获得预测第一阶段蠕变应变的计算式：

$$\begin{cases}\varepsilon_1=\theta_1(1-e^{-\theta_2 t})\\ \theta_1=10^{[-2.2804+1.3050\times(\sigma/\sigma_y)]}\\ \theta_2=\dfrac{10^{(8.8672+0.0025\times\sigma)}}{\exp[85\,436/(RT)]}\end{cases} \tag{5.34}$$

表 5.7 材料常数 G_1、H_1、G_2 和 H_2 值

lg G_1	$H_1\times$lg e	lg G_2	$H_2\times$lg e/(RT)
−2.280 4	1.305 0	8.867 2	−0.002 5

通过式(5.34)可以计算出 2024 铝合金在 423 K 和不同蠕变应力条件下的蠕变应变，图 5.15 为预测结果与试验结果的比较。由图可知，通过 Theta 本构模型计算获得的蠕变应变与试验测得的蠕变应变较好地吻合。因此，可以通过建立的 Theta 本构模型准确地预测 2024 铝合金在 423 K 条件下的蠕变特性。

此外，在蠕变温度为 473 K 条件下，2024 铝合金的蠕变过程主要是以第三阶段蠕变(加速蠕变阶段)为主，如图 5.10(c)所示。因此，若要通过 Theta 本构模型来描述 2024 铝合金在 473 K 条件下的蠕变行为，需要进一步确定 $\theta_3(e^{\theta_4 t}-1)$。由式(5.29)可得

$$\varepsilon_2=\theta_3(e^{\theta_4 t}-1)=\varepsilon_c-\theta_1(1-e^{-\theta_2 t}) \tag{5.35}$$

根据式(5.35)可计算得到 2024 铝合金在 473 K 条件下的蠕变应变 ε_2 随时间变化的曲线，如图 5.16 所示。同理，利用最小二乘法可以确定蠕变温度为 473 K 和不同蠕变应力条件下的 θ_3 和 θ_4 值，如表 5.8 所示。由前述可知，2024 铝合金的平均激活能为 85.436 kJ/mol。同时，取 $\sigma_y=\sigma_{0.2}$，可以计算出所有蠕变试验条件下的 σ/σ_y、lg θ_3 与 lg{$\theta_4$exp[$Q/(RT)$]}值，如表 5.9 和表 5.10 所示。根据计算结果，可以建立 lg $\theta_3-\sigma/\sigma_y$ 和 lg{$\theta_4$exp[$Q/(RT)$]}$-\sigma$ 的关系，如图 5.17 所示。由图可知，lg $\theta_3-\sigma/\sigma_y$ 和 lg{$\theta_4$exp

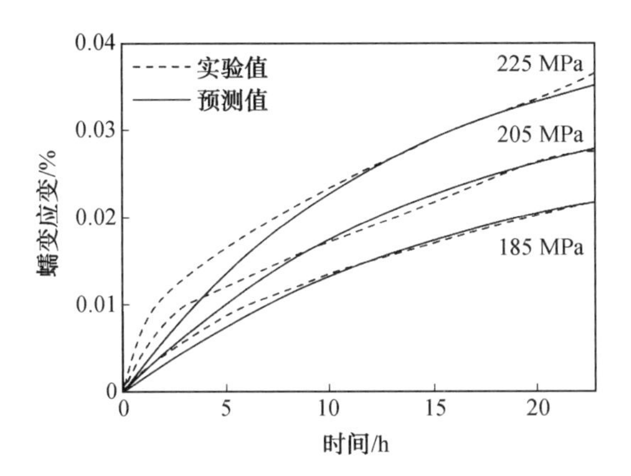

图 5.15　2024 铝合金蠕变应变预测值与试验值的比较(蠕变温度为 423 K)

$[Q/(RT)]\}-\sigma$ 之间均存在较好的线性关系。

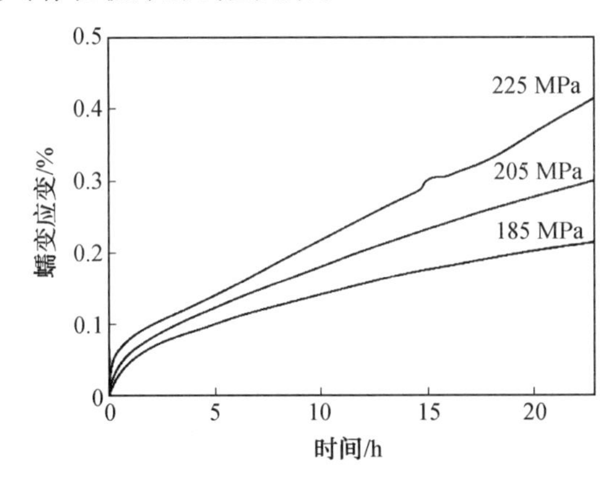

图 5.16　蠕变时效温度为 473 K 条件下 2024 铝合金的蠕变曲线

表 5.8　不同蠕变应力条件下材料常数 θ_3 和 θ_4 值(蠕变温度为 473 K)

蠕变应力/MPa	θ_3	θ_4
185	1.023 1	0.008 1
205	1.003 1	0.009 8
225	0.974 9	0.012 1

表 5.9　不同蠕变应力条件下 $\lg\theta_3$ 与 σ/σ_y 值(蠕变温度为 473 K)

蠕变应力/MPa	σ/σ_y	$\lg\theta_3$
185	0.543 8	0.009 9
205	0.574 1	0.001 3
225	0.717 2	−0.011 1

表 5.10 不同蠕变应力条件下的 $\lg\{\theta_4\exp[Q/(RT)]\}$ 值(蠕变温度为 473 K)

蠕变应力/MPa	$\lg\{\theta_4\exp[Q/(RT)]\}$
185	7.346 1
205	7.424 4
225	7.517 5

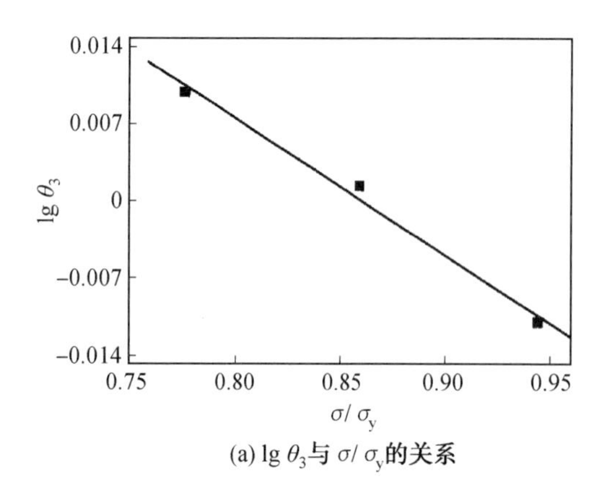

(a) $\lg\theta_3$与σ/σ_y的关系

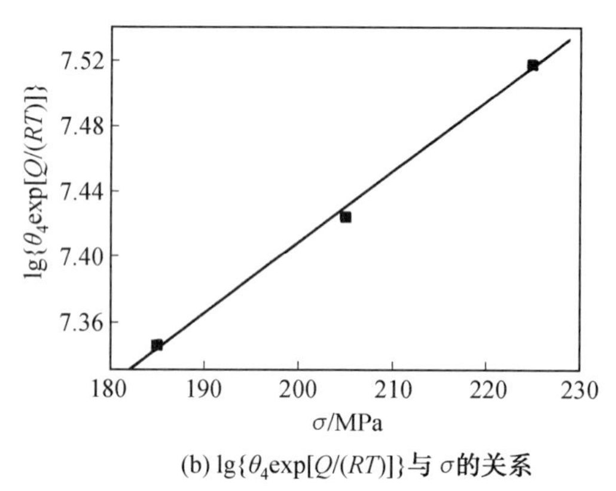

(b) $\lg\{\theta_4\exp[Q/(RT)]\}$与$\sigma$的关系

图 5.17 材料常数 θ_3、θ_4 与应力的关系

基于图 5.17 所示的线性关系，易确定 G_3、H_3、G_4 和 H_4 值，如表 5.11 所示，然后将所求得的参数值代入式(5.31)和式(5.35)，可以获得预测第三阶段蠕变应变的计算式：

$$\begin{cases}\varepsilon_2=\theta_3(e^{\theta_4 t}-1)\\ \theta_3=10^{[0.107\,5-0.124\,9(\sigma/\sigma_y)]}\\ \theta_4=\dfrac{10^{(6.550\,3+0.004\,3\sigma)}}{\exp[85\,436/(RT)]}\end{cases}\tag{5.36}$$

表 5.11 材料常数 G_3、H_3、G_4 和 H_4 的值

$\lg G_3$	$H_3\times\lg e$	$\lg G_4$	$H_4\times\lg e/(RT)$
0.107 5	−0.124 9	6.550 3	−0.004 3

综合考虑 2024 铝合金在 473 K 条件下的整个蠕变特性，联立式(5.34)和式(5.36)，可以获得蠕变应变的计算式：

$$\begin{cases}\varepsilon=\theta_1(1-e^{-\theta_2 t})+\theta_3(e^{\theta_4 t}-1)\\ \theta_1=10^{[-2.280\,4+1.305\,0(\sigma/\sigma_y)]}\\ \theta_2=\dfrac{10^{(8.867\,2+0.002\,5\sigma)}}{\exp[85\,436/(RT)]}\\ \theta_3=10^{[0.107\,5-0.124\,9(\sigma/\sigma_y)]}\\ \theta_4=\dfrac{10^{(6.550\,3+0.004\,3\sigma)}}{\exp[85\,436/(RT)]}\end{cases}\tag{5.37}$$

通过式(5.37)可以快速预测 2024 铝合金在 473 K 条件下蠕变应变随时间的变化规律。图 5.18 为预测结果与试验结果的比较。由图可知，通过 Theta 本构模型计算获得的蠕变曲线与试验测得的蠕变曲线较好地吻合。因此，这说明建立的 Theta 本构模型能准确地预测 2024 铝合金在 423 K 条件下的蠕变行为。

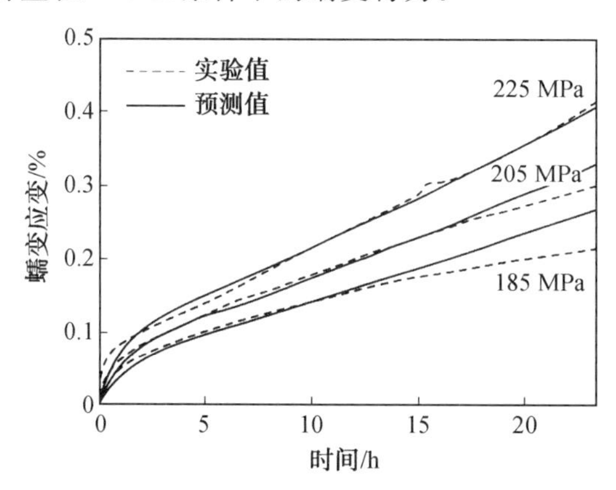

图 5.18　2024 铝合金蠕变应变预测值与试验值的比较(蠕变温度为 473 K)

5.4.2　2124 铝合金的蠕变本构模型

1. 试验材料与方法

2124 铝合金保持了 2024 铝合金的强度水平，并且通过调整成分、提高纯度和采用新的热处理工艺，使其具有更好的断裂韧性、疲劳性能、延伸率和韧性，尤其在短横向性能优异。

设定三种蠕变温度(473 K、503 K 和 533 K)和三种蠕变应力(120 MPa、140 MPa 和 160 MPa)的试验条件，研究 2124－T851 铝合金的高温蠕变特性，并建立了幂律、Theta、CDM 以及蠕变寿命预测的本构模型来描述 2124 铝合金的高温蠕变行为。

2. 蠕变本构模型

(1)幂律本构模型。

根据蠕变试验获得的蠕变曲线，可计算出 2124 铝合金在试验条件下的稳态蠕变速率，如表 5.12 所示。根据设定的试验条件，按照前面所述的方法可以确定幂律本构模型中的材料常数。最终建立的 2124 铝合金幂律本构模型如下：

$$\dot{\varepsilon}_{ss}=1.509\times10^{-2}\times\sigma^{5.17}\times\exp\left(-\frac{163\ 390}{RT}\right) \tag{5.38}$$

式中　$\dot{\varepsilon}_{ss}$——材料的稳态蠕变速率；

T——蠕变温度(热力学温度)；

R——通用气体常数。

在设定试验条件下，应力指数 n 为 4.49～6.06，说明 2124 铝合金的蠕变符合五次幂法则蠕变(Five－Power－Law)规律，其蠕变机制以位错攀移为主。此外，得到 2124 铝合金的激活能值为153.07～170.33 kJ/mol，接近于纯Al的自扩散激活能(145 kJ/mol)。一般而言，对于金属(包括BCC、FCC和HCP等结构的金属材料)来说，在位错攀移机制控制的蠕变情况下，材料对应的激活能与自扩散激活能相近。

表5.12　2124铝合金的稳态蠕变速率

蠕变温度/K	蠕变应力/MPa	稳态蠕变速率/s^{-1}
473	160	2.89×10^{-9}
	140	1.70×10^{-9}
	120	7.98×10^{-10}
503	160	2.27×10^{-8}
	140	1.71×10^{-8}
	120	5.56×10^{-9}
533	160	3.64×10^{-7}
	140	2.24×10^{-7}
	120	6.47×10^{-8}

根据式(5.38)可以预测出2124铝合金在试验条件下的稳态蠕变速率。图5.19为2124铝合金稳态蠕变速率试验值与预测值的比较。由图可知，通过幂律本构模型计算获得的稳态蠕变速率与试验测得的稳态蠕变速率较好地吻合，这说明了本节所建立的幂律蠕变本构模型具有较高预测精度。

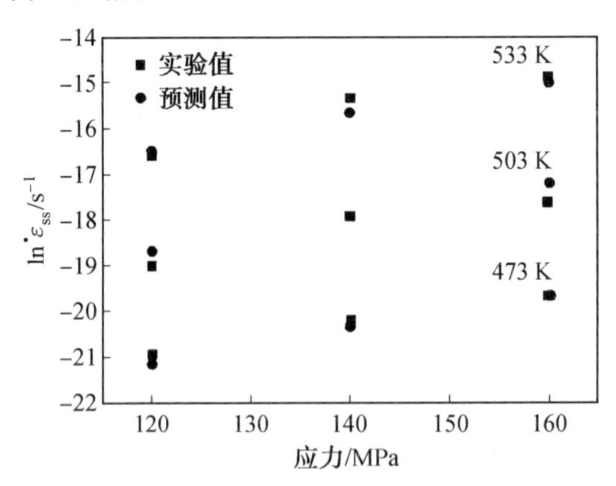

图5.19　2124铝合金稳态蠕变速率试验值与预测值的比较

(2)Theta本构模型。

根据设定试验条件，试验加载时间较短，并且外加蠕变应力远小于材料的屈服值，可以认为材料在加载阶段的塑性应变为零。因此，2124铝合金的总应变可简化成ε_e和ε_c之和，即

$$\varepsilon_t=\varepsilon_e+\varepsilon_c \tag{5.39}$$

按照前面所述的方法，将2124铝合金的总应变减去加载阶段的弹性变形量可以得

到材料的蠕变应变随时间的变化曲线，如图 5.20 所示。

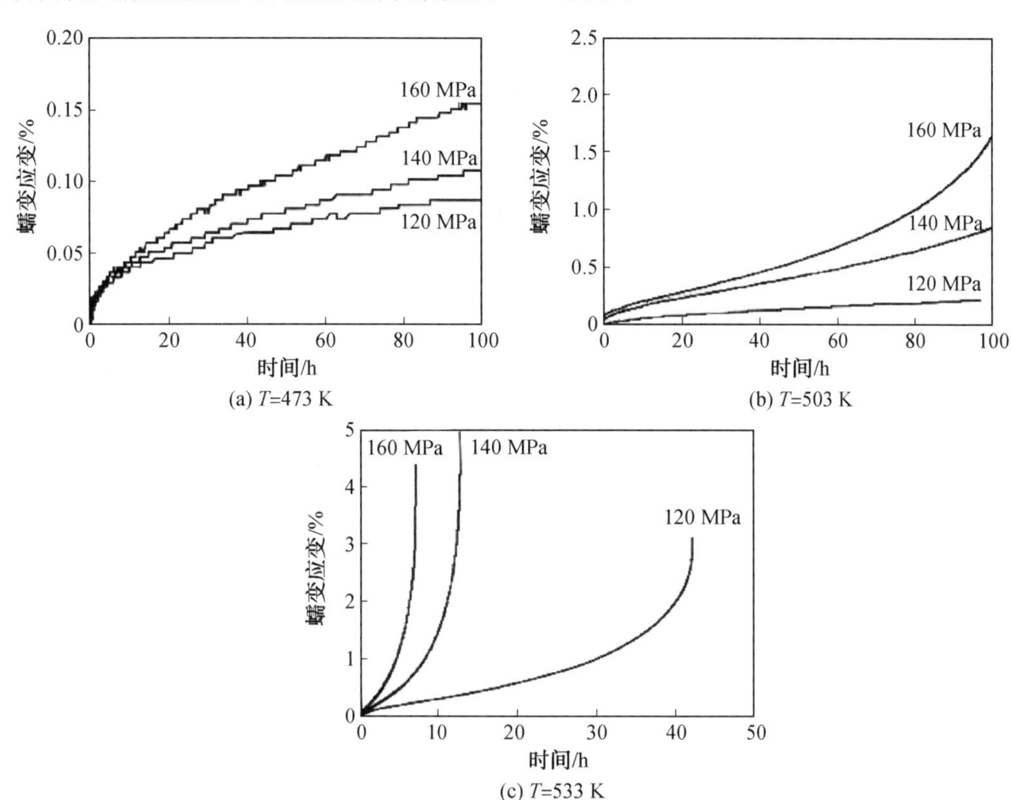

图 5.20　2124 铝合金的蠕变曲线

由图可知，蠕变温度和外加应力会显著影响 2124 铝合金的蠕变应变。根据设定的试验条件，蠕变曲线第一阶段相对不明显，迅速进入第二阶段(稳态蠕变阶段)。在相同蠕变温度条件下，蠕变应力随外加应力的增大而增大，温度不同时增大程度具有明显差异。当温度较低时，在三种蠕变应力下蠕变 100 h 后，曲线一直处于稳态蠕变阶段，没有出现第三阶段；而在温度较高的情况下，蠕变曲线无明显的第一和第二阶段，迅速进入第三阶段。在外加应力一定的条件下，随蠕变温度的升高，蠕变速率显著提高，第三阶段(加速蠕变阶段)越来越明显，这说明高温高应力导致的强热力耦合作用加速试件的蠕变损伤失效。

同理，在 473 K 条件下 2124 铝合金的 Theta 本构模型为

$$\begin{cases}\varepsilon_1=\theta_1(1-e^{-\theta_2 t})\\ \theta_1=10^{[-1.999\,2+2.357\,8/\sigma_y]}\\ \theta_2=\dfrac{10^{(17.599\,5-0.006\,8\sigma)}}{\exp[163\,390/(RT)]}\end{cases}\tag{5.40}$$

通过(5.40)可以计算出 2124 铝合金在 473 K 下和不同蠕变应力条件下的蠕变应

变，如图 5.21 所示为试验值与预测值的比较。由图可知，通过 Theta 本构模型计算获得的蠕变曲线与试验测得的蠕变曲线较好地吻合。因此，这说明建立的 Theta 本构模型能准确地预测 2124 铝合金在 473 K 条件下的蠕变特性。

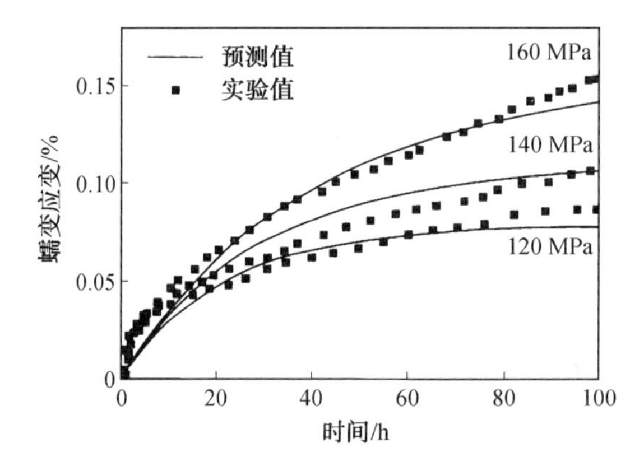

图 5.21　2124 铝合金在 473 K 条件下试验值与预测值的比较

同时，建立了 2124 铝合金在 533 K 条件下的 Theta 本构模型：

$$\begin{cases}\varepsilon=\theta_1(1-e^{-\theta_2 t})+\theta_3(e^{\theta_4 t}-1)\\ \theta_1=10^{[-1.999\,2+2.357\,8(\sigma/\sigma_y)]}\\ \theta_2=\dfrac{10^{(17.599\,5-0.006\,8)}}{\exp[163\,390/(RT)]}\\ \theta_3=10^{[-0.431\,0-1.116\,0(\sigma/\sigma_y)]}\\ \theta_4=\dfrac{10^{(12.447\,0+0.021\,0\sigma)}}{\exp[163\,390/(RT)]}\end{cases}\tag{5.41}$$

通过式(5.41)可以计算出 2124 铝合金在 533 K 和不同蠕变应力条件下的蠕变应变，如图 5.22 所示为试验值与预测值的比较。由图可知，通过 Theta 本构模型计算获得的蠕变曲线与试验测得的蠕变曲线较好地吻合。因此，这说明建立的 Theta 本构模型能准确地预测 2124 铝合金在 533 K 条件下的蠕变特性。

(3)CDM 模型。

许多学者已成功应用 CDM 模型描述不同材料的高温蠕变特性，但是该模型并未充分考虑高温条件下外加蠕变应力对材料蠕变损伤的影响。因此，在应用该模型描述第三阶段蠕变时，其预测值总是偏离试验值。针对这一问题，对 CDM 模型进行改进，引入应力指数 D 来描述高温蠕变过程中外加应力对材料损伤的影响。改进后的 CDM 模型如下：

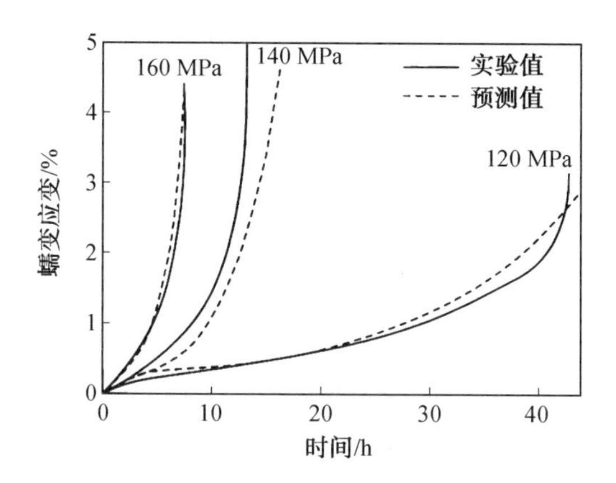

图 5.22　2124 铝合金在 533 K 条件下试验值与预测值的比较

$$
\begin{cases}
\dfrac{d\varepsilon}{dt}=A\sinh\left[\dfrac{B\sigma^{D}(1-H)}{(1-\Phi)(1-\omega)}\right] \\
\dfrac{dH}{dt}=\dfrac{h}{\sigma^{D}}\left(1-\dfrac{H}{H^{*}}\right)\dfrac{d\varepsilon}{dt} \\
\dfrac{d\Phi}{dt}=\dfrac{K_c}{3}(1-\Phi)^{4} \\
\dfrac{d\omega}{dt}=C\dfrac{d\varepsilon}{dt}
\end{cases}
\tag{5.42}
$$

式中　D——应力指数，是蠕变温度和外加蠕变应力的函数；

σ——外加蠕变应力；

ε——材料的蠕变应变；

t——蠕变时间；

A、B、C、K_c、h 和 H^{*}——材料常数；

H——材料硬化对初始蠕变的影响（H 从零开始增加，直到蠕变稳态阶段变为 H^{*}）；

ω——晶粒间的蠕变空洞的损伤（变化范围为 $0\sim\omega_f$，ω_f 为材料断裂时的损伤值，通常取 1/3）；

$C=\omega_f/\varepsilon_f$（ε_f 为材料的断裂应变）；

Φ——沉淀相析出和长大对材料性能的影响参数。

根据 2124 铝合金的蠕变试验条件与蠕变曲线，可求得改进 CDM 模型的材料参数，如表 5.13 所示。同时，应力指数是蠕变温度和外加蠕变应力的函数，具体函数形式见式(5.43)。图 5.23 为 2124 铝合金在不同蠕变应力条件下的蠕变应变预测值与试验值的比较。由图可知，预测的蠕变曲线与试验测得的蠕变曲线较好地吻合。因此，这说明改进后的 CDM 模型能准确地预测 2124 铝合金在设定试验条件下的蠕变特性。

$$
\begin{cases}
D=0.2583+0.0063\sigma \quad (T=533\ \text{K}) \\
D=-1.3200+0.0130\sigma \quad (T=503\ \text{K}) \\
D=-1.5750+0.0110\sigma \quad (T=473\ \text{K})
\end{cases}
\tag{5.43}
$$

表 5.13　2124 铝合金改进 CDM 模型的材料参数

材料常数	蠕变温度		
	473 K	503 K	533 K
$A/(\mathrm{h}^{-1})$	0.459 3	0.517 9	0.812 0
$B/(\mathrm{MPa}^{-1})$	1.048×10^{-3}	$1.100\ 3\times10^{-3}$	$1.23\ 6\times10^{-3}$
C	0.933 3	0.457 6	0.443 1
h/MPa	3 953.28	3 463.46	3 088.02
H^*	0.771 5	0.784 6	0.801 6
$K_c/(\mathrm{h}^{-1})$	0.171 9	0.113 7	1.002

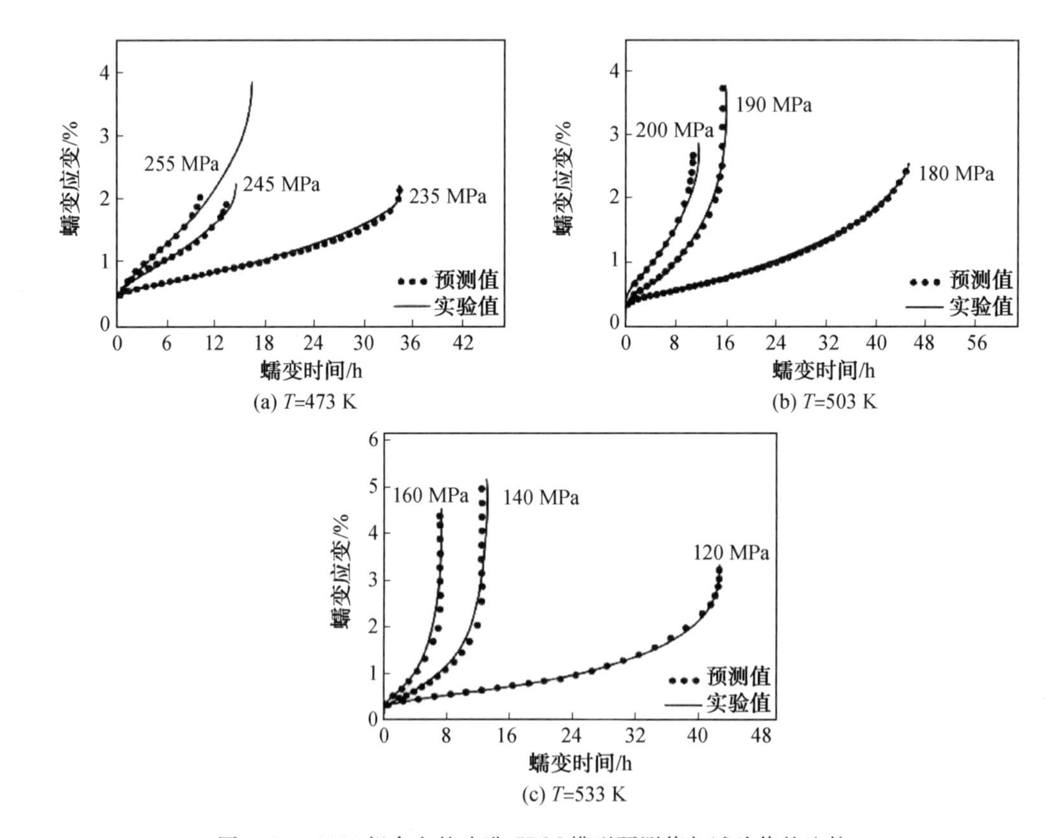

图 5.23　2124 铝合金的改进 CDM 模型预测值与试验值的比较

(4)蠕变寿命模型。

在高温高应力条件(蠕变温度为 503 K、533 K 和 563 K;外加应力为 80～200 MPa)下对 2124 铝合金进行蠕变试验,并获得了 2124 铝合金的蠕变曲线,如图 5.24 所示。

在实际生产中,通常规定当蠕变量达到一定值之后,认定零件失效。由图 5.24 可知,当蠕变应变达到 1.5%时,材料开始发生断裂。根据蠕变数据,统计最小蠕变速率 $\dot{\varepsilon}_{ss}$

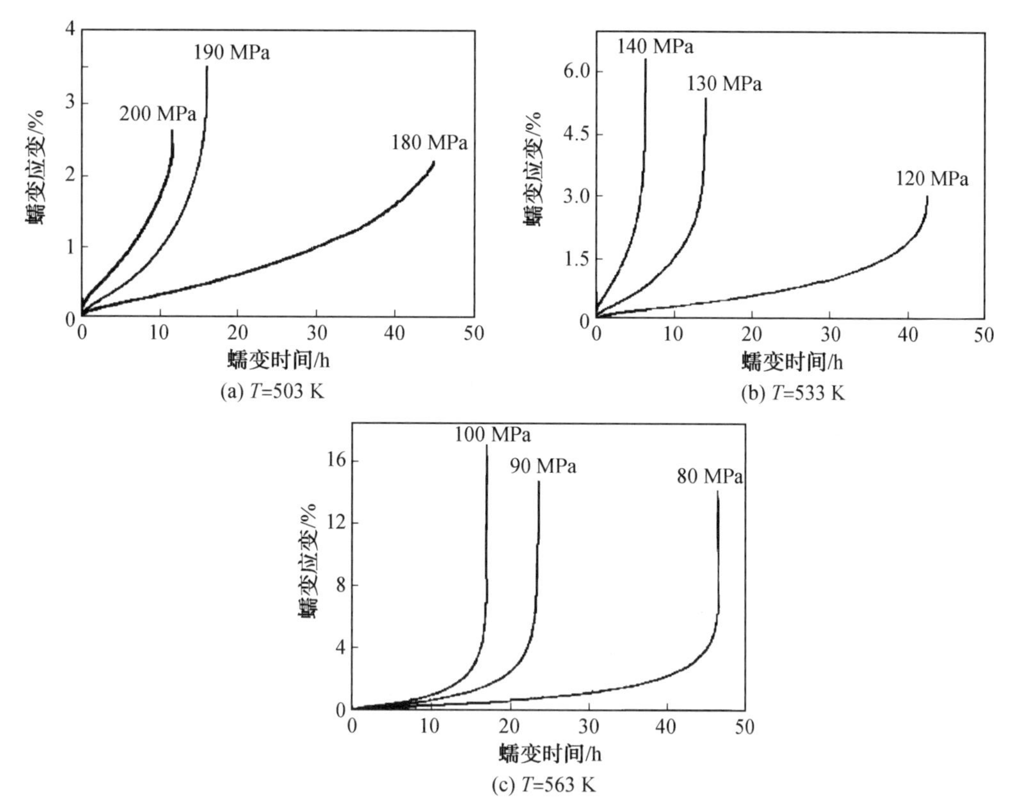

图 5.24　2124 铝合金在高温高应力作用下的蠕变曲线

与蠕变时间 $t_{\text{creep strain}=1.5\%}$(蠕变应变达到 1.5%时)的关系如图 5.25 所示。在高温高应力作用下,根据 2124 铝合金的蠕变特性,建立蠕变寿命预测曲线:

$$\dot{\varepsilon}_{ss}^{\alpha} \cdot t_r = K \tag{5.44}$$

式中　K——Monkman-Grant 常数;

α——材料常数;

t_r——断裂时间。

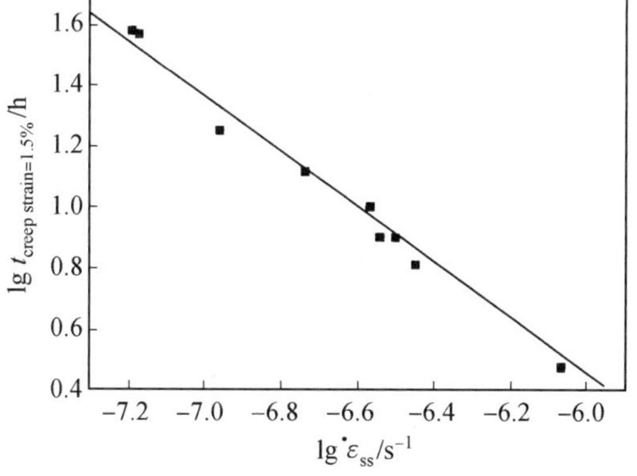

图 5.25　lg $t_{\text{creep strain}=1.5\%}$—lg $\dot{\varepsilon}_{ss}$的关系

根据2124铝合金在高温高应力条件下的蠕变曲线和关系 $\lg t_{\text{creep strain}=1.5\%}-\lg \dot{\varepsilon}_{ss}$ 可求得

$$t_{\text{creep strain}=1.5\%}=9.61\times 10^{-6}\times \dot{\varepsilon}_{ss}^{-0.91} \tag{5.45}$$

$$\dot{\varepsilon}_{ss}=4.13\times 10^{-2}\times \sigma^{5.2}\times \exp\left(-\frac{163\ 930}{RT}\right) \tag{5.46}$$

由式(5.45)和式(5.46)得到Monkman－Grant公式如下，其可以预测2124铝合金蠕变失效寿命。

$$t_{\text{crepp strain}=1.5\%}=1.76\times 10^{-4}\times \left[\sigma^{5.2}\times \exp\left(-\frac{163\ 930}{RT}\right)\right]^{-0.91} \tag{5.47}$$

本章参考文献

[1] KASSNER M E, PÉREZ-PRADO M T. Fundamentals of creep in metals and alloys[M]. Amsterdam: Elsevier, 2004.

[2] 张俊善. 材料的高温变形与断裂[M]. 北京：科学出版社，2007.

[3] LOKOSHCHENKO A M, FOMIN L V. Delayed fracture of plates under creep condition in unsteady complex stress state in the presence of aggressive medium [J]. Applied mathematical modelling, 2018, 60: 478-489.

[4] PULNGERN T, CHITSAMRAN T, CHUCHEEPSAKUL S, et al. Effect of temperature on mechanical properties and creep responses for wood/PVC composites [J]. Construction and building materials, 2016, 111: 191-198.

[5] CHEN C, LV B, MA H, et al. Wear behavior and the corresponding work hardening characteristics of Hadfield steel[J]. Tribology international, 2018, 121: 389-399.

[6] 蔺永诚. 典型航空铝合金塑性成形与蠕变时效成形的工艺基础[M]. 北京：科学出版社，2014.

[7] 穆霞英. 蠕变力学[M]. 西安：西安交通大学出版社，1990.

[8] NIX W D, ILSCHNER B. Mechanisms controlling creep of single phase metals and alloys[J]. Strength of metals and alloys, 1979, 3: 1503-1530.

[9] BARRETT C R. Effect of grain size and annealing treatment on steady-state creep of copper[J]. Transactions of the Metallurgical Society of Aime, 1967, 239: 170-180.

[10] FANG T T, MURTY K L. Grain-size-dependent creep of stainless steel[J]. Materials science and engineering[J], 1983, 61(3): 7-10.

[11] KASSNER M E, LI X. The effect of grain size on the elevated temperature yield strength of polycrystalline aluminum[J]. Scripta metallurgica et materialia,

1991, 25(12): 2833-2838.
[12] MUKHERJEE A, BIRD J E, DORN J E. Experimental correlations for high-temperature creep[J]. ASM-Trans, 1968, 62: 155-179.
[13] MOHAMED F A, LANGDON T G. The transition from dislocation climb to viscous glide in creep of solid solution alloys[J]. Acta metallurgica, 1974, 22(6): 779-788.
[14] BROWN A M, ASHBY M F. On the power-law creep equation[J]. Scripta metallurgica, 1980, 14(12): 1297-1302.
[15] 李之达，张通，黄豪. PMMA 一维蠕变的试验研究[J]. 武汉理工大学学报(交通科学与工程版)，2004，28(1)：5-7.
[16] 黄硕，万敏，黄霖，等. 铝合金蠕变试验及本构模型建立[J]. 航空材料学报，2008，28(1)：93-96.
[17] JIANG B, ZHANG C H, WANG T, et al. Creep behaviors of Mg-5Li-3Al-(0, 1) Ca alloys[J]. Materials & Design, 2012, 34: 863-866.
[18] KASSNER M E. The rate dependence and microstructure of high-purity silver deformed to large strains between 0.16 and 0.30Tm[J]. Metallurgical transactions A, 1989, 20(10): 2001-2010.
[19] MECKING H, ESTRIN Y. The effect of vacancy generation on plastic deformation[J]. Scripta metallurgica, 1980, 14(7): 815-819.
[20] LUTHY H, MILLER A K, SHERBY O D. The stress and temperature dependence of steady-state flow at intermediate temperatures for pure polycrystalline aluminum[J]. Acta metallurgica, 1980, 28(2): 169-178.
[21] EVANS R W, WILSHIRE B. Introduction to creep[M]. London: Institute of Materials, 1993.
[22] KASSNER M E, POLLARD J, EVANGELISTA E, et al. Restoration mechanisms in large-strain deformation of high purity aluminum at ambient temperature and the determination of the existence of "steady-state"[J]. Acta metallurgica et materialia, 1994, 42(9): 3223-3230.
[23] LIN J, HO K C, DEAN T A. An integrated process for modelling of precipitation hardening and springback in creep age-forming[J]. International journal of machine tools and manufacture, 2006, 46(11): 1266-1270.
[24] HO K C, LIN J, DEAN T A. Constitutive modelling of primary creep for age forming an aluminium alloy[J]. Journal of materials processing technology, 2004, 153: 122-127.
[25] EVANS R W, WILSHIRE B. Creep of metals and alloys[M]. London: The

institute of metals, 1985.

[26] LARSON F R, MILLER J. A time-temperature relationship for rupture and creep stresses[J]. Transactions of the American Society of Mechanical Engineers, 1952, 74(5): 765-771.

[27] MONKMAN F C, GRANT N J. An empirical relationship between rupture life and minimum creep rate in creep-rupture tests[J]. Proceeding of American Society for Testing and Materials, 1956, 56: 593-620.

[28] ORR R L, SHERBY O D, DORN J E. Correlations of rupture data for metals at elevated temperatures [R]. Berkeley: Institue of Engineering Research, University of California, 1953.

第6章　疲劳本构模型及应用

6.1　基本概念

美国试验与材料协会(American Society for Testing and Materials,ASTM)在《疲劳试验及数据统计分析之有关术语的标准定义》(ASTM E206—72)中对疲劳给出了如下的定义:“在材料的某点或某些点承受扰动应力,且在足够多的循环扰动作用之后形成裂纹或完全断裂,由此所发生的局部永久结构变化的发展过程称为疲劳。”

上述定义清楚地指出,疲劳问题具有下述特点。

(1)只有在承受扰动应力(fluctuating stress)作用的条件下,疲劳才会发生。

所谓扰动应力,是指随时间变化的应力,用“σ”或“S”表示。除了应力以外,疲劳载荷还可以用力、位移、应变等给出,因此可以更一般地称之为扰动载荷(fluctuating load)或循环载荷(cyclic load)。载荷随使用时间的变化可以是有规则的,也可以是无规则的,甚至是随机的,如图6.1所示。例如,当弯矩不变时,旋转弯曲轴中某点的应力就是恒幅循环(或等幅循环)应力;起重行车吊钩分批吊起不同的重物,承受变幅循环的应力;而车辆在不平的道路上行驶,弹簧等零、构件承受的载荷是随机的。

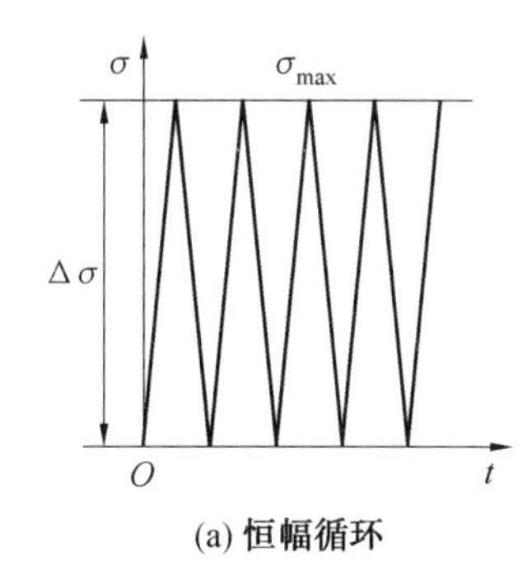

(a) 恒幅循环

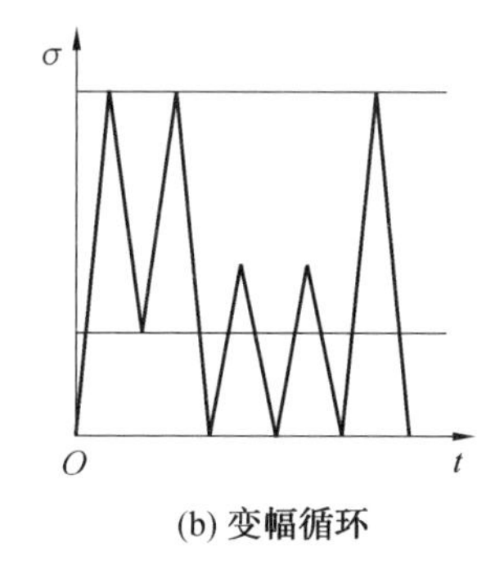

(b) 变幅循环

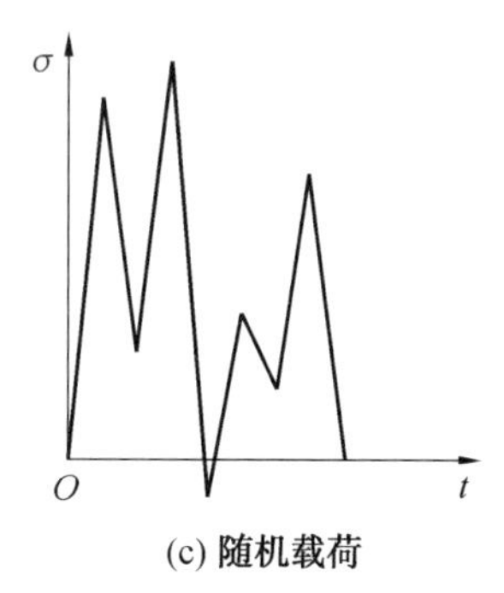

(c) 随机载荷

图6.1　疲劳载荷的基本形式

(2)疲劳破坏起源于高应力或高应变的局部。

静载下的破坏,取决于结构整体。疲劳破坏则由应力或应变较高的局部开始,形成损伤并逐渐累积,导致破坏发生。可见,局部性是疲劳的显著特点。零、构件的应力集中处,常常是疲劳破坏的起源。疲劳研究所关心的正是这些引起应力集中的局部细节,包括几何形状突变、材料缺陷等。因此,要研究细节处的应力一应变,注意细节设计,尽可能减小应力集中。

(3)疲劳破坏是要在足够多次的扰动载荷作用之后形成裂纹或完全断裂。

在经历足够多次的扰动载荷作用之后,裂纹首先从材料内部高应力或高应变的局部开始形成,称为裂纹起始(或裂纹萌生)。此后,在扰动载荷的继续作用下,裂纹进一步扩展直至达到临界尺寸而发生完全断裂。裂纹从萌生,扩展,到断裂的三个阶段,是疲劳破坏的又一特点。研究疲劳裂纹萌生和扩展的机理及规律,是疲劳研究的主要任务。

(4)疲劳是一个发展过程。

由于扰动载荷的作用,零、构件或结构从一开始使用,就进入了疲劳的发展过程。裂纹的萌生和扩展,就是在这一发展过程中不断形成的损伤累积的结果,最后的断裂,标志着疲劳过程的终结。这一发展过程所经历的时间或扰动载荷作用的次数,称为寿命。采用载荷作用次数表达的寿命通常用符号"N"表示。寿命不仅取决于载荷水平,还取决于载荷频率,更取决于材料抵抗疲劳破坏的能力。疲劳研究的目的就是要预测寿命,因此要研究寿命预测的方法。

材料发生疲劳破坏,往往需要经历裂纹起始或萌生、裂纹稳定扩展和裂纹失稳扩展(即断裂)三个阶段。疲劳总寿命也相应地由三部分组成。因为裂纹在失稳扩展阶段扩展的速度非常快,裂纹失稳扩展阶段的寿命在总寿命中的占比很小,在估算寿命时通常可以不予考虑,所以一般可将总寿命 N_t 分为裂纹萌生寿命 N_i 与裂纹扩展寿命 N_p 两个部分,即

$$N_t = N_i + N_p \tag{6.1}$$

裂纹萌生寿命是指消耗在小裂纹形成和早期扩展上的那部分寿命,而裂纹扩展寿命则是指总寿命中裂纹从扩展到破坏的那一部分。确定裂纹萌生和扩展两个阶段的界限往往比较困难。一般来说,这个界限与构件材料、尺寸和裂纹检测设备的水平有关。裂纹萌生寿命一般根据应力一寿命关系或应变一寿命关系进行预测,而裂纹扩展寿命则必须采用断裂力学理论进行研究。

完整的疲劳分析,既要研究裂纹的起始或萌生,也要研究裂纹的扩展。但在某些情况下,可能只需要考虑裂纹萌生寿命或裂纹扩展寿命其中之一,并由此给出寿命估计。例如,高强度脆性材料断裂韧性低,一旦出现裂纹就会引起破坏,裂纹扩展寿命很短。因此,对于由高强度脆性材料制造的零、构件,通常只需考虑裂纹萌生寿命,即 $N_t = N_i$。而与此相对的是,一些焊接、铸造的构件或结构,因为在制造过程中已不可避免地引入了裂纹或类裂纹缺陷,其裂纹起始寿命已经结束,因此只需考虑其裂纹扩展寿命,即 $N_t = N_p$。

扰动载荷随时间变化的关系一般采用图或表的形式描述,称为载荷谱(load spectrum)。由应力给出的载荷谱称为应力谱,类似地,还有应变谱、位移谱、加速度谱等。显然,研究材料疲劳问题,首先要研究载荷谱的描述与简化。

最简单的扰动载荷是恒幅应力循环载荷,如图 6.2 所示。描述它的应力水平至少需要两个参量。一般来说,最大应力(maximum stress)σ_{max} 和最小应力(minimum stress)σ_{min} 是描述恒幅应力循环载荷的两个基本参量。

除此以外,在疲劳问题的研究和分析中,还常常会用到下述几个参量。这些参量可

以通过最大应力和最小应力导出。

①应力范围(stress range)。应力范围是最大应力和最小应力的差,即

$$\Delta\sigma=\sigma_{max}-\sigma_{min} \tag{6.2}$$

②应力幅(stress amplitude)。应力幅是最大应力和最小应力差的一半,即

$$\sigma_a=\frac{1}{2}\Delta\sigma=\frac{1}{2}(\sigma_{max}-\sigma_{min}) \tag{6.3}$$

③平均应力(mean stress)。平均应力是最大应力和最小应力和的平均值,即

$$\sigma_m=\frac{1}{2}(\sigma_{max}+\sigma_{min}) \tag{6.4}$$

④应力比(stress ratio)。应力比是最小应力和最大应力之比,即

$$R=\frac{\sigma_{min}}{\sigma_{max}} \tag{6.5}$$

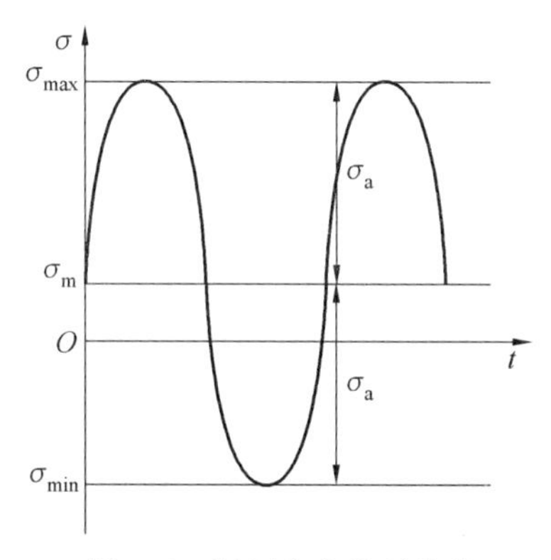

图 6.2　恒幅应力循环载荷

应力比可以反映载荷的循环特征。当 $\sigma_{min}=-\sigma_{max}$时,$R=-1$,表明载荷是对称循环;当 $\sigma_{min}=0$ 时,$R=0$,表明载荷是脉冲循环;而当 $\sigma_{min}=\sigma_{max}$时,$R=1$,$\sigma_a=0$,表明载荷是静载荷或恒定载荷,如图 6.3 所示。此外,还有频率和波形的不同。图 6.4 给出的是几种不同波形的应力循环。和扰动应力水平相比,扰动载荷的频率和波形对疲劳的影响尽管是次要的因素,有时也需要引起足够的重视。例如,在腐蚀环境下,频率对疲劳的影响往往会被显著放大。

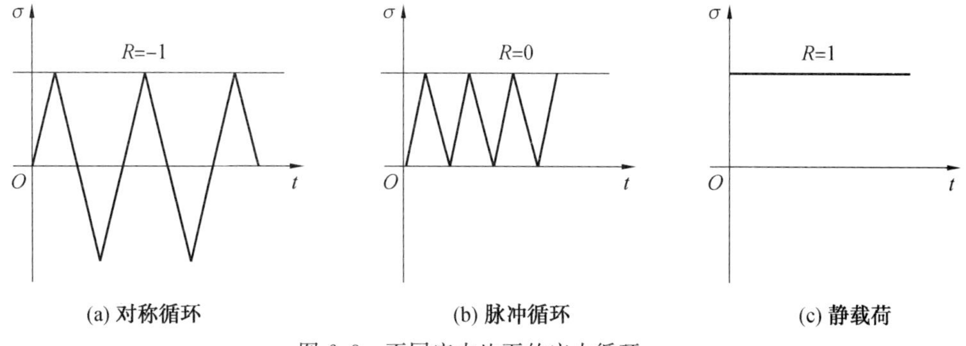

图 6.3　不同应力比下的应力循环

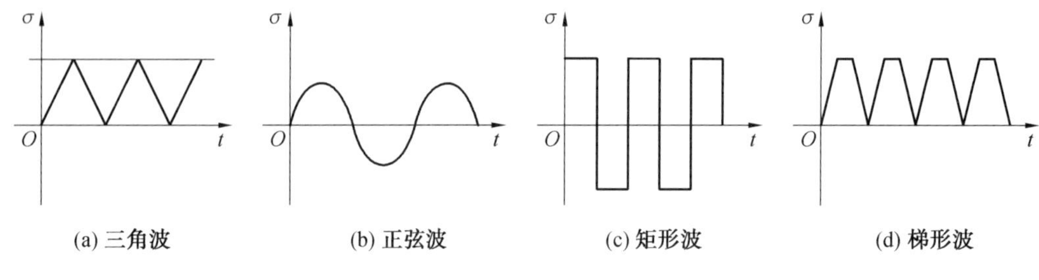

图 6.4 不同波形的应力循环

6.2 疲劳断口特征

6.2.1 宏观特征

疲劳破坏的断口大多有一些共同的特征。图 6.5 是 GH4742 合金疲劳断口照片。这是一个典型的疲劳破坏断口，有如下明显特征。

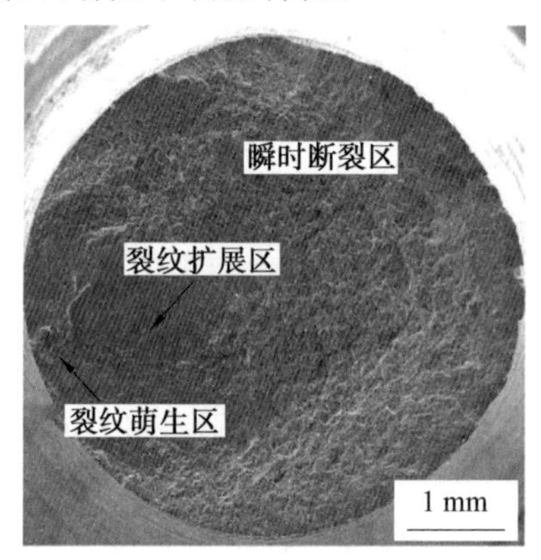

图 6.5 GH4742 合金疲劳断口照片

(1)有裂纹萌生区、裂纹扩展区和最后的瞬时断裂区(瞬断区)三个部分。

图中中部及右部较白的粗糙部分是最后的瞬时断裂区，是裂纹扩展到足够尺寸后发生瞬间断裂形成的新鲜断面；左部紧邻瞬时断裂区的是裂纹扩展区，该区域大小与材料延性和所承受的载荷水平有关；进一步仔细观察(或借助光学、电子显微镜)可以发现，裂纹起源于轮毂的表面，这里是轮毂圆弧过渡引入应力集中的最大应力部位。裂纹起源处称为裂纹源。

(2)裂纹扩展区断面较光滑平整，通常可见"海滩条带"(beach mark)，有腐蚀痕迹。

在与不同使用工况对应的变幅循环载荷作用下，裂纹以不同的速率扩展，在断面上留下与加载历史对应的痕迹，形成明暗相间的条带。这些条带就像海水退离沙滩后留下的痕迹一样，显示出疲劳裂纹不断扩展的过程，称为"海滩条带"。同时，裂纹的两个表面在其扩展过程中不断地张开、闭合，相互摩擦，使得裂纹扩展区断面较为平整、光滑；有时也会使海滩条带变得不太明显。由于疲劳裂纹扩展有一个较长的时间过程，在环境氧化或其他腐蚀介质侵蚀下，裂纹扩展区常常还会留有腐蚀痕迹。

(3)裂纹源通常在高应力局部或材料缺陷处。

裂纹源一般是一个，也可以有多个。裂纹起源于高应力区，而高应力区通常在材料表面附近。如果材料含有夹杂、空隙等缺陷，那么由于应力集中，这些地方局部应力会比较高，因此缺陷处也是可能的裂纹源。

(4)与静强度破坏相比，即使是延性材料，也没有明显的塑性变形。

将发生疲劳断裂破坏后的断口对合在一起，一般都能吻合得很好。这表明构件在疲劳破坏之前并未发生大的塑性变形。即使构件是由延性很好的材料制成的，也是如此。这是材料发生疲劳破坏与在简单拉伸条件下发生静强度破坏的显著区别。

(5)工程实际中的表面裂纹一般呈半椭圆形。

起源于表面的裂纹，在循环载荷的作用下扩展，通常沿表面扩展较快，沿深度方向扩展较慢，形成半椭圆形，如图 6.5 所示。而且，宏观裂纹一般在最大拉应力平面内扩展。

6.2.2　微观特征

1976 年，Crooker 利用高倍电子显微镜观察到疲劳裂纹扩展的三种微观机制，即微解理型(microcleavage)、条纹型(striation)和微孔聚合型(microvoid coalescence)。1986 年，陈传尧等利用透射电子显微镜观察了 Cr12Ni2WMoV 钢中的疲劳裂纹扩展，获得了对应于不同裂纹扩展阶段的疲劳断口照片。图 6.6(a)是微解理型，对应于较低疲劳裂纹扩展速率($10^{-7}\sim10^{-5}$ mm/cycle)阶段；图 6.6(b)是条纹型，对应的疲劳裂纹扩展速率约为 $10^{-6}\sim10^{-3}$ mm/cycle；而图 6.6(c)是微孔聚合型，对应于较高疲劳裂纹扩展速率($10^{-4}\sim10^{-1}$ mm/cycle)阶段。

值得注意的是，在图 6.6(b)中出现了大量的微观疲劳条纹。疲劳条纹的形成与载荷循环有关，根据条纹间距可以粗略估计对应的疲劳裂纹扩展速率。必须指出，微观疲劳条纹与前述之断口宏观疲劳海滩条带不同。海滩条带的形成与周期载荷循环对应，肉眼可见；而疲劳条纹则与单个载荷循环对应，必须利用高倍电子显微镜($10^3\sim10^4$倍)才能观察。一条海滩条带可能含有成千上万条疲劳条纹。

(a) 微解理型

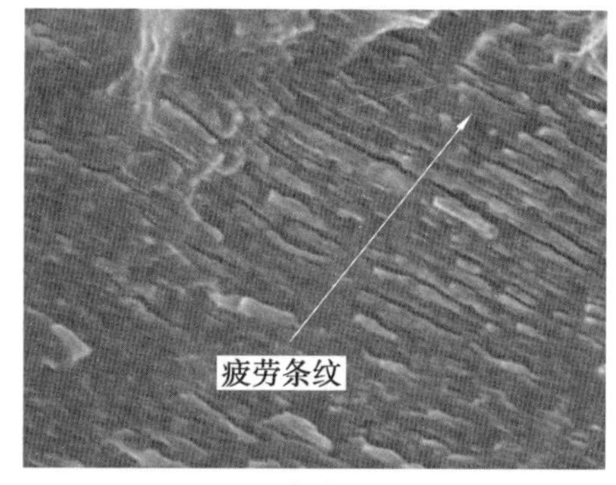

(b) 条纹型

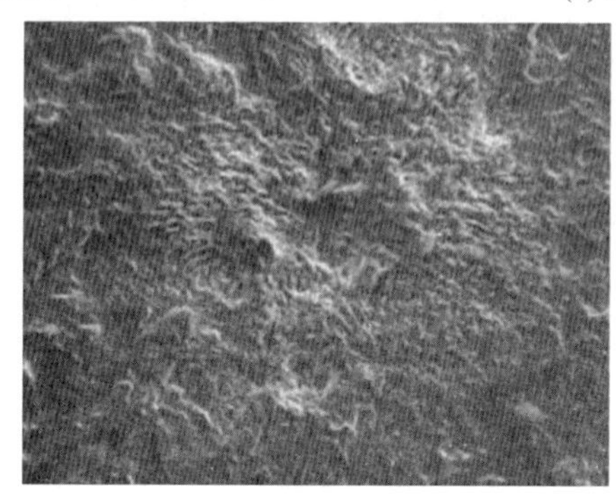

(c) 微孔聚合型

图 6.6 疲劳断口微观观察照

6.3 疲劳破坏机理

6.3.1 疲劳裂纹萌生机理

材料中疲劳裂纹的起始或萌生也称为疲劳裂纹成核(nucleation)。疲劳裂纹形成后，将在扰动载荷的作用下继续扩展，直至断裂发生。疲劳裂纹成核处称为“裂纹源”。

裂纹起源于高应力的局部。一般来说，有以下两个部位可能会出现高应力。

(1)应力集中处。

材料或结构中通常会存在缺陷、夹杂，或者孔、切口、台阶等，这些部位材料或几何不连续处，容易引起应力集中，形成高应力，从而成为“裂纹源”。

(2)构件表面。

在大多数情况下，高应力区域总是处于构件表面(或近表面)，如承受弯曲或扭转的圆轴，其最大正应力或最大切应力就发生在截面半径最大的表面处。表面还难免有加工痕迹(如切削刀痕)、使用中带来的伤痕，以及环境腐蚀的影响。除此以外，表面处于平面应力状态，有利于塑性滑移的进行，而滑移往往是材料中裂纹成核的前提。

金属大多是多晶体，各晶粒有各自不同的排列取向。在高应力作用下，材料晶粒中易滑移平面的方位如果与最大切应力方向一致，则容易发生滑移。滑移可以在单调载荷下发生，也可以在循环载荷下发生。图 6.7(a)、(b)分别展示了在较大载荷作用下发生在延性金属表面的粗滑移和在较小的循环载荷作用下发生的细滑移。

在循环载荷作用下，表面形成的滑移带会造成材料的“挤出”和“凹入”，进一步形成应力集中，导致产生微裂纹。滑移的发展过程与施加的载荷及循环次数有关，图 6.8 是 K4750 合金在低周疲劳下断裂试样的滑移带分布照片。可以看出，大多数位错局限于同一滑移面。所发展的滑移带是非常紧密的间隔与相当狭窄的交替无位错区之间存在的带，平均间距小于 0.1 μm。滑移带和位错密度随应变幅的增加而增加。

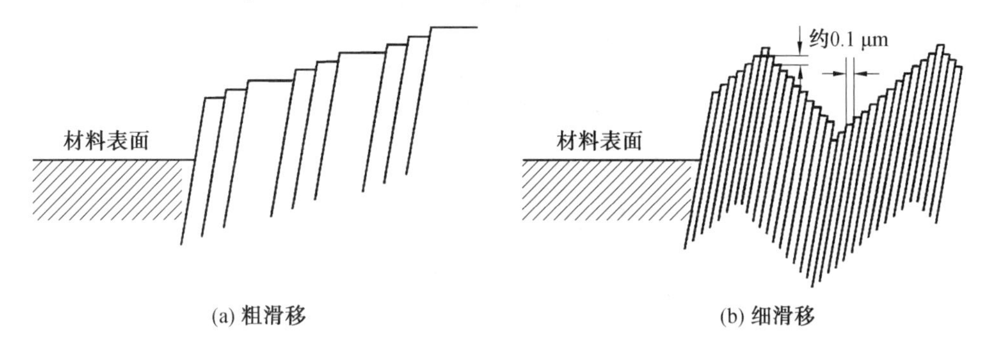

图 6.7　延性金属中的滑移

应当注意，滑移主要是在晶粒内部进行的。少数几条深度大于几微米的滑移带穿过晶粒，成为“驻留滑移带(persistent slip band)”或“持久滑移带”，微裂纹正是由这些驻留滑移带发展而成的。滑移只在局部高应力区发生，而在其余大部分区域，甚至直至断裂都只有很少或者没有滑移发生。如果构件表面光洁，就可以延缓滑移发生，从而延长裂纹萌生寿命。

6.3.2　疲劳裂纹扩展机理

疲劳裂纹在高应力处由驻留滑移带成核，是由最大切应力控制的，形成的微裂纹最初与最大切应力方向一致，如图 6.9 所示。

在循环载荷作用下，由驻留滑移带形成的微裂纹沿 45°最大切应力面继续扩展或相互连接。此后，会有少数几条微裂纹达到几十微米的长度，逐步汇聚成一条主裂纹，并由沿最大切应力面扩展逐步转向沿垂直于载荷作用线的最大拉应力面扩展。沿 45°最大切应力面扩展是裂纹扩展的第 1 阶段，在最大拉应力面内的扩展是裂纹扩展的第 2 阶段。从第 1 阶段向第 2 阶段转变所对应的裂纹尺寸主要取决于材料和作用应力水平，但通常都在 0.05 mm 以内，只有几个晶粒的尺寸。第 1 阶段裂纹扩展的尺寸虽然很小，但是对寿命的贡献很大。对于高强度材料来说，尤其如此。

与第 1 阶段相比，第 2 阶段的裂纹扩展更便于观察。Laird(1967)观察了延性材料裂

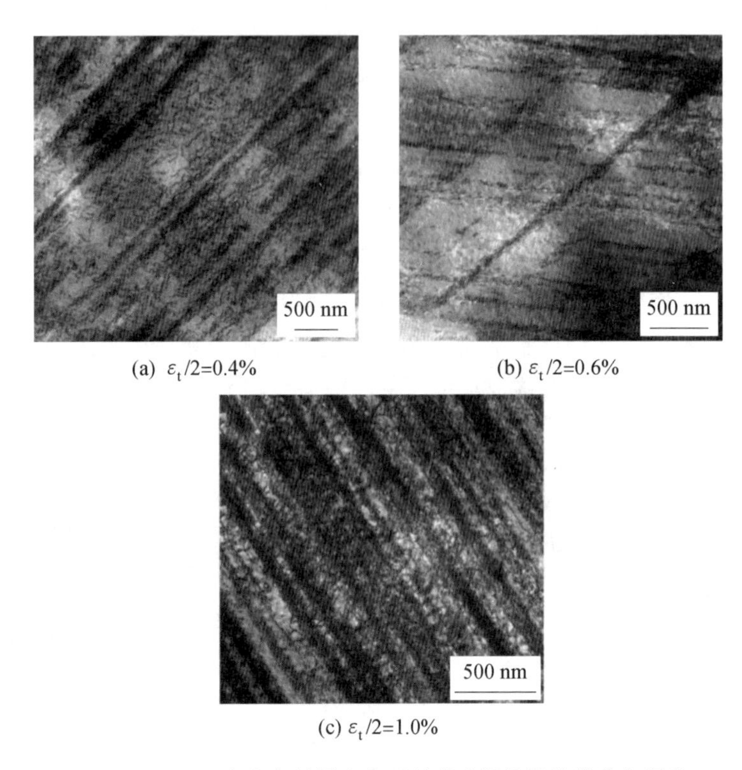

(a) $\varepsilon_t/2=0.4\%$ (b) $\varepsilon_t/2=0.6\%$

(c) $\varepsilon_t/2=1.0\%$

图 6.8 K4750 合金在低周疲劳下断裂试样的滑移带分布照片

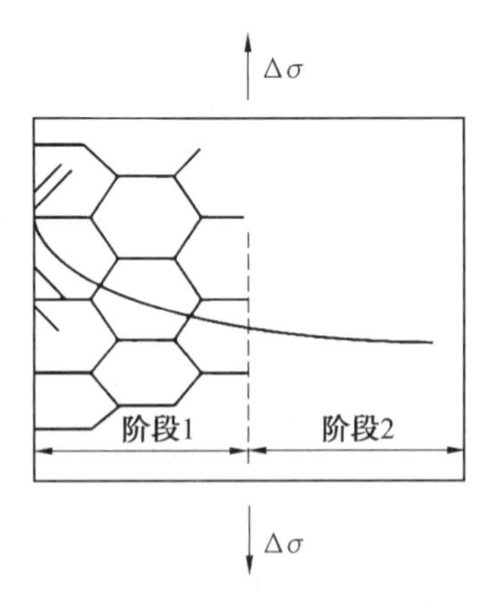

图 6.9 裂纹扩展的两个阶段

纹尖端几何形状在对称循环应力作用下的改变,提出了描述疲劳裂纹扩展的"塑性钝化模型",如图 6.10 所示,图中(a)、(b)、(c)、(d)和(e)分别对应于一个载荷周期内应力从零开始增大,直到达到最大拉应力,随后下降回到零点,最后反向加载达到最大压应力。与此相应,裂纹尖端的形状在循环开始时非常尖锐,如图 6.10(a)所示;而随着循环应力增加,裂纹逐步张开,裂纹尖端材料由于高度的应力集中而沿最大切应力方向发生滑移,如图 6.10(b)所示;应力进一步增大,达到最大值,裂纹充分张开,裂纹尖端钝化成半圆形,开创出新的表面，如图 6.10(c)所示；卸载时，已张开的裂纹要收缩，但新开创的裂纹面却不会消失，在卸载引入的压应力作用下失稳，并在裂尖形成凹槽形，如图 6.10(d)所示；最后，在最大循环压应力作用下，又成为尖裂纹，但其长度已产生一个增量，如图 6.10(e)所示。进入下一个载荷循环以后，裂纹又开始新一轮的张开、钝化、扩展、锐化，重复上述过程。由此，每经过一个应力循环，就在裂纹面上留下一条痕迹，这就是疲劳条纹(striation)。

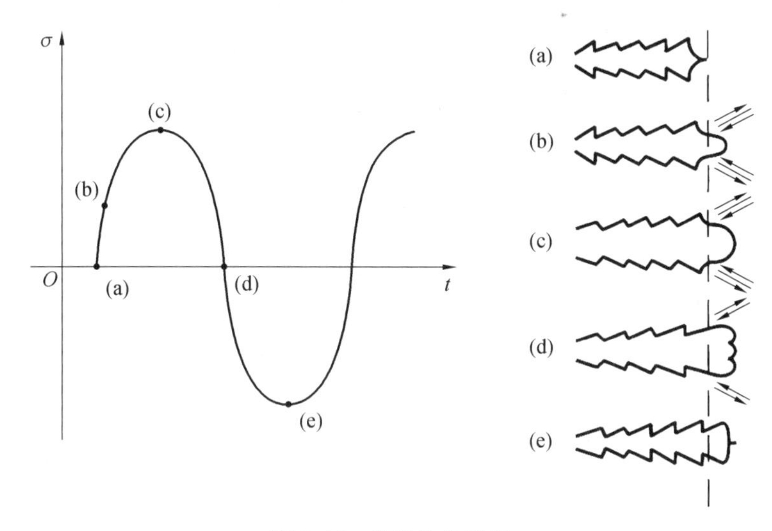

图 6.10　塑性钝化过程

疲劳条纹在晶粒尺寸量级出现，必须借助高倍电子显微镜才能观察到，因此与在疲劳宏观断口上肉眼(或用低倍放大镜)可见的海滩条带完全不同。通常，一条海滩条带可以包含几千条甚至上万条疲劳条纹。图 6.11 是 7085－T7452 Al 合金端口 SEM 形貌。图 6.12 是 Fe－15Mn－10Cr－8Ni－4Si 合金放大后的疲劳条纹照片。

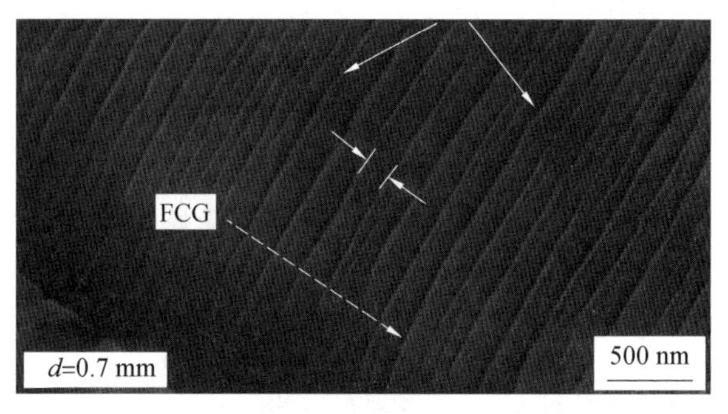

图 6.11　7085－T7452 Al 合金端口 SEM 形貌

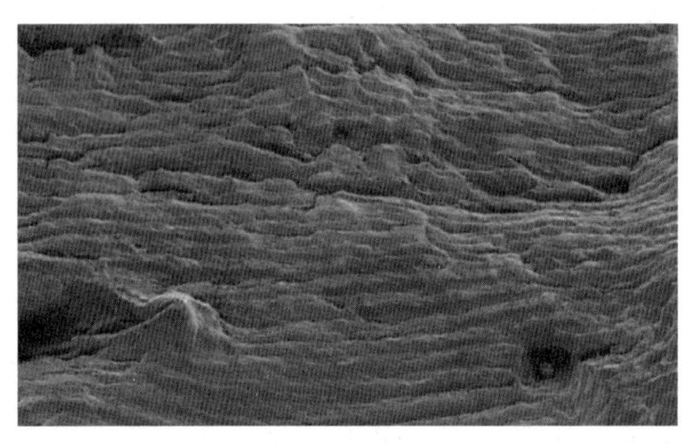

图 6.12 Fe－15Mn－10Cr－8Ni－4Si 合金疲劳条纹

6.4 高周疲劳

采用疲劳裂纹萌生时的载荷循环总周次描述裂纹萌生寿命，传统上可以将裂纹萌生的疲劳问题划分为高周疲劳(high cycle fatigue)和低周疲劳(low cycle fatigue)。高周疲劳是指疲劳寿命所包含的载荷循环周次比较高，一般大于 10^4 周次，而作用在结构或构件上的循环应力水平比较低，最大循环应力通常小于材料的屈服应力，即 $\sigma_{max}<\sigma_s$。材料始终处于弹性阶段，应力和应变之间满足胡克定律，具有一一对应关系，采用应力或应变作为疲劳控制参量。一般采用应力作为控制参量，因此高周疲劳又称为应力疲劳(stress fatigue)。低周疲劳是指疲劳寿命所包含的载荷循环周次比较少，一般小于 10^4 周次，而作用在结构或构件上的循环应力水平比较高，最大循环应力通常大于材料的屈服应力，即 $\sigma_{max}>\sigma_s$。由于材料进入屈服后应变变化较大，而应力变化很小，采用应变作为疲劳控制参量更为合适，因此低周疲劳又称为应变疲劳(strain fatigue)。

由于传统疲劳试验机频率低，开展疲劳试验耗时长，测试成本高，一次疲劳试验很少超过 10^7 周次载荷循环，因此 10^7 周次就成为传统高周疲劳寿命的上限。材料在经历 10^6 或 10^7 周次以上载荷循环以后仍然未发生破坏所对应的临界应力，称为疲劳极限。大量试验数据表明，在传统疲劳极限附近应力水平的循环载荷作用下，金属材料的疲劳破坏大多发生在 10^6～10^{10} 周次之间。近年来，随着高频振动疲劳试验技术的迅速发展，材料在高达 10^6～10^{10} 下的超高周疲劳(very high cycle fatigue)问题研究逐渐成为热点。

本章讨论高周疲劳问题。

6.4.1 基本 *S*－*N* 曲线

在高周疲劳问题中，材料的疲劳性能可以用表征循环载荷应力水平的应力幅或最大应力与表征疲劳寿命的材料到裂纹萌生(此时即认定材料失效)时的循环周次之间的关系来描述，称为应力－寿命关系或 $S-N$ 曲线。对于恒幅循环应力，为了分析的方便，采用应力比和应力幅描述循环应力水平。如前所述，如果给定应力比，应力幅就是控制疲劳破坏的主要参量。由于对称恒幅循环载荷容易实现，工程上一般将 $R=-1$ 的对称恒幅循环载荷下获得的应力－寿命关系，称为材料的基本疲劳性能曲线。

在工程和试验中，裂纹萌生的实时判定是一个难题。在试验中为了简便，针对不同的材料分别采用下面的标准判定裂纹萌生或失效。

(1)脆性材料小尺寸试件发生断裂。对于中高强度钢等脆性材料，裂纹从萌生到扩展至小尺寸圆截面试件断裂的时间很短，对整个寿命的影响很小，因此这样的标准是合理的。

(2)延性材料小尺寸试件出现可见小裂纹或 5%～15%的应变降。对于延性较好的材料，裂纹萌生后有相当长的一段扩展阶段，这个阶段不能计入裂纹萌生寿命。如果观察手段好，就可以以小裂纹(如尺寸在 1 mm 左右)的出现作为裂纹萌生的判定标准，也可以监测试件在恒幅循环应力作用下的应变变化，利用裂纹萌生可能导致局部应变释放的规律，通过监测应变降来确定试件中是否萌生裂纹。

在给定的应力比下，施加不同应力幅的循环应力，记录失效时的载荷循环次数(即寿命)。以寿命为横轴、应力幅为纵轴，描点并进行数据拟合，即可得到如图 6.13 所示的 $S-N$ 曲线。很明显，在给定的应力比下，应力水平(应力幅或最大应力)越低，寿命越长。因此，$S-N$ 曲线是下降的。当应力水平(如应力幅)小于某个极限值时，试件永远不会发生破坏，寿命趋于无限大。因此，$S-N$ 曲线存在一条水平的渐近线。

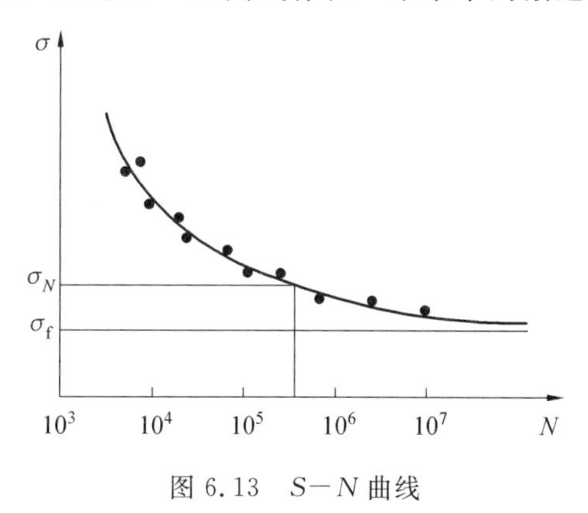

图 6.13　$S-N$ 曲线

在 $S-N$ 曲线上对应于寿命 N 的应力，称为寿命为 N 的条件疲劳强度，以下简称疲劳强度，记作 σ_N。在 $R=-1$ 的对称循环载荷下寿命为 N 的疲劳强度，记作 $\sigma_{N(R=-1)}$。寿命 N 趋于无穷大时所对应的应力，称为材料的疲劳极限(endurance limit)，记作 σ_f。在 $R=-1$ 的对称循环载荷下的疲劳极限，记作 $\sigma_{f(R=-1)}$，简记为 σ_{-1}。材料的疲劳极限可以直接用于开展无限寿命设计，即确保工作应力满足 $\sigma<\sigma_f$。

由于疲劳试验不可能无休止地做下去，因此试验中的“无穷大”，对于钢材，一般定义为 10^7 次循环；对于焊接件，一般为 2×10^6 次循环；而对于有色金属材料，则为 10^8 次循环。

1. 数学表达

(1) Wöhler 公式。

德国工程师 Wöhler 最早提出了一个指数形式的表达式：

$$e^{m\sigma}N=c \tag{6.6}$$

式中 m 和 c——与材料、应力比、加载方式等有关的参数。

对式(6.6)两边同时取对数，即得

$$\sigma=a+b\lg N \tag{6.7}$$

式中 $a=\dfrac{\lg c}{m\lg e}, b=\dfrac{1}{m\lg e}$。

式(6.7)表明，在寿命取对数而应力不取对数的坐标图中，应力和寿命之间满足线性关系，通常称为半对数线性关系。

(2) Basquin 公式。

1910 年，Basquin 在研究材料的弯曲疲劳特性时，提出了描述材料 $S-N$ 曲线的幂函数表达式，即

$$\sigma^m N=c \tag{6.8}$$

对式(6.8)两边同时取对数，有

$$\lg \sigma=a+b\lg N \tag{6.9}$$

式中 $a=\dfrac{\lg c}{m}, b=-\dfrac{1}{m}$。

式(6.9)表明，应力与寿命之间存在着对数线性关系。

(3) Stromeyer 公式。

上述两种应力一寿命公式虽然简单明了，但是不能表达 $S-N$ 曲线存在水平渐近线的事实。1914 年，Stromeyer 基于 Basquin 公式提出了一个新的表达式：

$$(\sigma-\sigma_f)^m N=c \tag{6.10}$$

式中引入了疲劳极限 σ_f。很明显，当 σ 趋于 σ_f 时，寿命 N 趋于无穷大。

在上述三个公式中最常用的是 Basquin 的幂函数表达式。注意到，$S-N$ 曲线描述的是高周疲劳，因此其寿命不应该低于 10^4 周次循环。

描绘材料疲劳性能的基本 $S-N$ 曲线，一般应当通过 $R=-1$ 的对称循环疲劳试验得到。但是，有时候可能因为各种原因而缺乏试验结果或无法开展试验。在这样的情况下，可以依据材料的静强度数据进行简单估计，供初步设计参考。

(1) 疲劳极限的估计。

图 6.14 给出了一些金属材料旋转弯曲疲劳极限 σ_f 与极限强度(ultimate strength) σ_u 的试验数据。可以发现，当材料极限强度不超过 1 400 MPa 时，疲劳极限与极限强度之间近似呈线性关系，而在极限强度超过 1 400 MPa 以后，疲劳极限不再有明显的变化趋势。因此，可以用一条斜线和水平直线描述二者之间的关系。

考虑到加载方式对疲劳行为的影响，对于一般常用金属材料，根据不同的加载方式

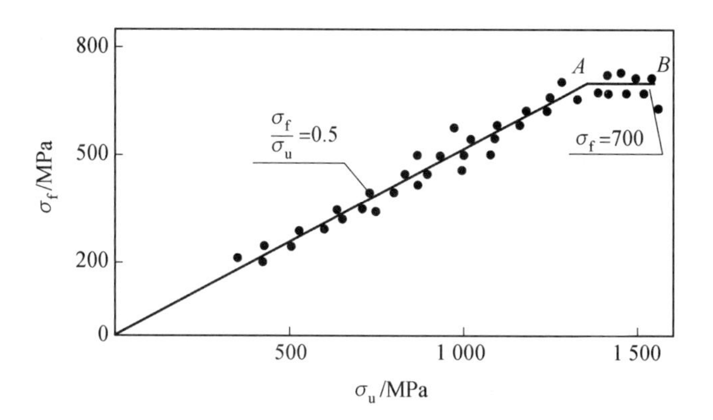

图 6.14　旋转弯曲疲劳极限与极限强度

有下述经验关系：

$$\sigma_{\mathrm{f}}=\begin{cases}k\sigma_{\mathrm{u}}, & \sigma_{\mathrm{u}}<1\ 400\ \mathrm{MPa}\\ 1\ 400k, & \sigma_{\mathrm{u}}\geqslant 1\ 400\ \mathrm{MPa}\end{cases} \tag{6.11}$$

式中　k——与加载方式有关的系数。

对于弯曲疲劳问题，试验结果表明 k 在 0.3～0.6 之间，一般取 $k=0.5$；对于轴向拉压对称疲劳问题，试验结果表明 k 在 0.3～0.45 之间，一般取 $k=0.35$；而对于对称扭转疲劳问题，k 在 0.25～0.3 之间，一般取 $k=0.29$。

对于高强脆性材料，极限强度 σ_{u} 为极限抗拉强度 σ_{b}；对于延性材料，σ_{u} 为屈服强度 σ_{s}。

(2)$S-N$ 曲线的估计。

如果已知材料的疲劳极限和极限强度，就可以用下述方法对 $S-N$ 曲线做偏于保守的估计。考虑到 $S-N$ 曲线描述的是长寿命疲劳，不宜用于 $N<10^3$ 的情况，因此可以假定 $N=10^3$ 对应的疲劳极限为 $0.9\sigma_{\mathrm{u}}$。同时，金属材料疲劳极限 σ_{f} 所对应的无限大寿命一般为 $N=10^7$ 周次，因此可以偏于保守地假定对应疲劳极限的寿命为 10^6 周次。

根据 Basquin 公式，有

$$(0.9\sigma_{\mathrm{u}})^m\cdot 10^3=c \tag{6.12}$$

和

$$\sigma_{\mathrm{f}}^m\cdot 10^6=c \tag{6.13}$$

联立式(6.12)和式(6.13)，可得

$$m=\frac{3}{\lg 0.9-\lg k} \tag{6.14}$$

和

$$c=\lg^{-1}\left[\frac{6\lg 0.9+3(\lg\sigma_{\mathrm{u}}-\lg k)}{\lg 0.9-\lg k}\right] \tag{6.15}$$

必须注意，按照上述方法估计的 $S-N$ 曲线，只能应用于寿命在 10^3～10^6 周次之间

的疲劳强度估计，不能外推。

6.4.2 影响疲劳性能的若干因素

大多数描述材料疲劳性能的基本 $S-N$ 曲线，都是利用小尺寸试件在旋转弯曲对称循环载荷作用下得到的。为了确保试验数据反映材料的真实性能，并且减小其分散性，国家标准对试件试验段加工的尺寸精度和表面情况都有明确要求。然而，在实际问题中，加载方式、构件尺寸、表面光洁度、表面处理、使用温度及环境等可能与试验室的情况显著不同，这些因素对疲劳寿命的影响不可忽视。因此，在开展构件疲劳设计时，必须考虑这些因素的影响，对材料的疲劳性能进行适当的修正。

(1)加载方式的影响。

材料的疲劳极限与加载方式有关。一般来说，弯曲问题的疲劳极限大于拉压问题的疲劳极限，而拉压问题的疲劳极限又大于扭转问题的疲劳极限。

这可以用不同加载方式在高应力区体积上的差别来解释。假定作用应力水平相同，在拉压情况下，高应力区体积等于整个构件的体积，而在弯曲情况下高应力区体积则要小得多，如图 6.15 所示。一般来说，材料是否发生疲劳破坏，主要取决于作用应力的大小(外因)和材料抵抗疲劳破坏的能力(内因)，因此疲劳破坏通常从高应力区或缺陷处起源。假如在拉压和弯曲两种情况下作用的最大循环应力 $\sigma_{\max}$ 相等，那么由于在拉压情况下高应力区域体积较大，材料存在缺陷并由此引发裂纹萌生的可能性也大。因此，在同样的应力水平作用下，材料在拉压循环载荷作用下的寿命比在弯曲循环载荷作用下的短；或者说，在同样的寿命条件下，材料在拉压循环载荷作用下的疲劳强度比在弯曲循环载荷作用下的低。

对于材料扭转疲劳极限较低的问题，则需要从不同应力状态下破坏判据的差别来解释。

(2)尺寸效应。

构件尺寸对疲劳性能的影响，也可以根据不同构件尺寸带来的高应力区体积上的差别来解释。从图 6.15 可以看出，如果应力水平保持不变，构件尺寸越大，则高应力区体积越大，高应力区存在缺陷或薄弱处的可能性也越大。因此，在相同情况下，大尺寸构件的疲劳抗力低于小尺寸构件。或者说，在给定寿命的条件下，大尺寸构件的疲劳强度较低；反之，在给定应力水平的条件下，大尺寸构件的疲劳寿命较低。

尺寸效应可以通过引入一个尺寸修正因子 c 来考虑。尺寸修正因子是一个小于 1 的系数，可以从设计手册中查到。对于常用的金属材料，在大量试验研究的基础上，有一些经验公式可以给出尺寸修正因子的估计。对于圆截面构件，Shigley 和 Mitchell 于 1983 年给出了如下的尺寸修正因子表达式：

$$c=\begin{cases}1.189d^{-0.097}, & 8\ \text{mm}\leqslant d\leqslant 250\ \text{mm}\\ 1, & d<8\ \text{mm}\end{cases} \tag{6.16}$$

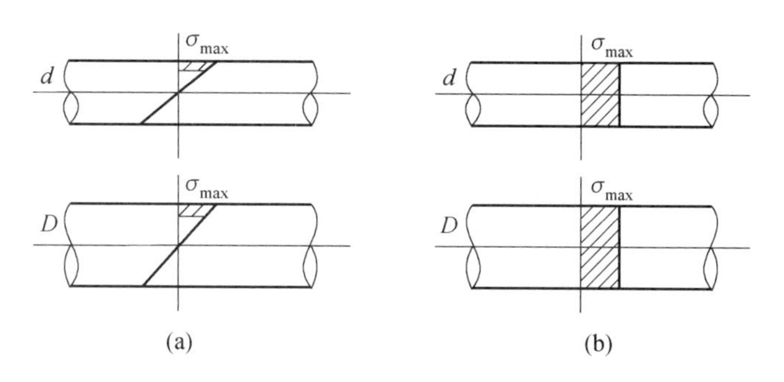

图 6.15 不同加载方式和不同构件尺寸下的高应力区体积

式(6.16)一般只用作疲劳极限修正。修正后的疲劳极限为

$$\sigma'_{f}=c\sigma_{f} \tag{6.17}$$

一般来说,尺寸效应对长寿命疲劳影响较大。当应力水平比较高,寿命比较短时,材料分散性的影响相对较小,因此,如果用上述尺寸修正因子修正整条 $S-N$ 曲线,则将过于保守。

(3)表面光洁度的影响。

根据疲劳的局部性,粗糙的表面将加大构件局部应力集中程度,从而缩短裂纹萌生寿命。材料基本 $S-N$ 曲线是利用表面光洁度良好的标准试件在试验室通过疲劳试验获得的,因此类似于尺寸修正,表面光洁度的影响也可以通过引入一个小于 1 的修正因子(即表面光洁度系数)来描述。图 6.16 展示了在不同表面加工条件下表面光洁度系数随材料抗拉强度变化的一般趋势。

一般来说,材料强度越高,表面光洁度的影响越大;另外,应力水平越低,寿命越长,表面光洁度的影响也越大。表面加工产生的划痕和使用过程中的碰伤,也是潜在的裂纹源,因此构件在加工和使用过程中应当注意防止碰划。

(4)表面处理的影响。

疲劳裂纹大多起源于表面。因此,为了提高疲劳性能,除改善表面光洁度以外,还可以采用各种方法在构件表面引入压缩残余应力(residual stress),以达到提高疲劳寿命的目的。

对于如图 6.17 所示的平均应力为 σ_{m} 的循环应力 1—2—3—4 来说,如果引入压缩残余应力 σ_{res},则实际循环应力水平就是原来的循环应力与 $-\sigma_{res}$ 的叠加。因此,原来的循环应力 1—2—3—4 就转变成循环应力 1′—2′—3′—4′,平均应力降为 $\sigma'_{m}=\sigma_{m}-\sigma_{res}$,疲劳性能将得到改善。

表面喷丸处理,销、轴、螺栓类冷挤压加工,紧固件干涉配合等,都会在零、构件表面引入压缩残余应力,因此这些都是提高疲劳寿命的常用方法。材料强度越高,循环应力水平越低,寿命就会越长,延寿效果也越好。一般来说,在有应力梯度或应力集中的地方采用喷丸处理,效果会更好。

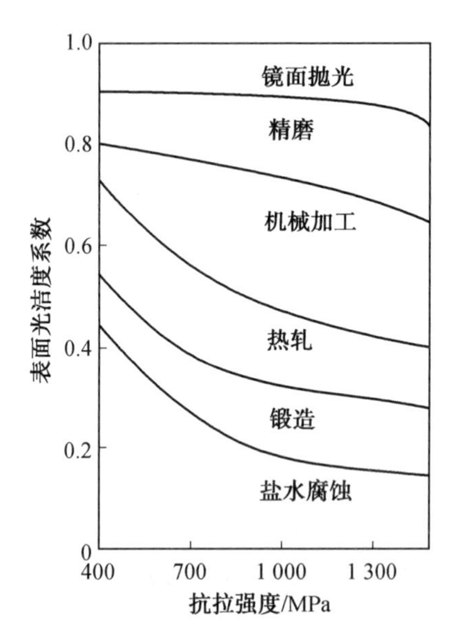

图 6.16 在不同表面加工条件下表面光洁度系数随材料抗拉强度变化的一般趋势

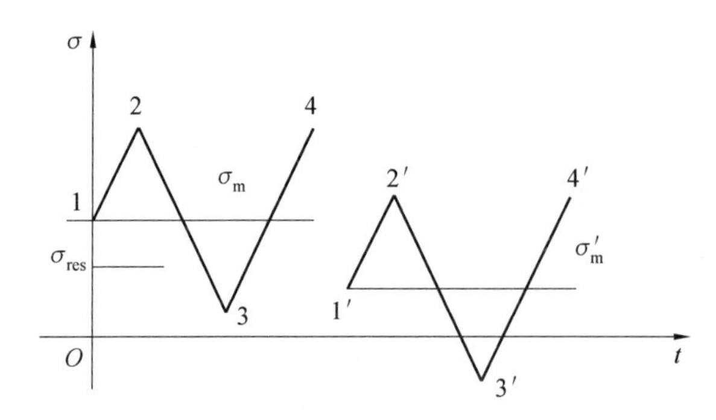

图 6.17 压缩残余应力降低循环平均应力

表面渗碳或渗氮处理，可以提高表面材料的强度并在材料表面引入压缩残余应力，对于提高材料疲劳性能是有利的。试验表明，渗碳或渗氨处理一般可使钢材疲劳极限提高一倍，对于缺口件，效果会更好。

不过，值得注意的是，由温度、载荷、使用时间等因素引起的应力松弛，有可能抵消在材料表面引入压缩残余应力带来的延寿效果。例如，钢在 350 ℃以上，铝在 150 ℃以上，都可能出现应力松弛。

与压缩残余应力的作用效果相反，在零、构件表面引入残余拉应力则是有害的。通常，焊接、气割、磨削等都会在零、构件表面引入残余拉应力，从而提高零、构件的实际应力水平，降低疲劳强度或缩短寿命。

镀铬或镀镍，也会在零、构件表面引入残余拉应力，使材料的疲劳极限下降，有时可下降 50％以上。镀铬和镀镍对疲劳性能的影响的一般趋势是：材料强度越高，寿命越长，镀层厚度越大,镀后疲劳强度下降得也越多。因此必要时,可采取镀前渗氮或镀后喷丸等措施,以减小其不利影响。图6.18给出了镀镍和喷丸处理对某普通钢材 $S-N$ 曲线的影响。

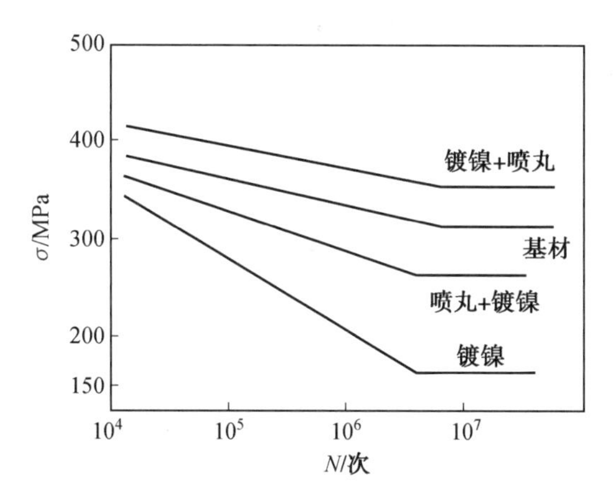

图6.18　镀镍、喷丸及其顺序对某普通钢材疲劳性能的影响

热轧或锻造会使材料表面脱碳,强度下降,并在材料表面引入残余拉应力,从而使材料疲劳极限降低约50%,甚至更多。而且一般来说,材料强度越高,热轧或锻造带来的影响也越大。

(5)温度和环境的影响。

材料的 $S-N$ 曲线是在试验室环境(即室温和空气环境)中得到的,在工程应用中必须考虑温度和环境腐蚀的影响。

材料在诸如海水、水蒸气、酸碱溶液等腐蚀性介质环境下发生的疲劳,称为腐蚀疲劳。腐蚀介质的作用对疲劳是不利的。在腐蚀疲劳过程中,力学作用与化学作用相互耦合,与常规的疲劳相比,破坏进程会大大加快。腐蚀环境使材料表层氧化,形成一层氧化膜。在一般情况下,氧化膜对内部材料可以起到一定的保护作用,阻止腐蚀进一步深入。但是在疲劳载荷作用下,表层的氧化膜很容易发生局部开裂,从而产生新的表面,引发再次腐蚀,并在材料表面形成腐蚀坑。腐蚀坑在材料表层引起应力集中,进而促进裂纹萌生,缩短零、构件寿命。

6.4.3　缺口疲劳

工程中实际的零、构件常常存在着不同形式的缺口,如孔洞、圆角、沟槽、台阶等。缺口处的应力集中将削弱材料局部的疲劳抵抗能力,从而吸引疲劳裂纹从这里成核。因此,研究缺口件的疲劳问题非常重要。

1.缺口疲劳系数

缺口产生的应力集中程度可以用弹性应力集中系数描述。弹性应力集中系数 K_t 是缺口处最大实际应力 σ_{max} 与该处名义应力 S 之比,即

$$K_t=\frac{\sigma_{max}}{S} \tag{6.18}$$

名义应力 S 是指不考虑缺口引入的应力集中，而按净面积计算获得的平均应力。图 6.19 是含中心圆孔的有限宽板的应力集中系数。弹性应力集中系数 K_t 可以借助弹性力学分析、有限元计算或试验应力测量等方法得到，也可通过查阅有关手册获得。

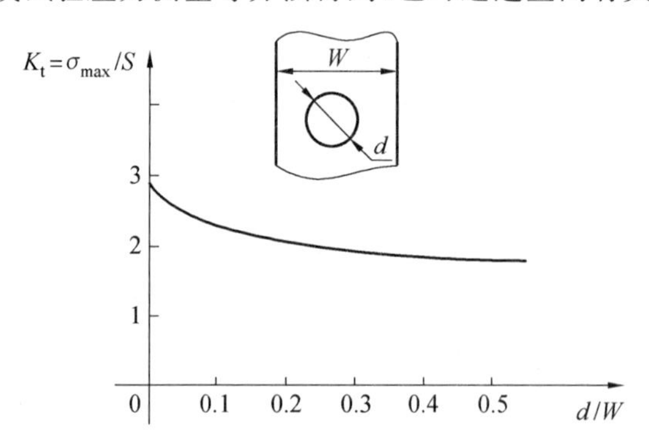

图 6.19　含中心圆孔的有限宽板的应力集中系数

疲劳缺口系数 K_f 可以定义为

$$K_f=\frac{\sigma_f}{\sigma_f'} \tag{6.19}$$

式中　σ_f——光滑件的疲劳极限；

σ_f'——缺口件的疲劳极限。

缺口应力集中将使得材料疲劳强度下降。因此 K_f 是一个大于 1 的系数。

很明显，疲劳缺口系数 K_f 是与弹性应力集中系数 K_t 有关的。K_t 越大，应力集中越强烈，疲劳寿命越短，K_f 也就越大。不过，试验研究的结果也表明，K_f 并不等于 K_t。因为弹性应力集中系数 K_t 只依赖于缺口和构建几何，而疲劳缺口系数 K_f 却与材料有关。

一般来说，K_f 小于 K_t。二者之关系可以表示为

$$q=\frac{K_f-1}{K_t-1} \tag{6.20}$$

当 $q=0$ 时，$K_f=1$，于是有 $\sigma_f'=\sigma_f$，这表明缺口对疲劳性能无影响；而当 $q=1$ 时，$K_f=K_t$，于是有 $\sigma_f'=\frac{\sigma_f}{K_t}$，这表明缺口对疲劳性能影响严重。因此 q 称为疲劳缺口敏感系数，其取值范围为 $0\leqslant q\leqslant 1$。

缺口敏感系数 q 与缺口和构件几何以及材料有关，可以从有关设计手册中查得。此外，在缺口最大实际应力不超过屈服应力时，疲劳缺口敏感系数也可用下述经验公式估计：

$$q=\frac{1}{1+\frac{p}{r}} \tag{6.21}$$

或

$$q=\frac{1}{1+\sqrt{\frac{a}{r}}} \tag{6.22}$$

式中　r——缺口根部半径；

　　p、a——与材料有关的特征长度。

式(6.21)称为 Peterson 公式，式(6.22)称为 Neuber 公式。表 6.1 列出了若干材料的特征长度值，可以看出，材料强度越高，p、a 值越小，疲劳缺口敏感系数 q 越大，缺口对材料疲劳性能的影响也越大。

表 6.1　部分钢材和铝合金的特征长度值

材料	钢材					铝合金		
σ_u/MPa	345	500	1 000	1 725	2 000	150	300	600
a/mm	—	0.25	0.08	—	0.002	2	0.6	0.4
p/mm	10	—	—	0.03	—	—	—	—

2. 缺口件 $S-N$ 曲线的近似估计

对于两个材料相同(即 a 或 p 相同)、几何相似(即 K_t 相同)的缺口，缺口根部的半径 r 越大(即大缺口)，则疲劳强度下降也越大。这是因为缺口根部半径越大，其附近高应力(如最大应力 σ_{max} 的 0.9～1 倍)区的材料体积越大，疲劳破坏的可能性也大，如图 6.20 所示。

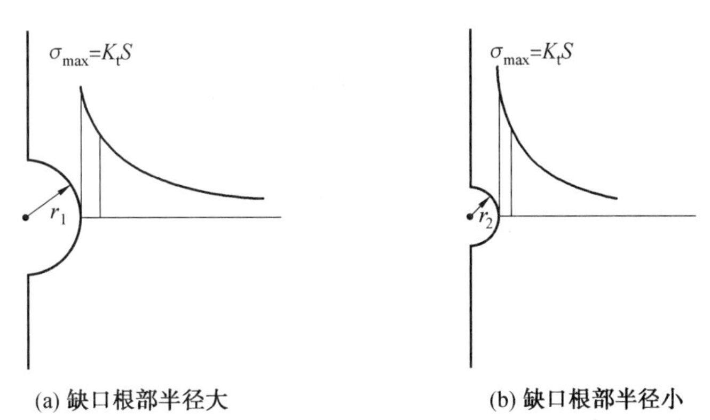

图 6.20　几何相似、不同尺寸缺口的高应力区体积

由疲劳缺口系数 K_f(或疲劳缺口敏感系数 q)可以估计缺口件疲劳极限 σ_f'。不过，如果采用 K_f 对整个 $S-N$ 曲线进行修正，则会过于保守。例如，当寿命 $N=10^3$ 时，定义系数 K_f' 为

$$K_f'=\frac{\sigma_{10^3}}{\sigma_{10^3}'} \tag{6.23}$$

K'_f是当 $N=10^3$时，光滑件疲劳强度 σ_{10^3} 与缺口件疲劳强度 σ'_{10^3} 之比。根据钢、铝、镁等不同材料的缺口疲劳试验结果，如图 6.21 所示，在短寿命($N=10^3$)时，高强度材料的，$\dfrac{K'_f-1}{K_f-1}$约为 0.7，K'_f比 K_f 略小；而低强度材料的$\dfrac{K'_f-1}{K_f-1}$只有 0.2 左右，K'_f比 K_f 小得多。因此，不宜用 K_f 对整条 $S-N$ 曲线进行修正。

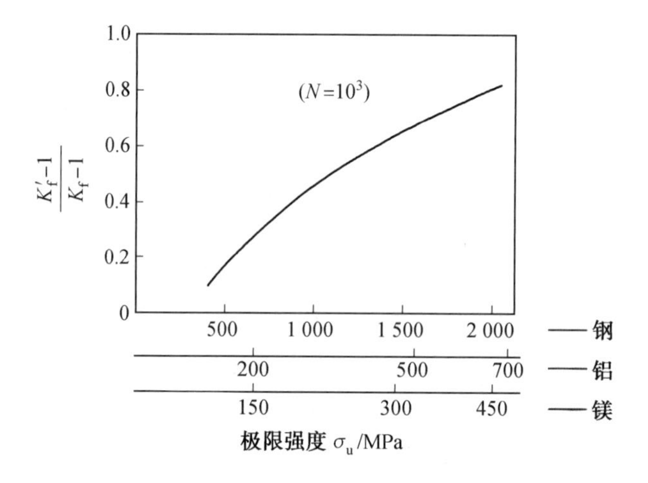

图 6.21　钢、铝、镁在不同强度下的$\dfrac{K'_f-1}{K_f-1}$

当需要估计缺口件的 $S-N$ 曲线时，可以采用 5.4.1 节类似的办法。根据式(6.23)，当寿命 $N=10^3$时，缺口件的疲劳强度为

$$\sigma'_{10^3}=\frac{\sigma_{10^3}}{K_f} \tag{6.24}$$

再假定寿命 $N=10^6$时，缺口件的疲劳强度为其疲劳极限。此时有

$$\sigma'_f=\frac{\sigma_f}{K_f} \tag{6.25}$$

由此在双对数坐标系上就可以给出一条确定的直线，即缺口件的 $S-N$ 曲线，如图 6.22(a)所示。

如果缺少对系数 K'_f的估计，则可以假定 $N=1$ 时缺口件的疲劳强度为材料的极限拉伸强度，则有

$$\sigma'_1=\sigma_u \tag{6.26}$$

由式(6.25)和式(6.26)所估计的缺口件 $S-N$ 曲线如图 6.22(b)所示。

需要注意的是，缺口件与光滑件的强度并不相同，且 $S-N$ 曲线反映的是材料在低应力、长寿命条件下的疲劳性能。因此，采用以上方法获得的 $S-N$ 曲线只能估计缺口件的长寿命(即 $N>10^3$)疲劳性能。

6.4.4　变幅循环载荷作用下的疲劳

对于在恒幅循环载荷下的疲劳问题，利用材料的 $S-N$ 曲线，既可以估计零、构件在

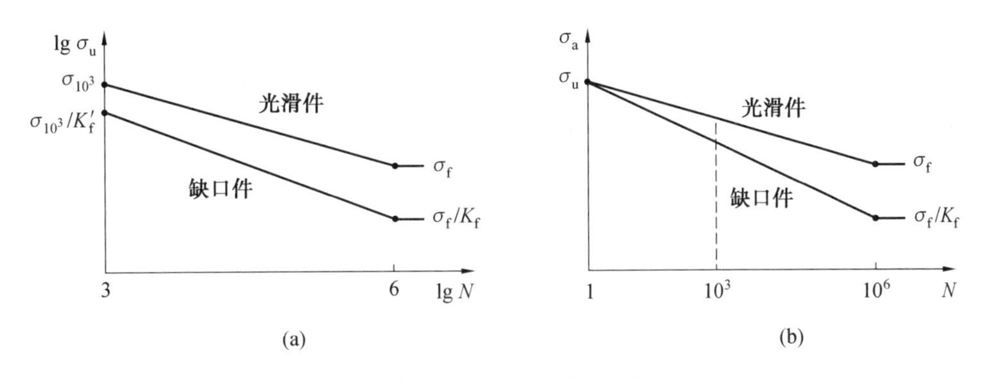

图 6.22　缺口件 $S-N$ 曲线的近似估计

一定应力水平(应力幅 σ_a 和应力比 R)下的疲劳寿命,也可以估计对应于一定寿命的工作应力水平。然而,工程中大多数零、构件处于变幅循环载荷作用下,因此,有必要研究零、构件在变幅循环载荷作用下的疲劳寿命估计方法。

1. 变幅载荷谱

在开展疲劳问题分析之前,必须首先确定零、构件或结构在工作状态下所承受的扰动载荷谱,通常有两种载荷谱确定方法。①借助相似零、构件,结构或它们的模型,通过测试获得在使用或模拟使用条件下各典型工况的载荷谱,然后组合获得实测载荷谱;②在没有适当的类似结构或模型可用的情况下,依据设计目标分析零、构件或结构的可能工作状态,结合经验估计载荷谱,这称为设计载荷谱。

图 6.23 为某飞机主轮毂的载荷谱示意图。根据飞机飞行姿态,主轮毂的工况可以分为滑行、拐弯、着陆等,分别对应不同的载荷水平。载荷循环次数按飞机的起落数计算。一次起落可以包含不同工况的许多变幅载荷循环。起落数与载荷循环次数之间可以相互换算。例如,根据滑行距离和机轮直径,可以计算一段滑行所对应的循环次数。图 6.23 将 100 次起落合并,作为载荷谱中一个典型的载荷循环块,其称为典型载荷谱块。整个变幅载荷谱可以看作典型载荷谱块的重复。

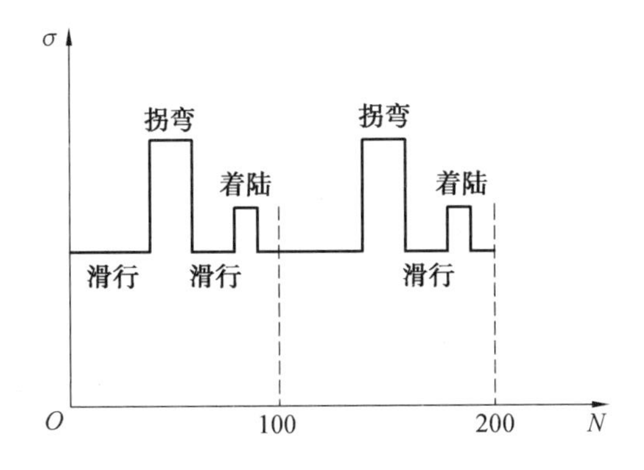

图 6.23　某飞机主轮毂变幅载荷谱的典型载荷谱块

为了保证典型载荷谱块的代表性，统计载荷谱的服役周期不能太短。一般来说，在不同的路面上行驶的汽车，可以由“万公里”形成一个典型载荷谱块；在起降、巡航、格斗等不同状态下飞行的作战飞机，可以由“百飞行小时”形成一个典型载荷谱块；而受水位变化和潮汐等作用的海洋结构、水坝等，可以由“年”形成一个典型载荷谱块。

2. Palmgren－Miner 线性损伤累积理论

零、构件在变幅循环载荷下的寿命是由构成变幅载荷谱的不同载荷水平及其循环次数共同决定的。每一种载荷水平，每循环一次，都会对零、构件带来影响，并且对寿命做出贡献。因此，要分析零、构件在变幅循环载荷下的疲劳寿命，必须首先定量评价不同载荷水平每循环一次对零、构件寿命做出的贡献。Palmgren(1924)和 Miner(1945)先后独立提出了疲劳破坏的线性损伤累积理论(linear fatigue damage cumulative rule)，可以定量评价不同载荷水平对疲劳寿命的贡献。这就是著名的 Palmgren－Miner 线性损伤累积理论，也称为 Miner 线性损伤累积理论。

根据变幅载荷谱，可以获得对应于不同载荷水平的循环次数，如图 6.24 所示。这里引入一个物理量，即损伤(damage)，用来定量表征载荷作用后对材料造成的伤害。假设零、构件在某恒幅循环应力 σ_i 作用下寿命为 N_i，则其在经受该应力水平 n_i 次循环后受到的损伤可以定义为

$$D_i=\frac{n_i}{N_i} \tag{6.27}$$

很显然，在恒幅应力 σ_i 作用下，若循环次数 $n_i=0$，则 $D_i=0$，表示零、构件未受损伤；若 $n_i=N_i$，则 $D_i=1$，表示零、构件在经历 N_i 次循环后完全损伤，已发生疲劳破坏。

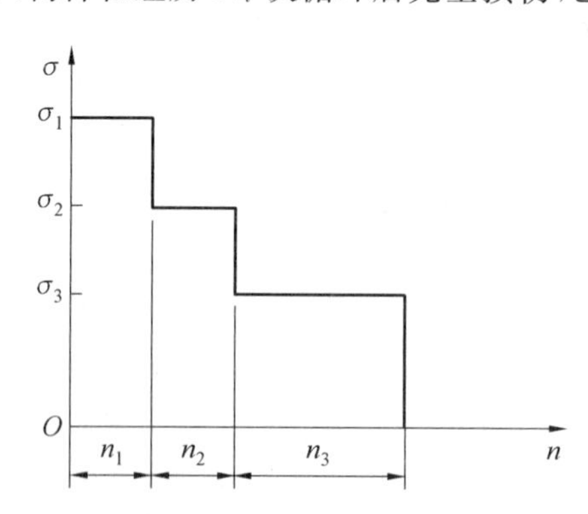

图 6.24 变幅载荷谱中对应于不同载荷水平的循环次数

对于变幅载荷，如果零、构件在 k 个应力水平 σ_i 作用下，各经受 n_i 次循环，则其受到的总损伤可定义为

$$D=\sum_{i=1}^{k}D_i=\sum_{i=1}^{k}\frac{n_i}{N_i} \tag{6.28}$$

并且总损伤 $D=1$ 对应于零、构建完全损伤，疲劳破坏将发生。式(6.28)中与不同应力水平 σ_i 对应的寿命 N_i，需要根据材料的 $S-N$ 曲线确定。

考察零、构件在包含有两种载荷水平的变幅载荷作用下的损伤累积，如图 6.25 所示，图中从坐标原点出发斜率分别为$\frac{1}{N_1}$和$\frac{1}{N_2}$的两条射线，分别代表两种应力水平 σ_1 和 σ_2 作用下的损伤演化直线，很明显，根据式(6.28)得到的损伤累积是线性的。

如果零、构件先在应力水平 σ_1 下经受 n_1 次循环形成损伤 D_1，再在应力水平 σ_2 下经受 n_2 次循环形成损伤 D_2，总损伤就为 $D=D_1+D_2=1$，零、构件将发生疲劳破坏，如图 6.25(a)所示。反过来，如果零、构件先在应力水平 σ_2 下经受 n_2 次循环形成损伤 D_2，再在应力水平 σ_1 下经受 n_1 次循环形成损伤 D_1，则形成的损伤同样为 $D=D_2+D_1=1$，零、构件也将发生疲劳破坏，如图 6.25(b)所示。可见，根据式(6.28)得到的损伤累积与不同载荷水平作用的先后次序无关。

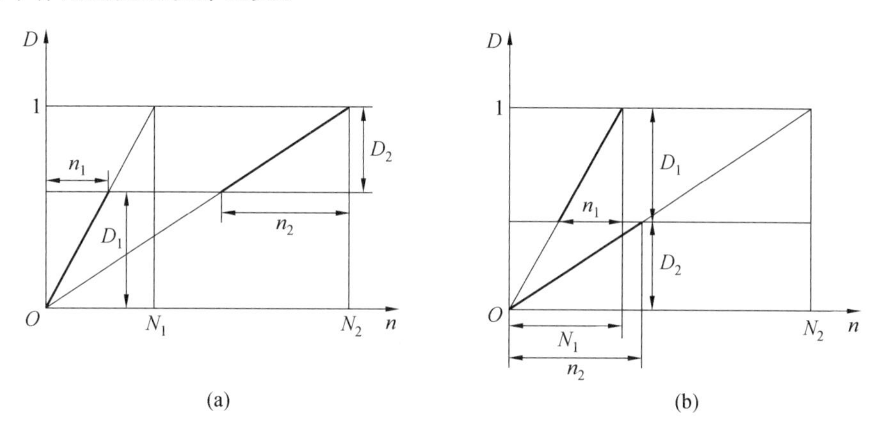

图 6.25　不同载荷作用次序的线性损伤累积

3. 相对 Miner 理论

应当指出，Palmgren－Miner 线性损伤累积理论只是一种近似的、经验的理论，存在两个明显的局限：①不能反映载荷作用次序的影响；②零、构件在发生疲劳破坏时的损伤值为 1 的假设与大多数实际情况不符。

Walter Schutz 在 1972 年提出，如果考虑载荷作用次序的影响，构件发生疲劳破坏的临界条件可以表示为

$$D=\sum_{i=1}^{k}\frac{n_i}{N_i}=Q \tag{6.29}$$

式中 Q 与载荷谱型、载荷作用次序及材料分散性等都有关。一般来说，Q 的分散性很大，其取值范围在 0.3～3.0 之间，可以借鉴过去类似构件的使用经验或试验数据来确定，因此很自然地包含了实际载荷作用次序的影响。这就是相对 Miner 理论。在工程实际中，可以将 Q 的值适当取小一些，比如在 0.1～0.5 之间，以便保有足够的安全储备。

相对 Miner 理论的实质是取消了材料发生疲劳破坏时损伤值为 1 的假定，而改由试验或过去的经验来确定，并由此估算疲劳寿命。该理论使用的条件：①要求在经验与设计之间构件具有相似性，主要是要求构件发生疲劳破坏的高应力区存在几何相似；②载

荷谱谱型(包括载荷作用次序)相似,但是载荷大小可以不同。对于许多改进型的设计来说,如果借鉴过去的原型,则上述两点常常是可以满足的。

假设由过去的使用经验或试验,知道构件在典型载荷谱B谱下的寿命为λ_B,则根据式(6.29)有

$$\lambda_B \sum_{i=1}^{k} \left(\frac{n_i}{N_i}\right)_B = Q_B \tag{6.30}$$

现在要预测另一新的、相似构件在典型载荷谱A谱下的寿命λ_A。同样根据式(6.29)有

$$\lambda_A \sum_{j=1}^{l} \left(\frac{n_j}{N_j}\right)_A = Q_A \tag{6.31}$$

如果A谱相似于B谱,则有$Q_A = Q_B$,于是可得

$$\lambda_A = \frac{Q_A}{\sum_{j=1}^{l} \left(\frac{n_j}{N_j}\right)_A} = \lambda_B \frac{\sum_{i=1}^{k} \left(\frac{n_i}{N_i}\right)_B}{\sum_{j=1}^{l} \left(\frac{n_j}{N_j}\right)_A} \tag{6.32}$$

正因为相对Miner理论利用了来源于使用经验或试验的Q_B,取消了发生疲劳破坏时损伤值为1的人为假定,因此通常可以得到比Palmgren－Miner理论更好的预测。

6.5 低周疲劳

在疲劳问题中,对于循环应力水平较低($\sigma_{max} < \sigma_s$)、寿命较长的高周疲劳问题,可以利用应力－寿命(即$S-N$)进行描述。然而,工程中有许多的零、构件,使用寿命期限内并不会经历太多的载荷循环次数。以压力容器为例,如果在使用期间每天经受两次载荷循环,则在30 a的使用期限内,载荷的总循环次数不到2.5×10^4次。一般来说,在使用寿命较短的情况下,设计应力或应变水平可以高一些,以充分发挥材料的潜力。这样一来,零、构件中某些高应力的局部(尤其是缺口根部)可能会进入屈服状态。

众所周知,对于延性好的材料,一旦发生屈服,即使应力变化不大,应变的变化也会比较大,而且应力和应变之间的关系也不再是一一对应的关系。应变成为比应力更敏感的参量,因此采用应变作为低周疲劳问题的控制参量明显更好一些。

6.5.1 单调应力－应变响应

在应力水平较高的情况下,材料的循环应力－应变响应不再是一一对应关系。因此在讨论低周疲劳问题之前,有必要研究材料在循环载荷作用下的应力－应变响应。首先讨论在单调载荷作用下的应力－应变响应(monotonic stress－strain response)。

1. 应力和应变描述

传统的应力和应变是通过变形前的几何尺寸定义的,称为工程应力(engineering

stress)和工程应变(engineering strain),分别用 S 和 e 来表示。对于标准试件的单轴拉伸试验来说,工程应力和工程应变可以分别定义为

$$S=\frac{F}{A_0} \tag{6.33}$$

$$e=\frac{\Delta l}{l_0}=\frac{l-l_0}{l_0} \tag{6.34}$$

式中　F——所施加的轴向载荷;

A_0——试件初始横截面积;

l_0——试件初始标距长度;

Δl——标距长度的改变量,等于试件变形后的长度 l 和试件原始标距长度 l_0 之差。

然而实际上,在试件在沿轴向施加载荷之后,会发生纵向长度伸长(或缩短)。同时,由于泊松效应横向尺寸会相应缩短(或伸长),因此真实应力(real stress)应当等于轴向力除以变形后的截面面积 A,即

$$\sigma=\frac{F}{A} \tag{6.35}$$

载荷从 0 增到 F 的过程中,试件逐渐伸长。考察加载过程中的任意载荷增量 $\mathrm{d}F$,由它引起的应变增量 $\mathrm{d}\varepsilon$ 可以定义为

$$\mathrm{d}\varepsilon=\frac{\mathrm{d}l}{l} \tag{6.36}$$

式中　l——加载到 F 时试件的长度;

$\mathrm{d}l$——与载荷增量 $\mathrm{d}F$ 对应的伸长量。

因此真实应变 ε 定义为

$$\varepsilon=\int_{l_0}^{l}\frac{\mathrm{d}l}{l}=\ln\frac{l}{l_0}=\ln(1+e) \tag{6.37}$$

随着载荷继续增大,材料进入屈服阶段,随后经过强化、颈缩,最终发生断裂,如图 6.26所示。在发生颈缩之前,试件长度不断增大的同时,横截面积均匀减小,因此颈缩之前的变形是均匀的。

如果忽略弹性体积的变化,假定时间在变形前后的体积保持不变,则颈缩之前的均匀变形阶段有

$$A_0 l_0=Al$$

根据上述各式,可得

$$\sigma=S(1+e) \tag{6.38}$$

$$\varepsilon=\ln(1+e)=\ln\frac{1}{1-\psi} \tag{6.39}$$

式中　ψ——界面收缩率(reduction of area),$\psi=\frac{A_0-A}{A_0}\times 100\%$。

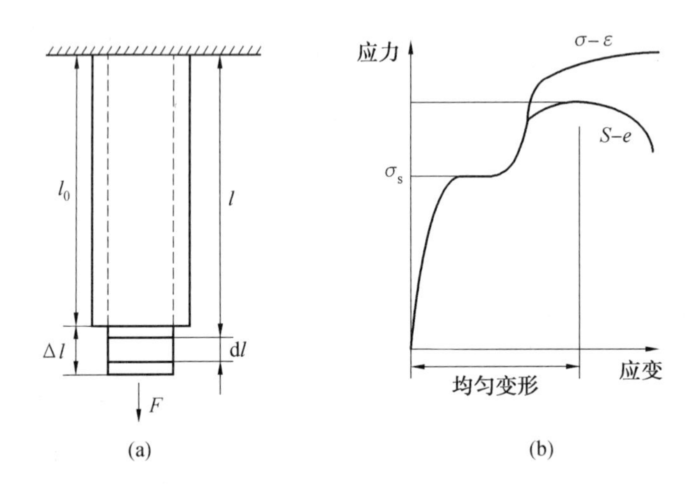

图 6.26　单调加载时的应力与应变

式(6.38)和式(6.39)给出了均匀变形阶段工程应力、工程应变与真实应力、真实应变之间的关系。

在拉伸加载下，根据

$$\frac{\sigma-S}{S}=e \tag{6.40}$$

可见，e 越大，$\sigma-S$ 越大。当 $e=0.2\%$时，σ 比 S 大 0.2%。

假设 e 是一个小量，将式(6.39)展开，得

$$\varepsilon=e-\frac{1}{2}e^2+\frac{1}{3}e^3-\cdots<e$$

可见，真实应变 ε 小于工程应变 e。略去三阶小量，可知二者之间的相对误差为

$$\frac{e-\varepsilon}{e}=\frac{1}{2}e \tag{6.41}$$

很明显，e 越大，$e-\varepsilon$ 越大。当 $e=0.2\%$时，ε 比 e 大 0.1%。

在一般的工程问题中，σ 与 S、ε 与 e 相差都不超过 1%，二者可不加区分。从图 6.26 所表示的工程应力－工程应变曲线与真实应力－真实应变曲线可以看出，随着应变的增大，二者区别明显增大，进入颈缩阶段之后的差别则更大。

2. 单调应力－应变关系

在颈缩之前的均匀变形阶段，从应力－应变曲线上任意一点 A 处卸载，弹性应变 ε_e 将恢复，而塑性应变 ε_p 则作为残余应变保留下来，如图 6.27 所示。应力－应变曲线上任意一点的应变 ε，均可以表示为弹性应变 ε_e 与塑性应变 ε_p 之和，即

$$\varepsilon=\varepsilon_e+\varepsilon_p \tag{6.42}$$

应力与弹性应变的关系可以用 Hooke 定律描述：

$$\sigma=E\varepsilon_e \tag{6.43}$$

而应力与塑性应变的关系则可采用 Holomon 关系表达：

$$\sigma = K\varepsilon_p^n \tag{6.44}$$

式中　K——强度系数，具有应力量纲，MPa；

　　n——应变强化指数，无量纲。

对于常用金属结构材料，应变强化指数 n 一般在 0～0.6 之间。$n=0$ 表示无应变强化，应力与塑性应变无关，是理想的塑性材料。

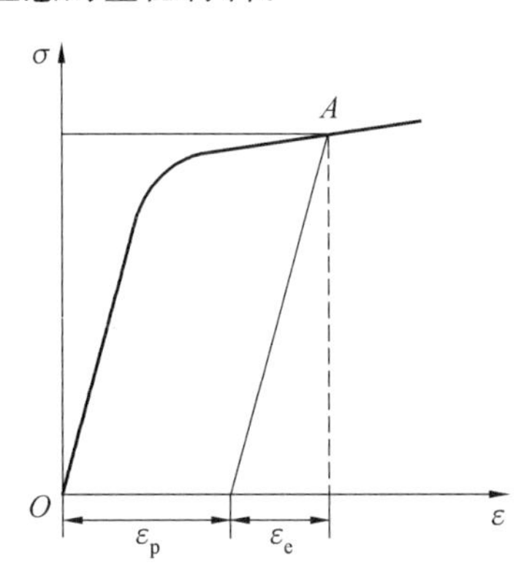

图 6.27　单调应力一应变曲线

根据式(6.42)、式(6.43)和式(6.44)，可以将应力一应变关系表示为

$$\varepsilon = \varepsilon_e + \varepsilon_p = \frac{\sigma}{E} + \left(\frac{\sigma}{K}\right)^{\frac{1}{n}} \tag{6.45}$$

这就是著名的 Remberg一Osgood 弹塑性应力一应变关系。

6.5.2　循环应力一应变响应

在循环载荷作用下，材料的应力一应变响应与在单调加载条件下相比，有很大的不同。主要区别表现在材料的应力一应变相应的循环滞回行为上。

1. 滞回行为

在恒定应变幅循环加载的试验中，连续监测材料的应力一应变响应，可以得到一系列环状曲线。图 6.28 是在恒幅对称应变循环下得到的低碳钢循环应力一应变响应。这些环状曲线反映了材料在循环载荷作用下应力一应变的连续变化，通常称为滞回曲线或滞回环(hysteresis loops)。

滞回环具有以下特点：

(1)随着循环次数的改变，滞回环会发生变化，表示循环次数对应力一应变响应有影响。

从图 6.28 中可以看出，在恒幅对称应变循环试验过程中，随着循环次数的增加，低碳钢的应力幅不断增大，因此滞回环顶点位置随着循环次数不断变化。

(2)经过一定数量的循环之后，滞回环会呈现出稳定状态，有稳态滞回环出现。

对于大多数金属材料，滞回环随着循环次数不断变化的同时逐渐趋于稳定。在达到

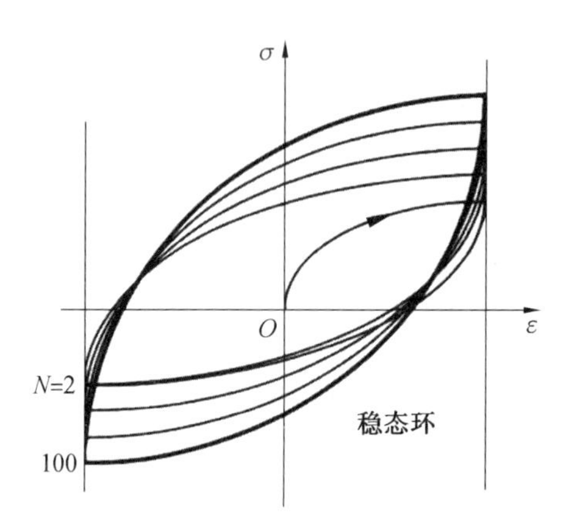

图 6.28 低碳钢的循环应力一应变响应

一定循环次数之后，应力一应变响应会逐渐趋于稳定，形成稳态滞回环。如图 6.28 所示，低碳钢在经历约 100 次载荷循环之后，滞回环呈现出稳定状态。但是因为材料特性不同，出现稳态滞回环需要的载荷循环次数也不同。对于部分材料而言，需要经历相当多的载荷循环次数才能出现稳态滞回环。还有一些材料无论经历多少次载荷循环也无法得到稳态滞回环。对于这些材料，可以把在给定应变幅下一半寿命处的滞回环，作为名义稳态滞回环。

(3)有循环强化和软化现象。

在恒幅对称应变循环下，随着循环次数增加，应变幅不断增大的现象，称为循环强化。图 6.28 中的低碳钢就是循环强化。反之，如果随着循环次数的增加，应力幅不断减小，则称为循环软化。

循环强化和软化现象与材料及其热处理状态有关。一般情况下，低强度、软材料趋于循环强化，而高强度、硬材料趋于循环软化。

2. 循环应力幅一应变幅曲线

利用不同应变水平下的恒幅对称循环疲劳试验，可以得到一组稳态的滞回线，将这些稳态滞回环绘制在同一个坐标图内，然后将滞回环的顶点连接成一条曲线，则该曲线反映了不同稳态滞回环中与循环应变幅对应的应力幅响应，这条曲线称为循环应力幅一应变幅曲线，如图 6.29 所示。值得注意的是，循环应力幅一应变幅并不是真实的加载路径。

可以仿照式(6.45)描述循环应力幅一应变幅曲线：

$$\varepsilon_a = \varepsilon_{ea} + \varepsilon_{pa} = \frac{\sigma_a}{E} + \left(\frac{\sigma_a}{K'}\right)^{\frac{1}{n}} \tag{6.46}$$

式中 K'——循环强度系数，具有应力量纲，MPa；

n'——循环应变强化指数，无量纲。

式(6.46)称为循环应力幅一应变幅方程。对于大多数金属材料，循环应变强化指数

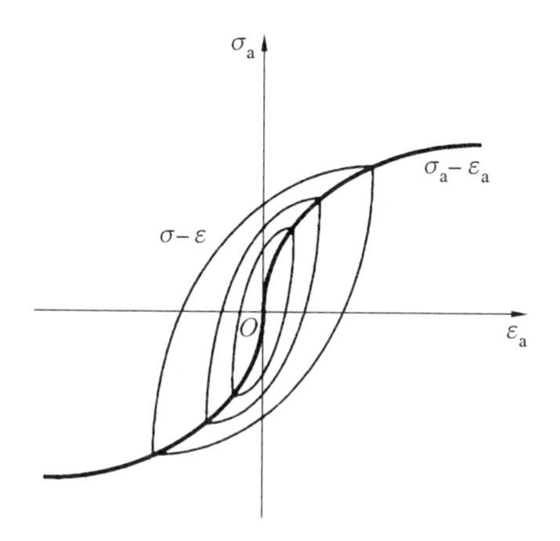

图 6.29　低碳钢的循环应力—应变响应

n'一般在 0.1～0.2 之间。很显然，弹性应变幅 ε_{ea} 和塑性应变幅 ε_{pa} 与应力幅 σ_a 之间满足：

$$\sigma_a = E\varepsilon_{ea}$$

$$\sigma_a = K'(\varepsilon_{pa})^{n'}$$

因此，如果已知应变幅，同时根据 $\varepsilon_{ea}=\sigma_a/E$，就可以确定相应的塑性应变幅。

3. 滞回环

对于拉压性能对称的材料，滞回环的上升半支与下降半支关于原点对称，如图 6.30 所示。因此只需要考虑半支即可。以滞回环下顶点 O' 为坐标原点，横纵坐标分别为应变范围 $\Delta\varepsilon$ 和应力范围 $\Delta\sigma$。在一般情况下通常考虑上升半支。

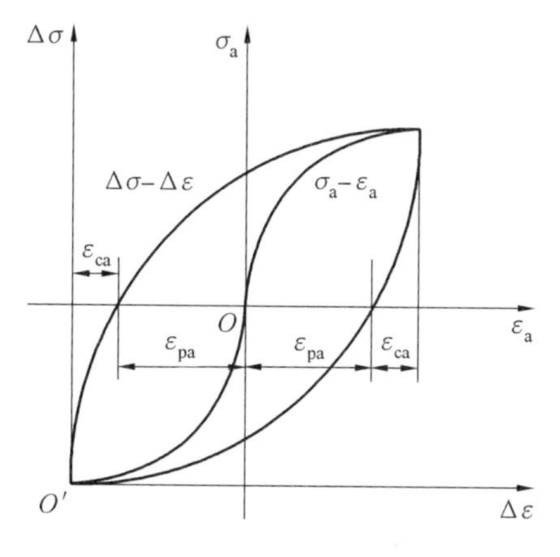

图 6.30　滞回环

假定滞回环与循环应力幅—应变幅曲线几何相似，则在应力幅—应变幅坐标系中的应力幅 σ_a 和应变幅 ε_a，分别与在应力范围和应变范围坐标系中的$\frac{\Delta\sigma}{2}$和$\frac{\Delta\varepsilon}{2}$对应。因此可以仿照式(6.46)描述滞回环，即

$$\frac{\Delta\varepsilon}{2}=\frac{\Delta\sigma}{2E}+\left(\frac{\Delta\sigma}{2K'}\right)^{\frac{1}{n'}} \tag{6.47}$$

将式(6.47)两边同时乘2得到

$$\Delta\varepsilon=\frac{\Delta\sigma}{E}+2\left(\frac{\Delta\sigma}{2K'}\right)^{\frac{1}{n'}} \tag{6.48}$$

式(6.48)称为滞回环方程。滞回环与循环应力幅一应变幅曲线之间的几何相似性假设,称为 Massing 假设。满足假设条件的材料称为 Massing 材料。

如果把应变范围也区分为弹性和塑性两部分,即 $\Delta\varepsilon=\Delta\varepsilon_e+\Delta\varepsilon_p$,则有

$$\Delta\sigma=E\Delta\varepsilon_e$$

$$\Delta\sigma=2K'\left(\frac{\Delta\varepsilon_p}{2}\right)^{n'}$$

4. 材料的记忆特性

图6.31表现材料在"加载—卸载—加载"过程中应力一应变曲线变化。如果只有单调的加载,则应力一应变曲线会从 A 点运动到 B 点,然后沿水平方向运动到 D 点。如果在加载的过程中对材料在 B 点进行卸载,材料的应力一应变曲线会沿着 BC 曲线运动到 C 点。如果此时重新对材料进行加载,那么材料的应力一应变曲线会沿着 CB' 曲线运动,与 BD 曲线相交于 B' 点。如果继续对材料进行加载,曲线并不会继续上升到 D' 点,而是沿着 $B'D$ 运动到 D 点。把材料这种记得曾为反向加载所中断的应力一应变路径的行为,称为记忆特性。

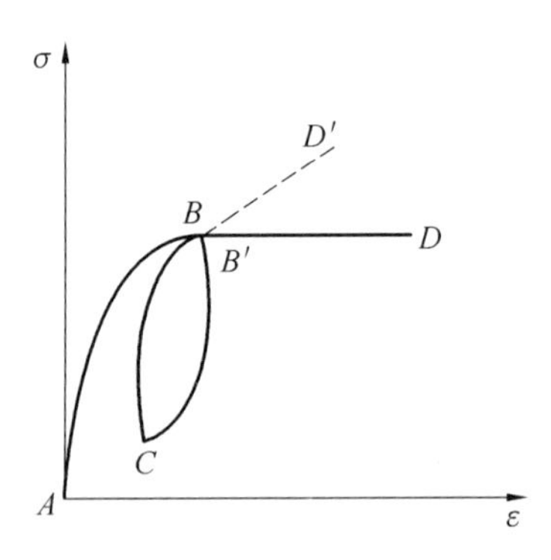

图6.31 材料的记忆特性

描述材料记忆特性的规则可以总结为以下两点。

(1)如果应变第二次达到某值,并且此前在该值处曾发生过应变变化的反向,则应力一应变曲线将形成闭环。图6.31中曲线在 B 点卸载,在 C 点处重新加载,随后到达 B 点,为了描述方便,将第二次到达 B 点处标记为 B'。

(2)越过封闭环顶点后,应力一应变曲线并不会受到封闭环的影响,仍然沿着原来的路径发展。

6.5.3　低周疲劳分析

1. 应变一寿命关系

按照标准试验方法，在 $R=-1$ 的对称循环载荷下，开展给定应变幅下的对称恒幅循环疲劳试验。得到的应变一寿命曲线如图 6.32 所示。图中，载荷用应变幅 ε_a 表示，寿命用载荷反向次数表示。注意到每个载荷循环有两次载荷反向，若 N 为总的载荷循环次数，则 $2N$ 为总的载荷反向次数。可以观测得到，应变幅 ε_a 越小，寿命 N 越长；若载荷（应力幅 σ_a 或应变幅 ε_a）低于某一载荷水平，则寿命可以趋于无穷大。

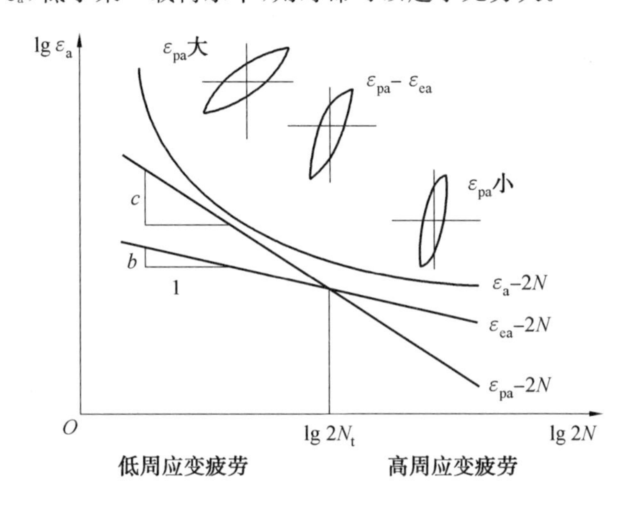

图 6.32　典型的应变一寿命曲线

将总应变幅表示为弹性应变幅 ε_{ea} 和塑性应变幅 ε_{pa} 之和，有

$$\varepsilon_{pa}=\varepsilon_a-\varepsilon_{ea}$$

和

$$\varepsilon_{ea}=\frac{\sigma_a}{E}$$

在图 6.32 中分别画出 $\lg\varepsilon_{ea}-\lg 2N$ 和 $\lg\varepsilon_{pa}-\lg 2N$ 之间的关系，很明显它们都呈现对数线性关系。由此，分别有

$$\varepsilon_{ea}=\frac{\sigma'_f}{E}(2N)^b \tag{6.49}$$

$$\varepsilon_{pa}=\varepsilon'_f(2N)^c \tag{6.50}$$

式(6.49)反映了弹性应变幅 ε_{ea} 与寿命 N 之间的关系，σ'_f 称为疲劳强度系数，具有应力量纲；b 为疲劳强度指数，一般为 $-0.06\sim-0.14$，估计时可取 -0.1。式(6.50)反映了塑性应变幅 ε_{pa} 与寿命 N 之间的关系，ε'_f 称为疲劳延性系数，与应变一样，无量纲；c 是疲劳延性指数，一般为 $-0.5\sim-0.7$，常取 -0.6。b 和 c 分别为图中两直线的斜率。

因此，应变一寿命关系可以表示为

$$\varepsilon_a=\varepsilon_{ea}+\varepsilon_{pa}=\frac{\sigma_f'}{E}(2N)^b+\varepsilon_f'(2N)^c \tag{6.51}$$

在长寿命区间，有 $\varepsilon_a\approx\varepsilon_{ea}$，以弹性应变幅 ε_{ea} 为主，塑性应变幅 ε_{pa} 的影响可以忽略。式(6.49)可以改写为

$$\varepsilon_{ea}^{m_1}N=c_1$$

这与反映高周疲劳性能的 Basquin 公式一致。

在短寿命区间，有 $\varepsilon_a\approx\varepsilon_{pa}$，以塑性应变幅 ε_{pa} 为主，弹性应变幅 ε_{ea} 的影响可以忽略。式(6.50)可以改写为

$$\varepsilon_{pa}^{m_2}N=c_2$$

这就是著名的 Manson－Coffin 低周应变疲劳公式。

如果 $\varepsilon_{pa}=\varepsilon_{ea}$，则根据式(6.49)和式(6.50)有

$$\frac{\sigma_f'}{E}(2N)^b=\varepsilon_f'(2N)^c$$

由此可以求得

$$2N_t=\left(\frac{\varepsilon_f'E}{\sigma_f'}\right)^{\frac{1}{b-c}} \tag{6.52}$$

式中　N_t——转变寿命，若寿命大于 N_t，则载荷以弹性应变为主，是高周应力疲劳；若寿命小于 N_t，则载荷以塑性应变为主，是低周应变疲劳，如图 6.32 所示。

2. 材料循环和疲劳性能参数之间的关系

根据式(6.46)给出的材料循环应力幅－应变幅关系，有

$$\sigma_a=E\varepsilon_{ea}$$

和

$$\sigma_a=K'\varepsilon^{n'}{}_{pa}$$

再根据式(6.51)给出的材料应变－寿命关系，又有

$$\varepsilon_{pa}=\varepsilon_f'(2N)^c$$

和

$$\varepsilon_{pa}=\varepsilon_f'(2N)^c$$

很显然，要使上述方程一致，ε_{pa} 项的系数和指数必须相等，因此六个参数之间必然满足下列关系：

$$K'=\frac{\sigma_f'}{(\varepsilon_f')^{\frac{b}{c}}}$$

和

$$n'=\frac{b}{c}$$

注意到上述各系数都需要根据试验结果拟合，因此在数值上往往并不能严格满足上述关系。但是如果这些系数之间的关系和上述二式相差很大，则需要引起注意。

3. 应变—寿命曲线的近似估计

在应变控制下，一般金属材料的应变—寿命关系具有一定的特征，如图 6.33 所示。当应变幅为 0.01 时，许多材料的寿命大致相同。当材料处于高应变时，材料的延性越好，材料的寿命越长。而在低应变时，强度高的材料寿命更长。

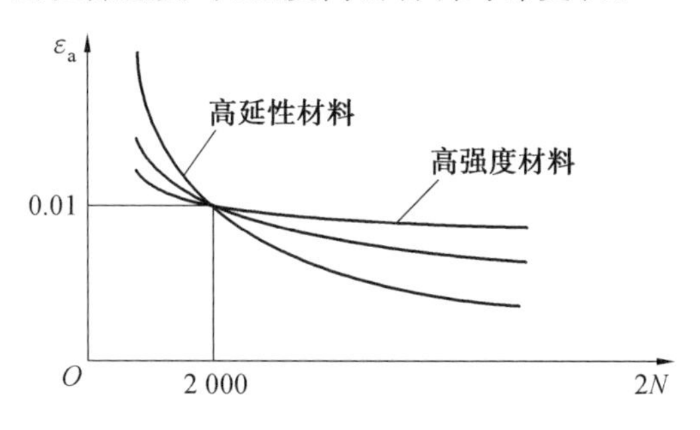

图 6.33　典型的应变—寿命曲线

1965 年，Manson 在针对钢、钛、铝合金材料开展大量的试验研究的基础上，提出了一个材料单调拉伸性能估计的应变—寿命曲线经验公式：

$$\Delta\varepsilon = 3.5\,\frac{\sigma_u}{E}N^{-0.12} + \varepsilon_f^{0.6}N^{-0.6} \tag{6.53}$$

式中　σ_u——材料的极限强度；

ε_f——断裂真应变。

它们可以通过单调拉伸试验得到。应变范围 $\Delta\varepsilon = 2\varepsilon_a$。

4. 平均应力的影响

式(6.53)给出的关于应变—寿命关系的估计值，仅适用于恒幅对称应变循环。在美国汽车工程师协会(SAE)的《疲劳设计手册》中，采用下述经验公式考虑平均应力的影响。

$$\varepsilon_a = \frac{\sigma_f' - \sigma_m}{E}(2N)^b + \varepsilon_f'(2N)^c \tag{6.54}$$

式中　σ_m——平均应力。

在对称循环载荷下，当 $\sigma_m = 0$ 时，式(6.54)则变回式(6.51)。

在式(6.51)中，b、c 都小于零，因此当寿命 N 相同时，平均应力越大，材料可以承受的应变幅越小；或者应变幅保持不变，平均应力越大，则寿命 N 越短。因此，拉伸平均应力的提升对于疲劳寿命是有害的，可以通过降低平均应力提升疲劳寿命。

6.5.4　缺口件的疲劳

由于应力集中效应，缺口件在缺口根部常常出现高应力区或裂纹起始位置。在实际的工业生产中，缺口件在生产中得到了广泛应用，因此需要掌握缺口件的疲劳寿命分析和预测方法。

假设缺口根部在疲劳载荷的作用下产生的疲劳损伤，与光滑件在承受同样应力一应变历程的疲劳损伤相同，那么可以将缺口件的疲劳问题转化为光滑件的疲劳问题。以图6.34为例，如果将缺口件根部的材料元看作一个小试件，那么如果上述假设成立，它在局部应力或应变循环作用下的疲劳寿命，可以根据承受同样载荷经历的光滑件来预测。

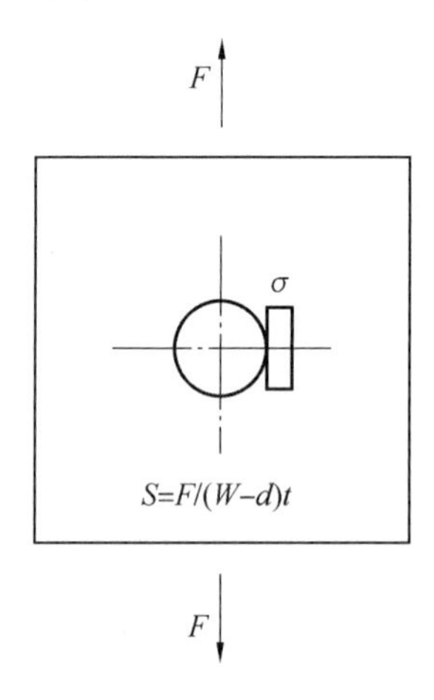

图 6.34 缺口根部的应力集中

因此，如果已知缺口件的名义应力或名义应变，则可以把问题转化为如何确定缺口根部的局部应力和局部应变。

1.缺口根部的局部应力一应变分析

缺口件的名义应力，没有考虑缺口带来的应力集中。对于图 6.34 的缺口件，名义应力 S 等于载荷除以净面积 A，即

$$S=\frac{F}{A}=\frac{F}{(W-d)t}$$

式中 W 和 t——缺口件的宽度和厚度；

d——缺口直径。

名义应变 e 可由式(6.45)根据名义应力得到。

设缺口根部的局部应力为 σ，局部应变为 ε。如果应力水平较低，则问题近似为弹性问题，缺口根部的局部应力和应变与名义应力和应变之间的关系可以表示为

$$\sigma=K_t S$$
$$\varepsilon=K_t e$$

式中 K_t——弹性应力集中系数，一般可查手册得到。

如果应力水平较高，塑性应变占据主导地位，则缺口根部的局部应力和应变与名义应力和应变之间的关系，不再适合采用弹性应力集中系数描述。为此，需要定义缺口应力(或应变)集中系数。

$$\sigma=K_\sigma S$$
$$\varepsilon=K_\varepsilon e$$

式中　K_σ——应力集中系数；

K_ε——应变集中系数。

无论是名义应力和名义应变，还是缺口根部的局部应力和局部应变，都应该满足式(6.45)的本构关系。为了求解局部应力和局部应变，还需要补充关于K_t、K_σ和K_ε之间的一个方程。这里分别讨论两种极端情况下的近似估计。

(1)平面应变情况。

先行理论假设应变集中系数 K_ε 等于弹性应力集中系数 K_t，即

$$K_\varepsilon = K_t \tag{6.55}$$

称为应变集中的不变性假设，可用于平面应变情况。

在这种情况下，如果已知名义应力 S，即可根据式(6.45)求出名义应变 e；或已知名义应变 e，就可以求出名义应力 S。然后利用线性理论，确定缺口根部的局部应变 ε：

$$\varepsilon = K_\varepsilon e = K_t e$$

进而根据式(6.45)计算缺口根部的局部应力 σ。其解答如图 6.35 所示。

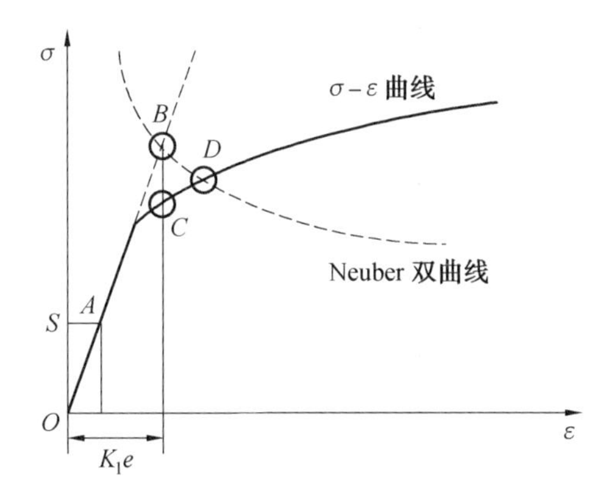

图 6.35　缺口根部的应力一应变解

(2)平面应力情况。

对于平面应力情况，Neuber 假定

$$K_\sigma K_\varepsilon = K_t^2 \tag{6.56}$$

左右两边同时乘 eS，有

$$K_\sigma K_\varepsilon eS = K_t^2 eS$$

式中　$K_\varepsilon e$——缺口局部应变；

$K_\sigma S$——缺口局部应力，因此

$$\varepsilon\sigma = K_t^2 eS \tag{6.57}$$

称为 Neuber 双曲线。

此时，联立式(6.45)和式(6.57)，可以利用名义应力 S 和名义应变 e 求解缺口根部的局部应力和局部应变。在图 6.35 中，Neuber 双曲线与材料应力一应变交点是 D，就是 Neuber 理论的解答。

2. 缺口根部的循环应力一应变响应分析和寿命估算

在循环载荷作用下，缺口根部的局部应力一应变会随着时间发生变化。进行缺口根部的局部应力一应变响应分析时，典型载荷谱块起点处的应力一应变关系可以采用式(6.46)给出的循环应力幅一应变幅方程描述。后续的加载过程中可以利用式(6.48)的增量形式的滞回环方程描述，同时还要考虑缺口处的应力集中效应。

一般来说，问题可以描述为：已知缺口件的名义应力或名义应变历程，以及缺口根部的弹性应力集中系数，要求分析缺口根部的局部应力和局部应变响应，找出稳态滞回环及其应变幅和平均应力，进而利用应变一寿命关系估算寿命。

计算分析步骤归纳如下：

(1)根据循环应力幅一应变幅方程和 Neuber 双曲线方程，代入与典型载荷谱块起点(或第 1 点)对应的名义应力 S_1 或名义应变 e_1，有

$$e_1=\frac{S_1}{E}+\left(\frac{S_1}{K'}\right)^{\frac{1}{n}}$$

$$\varepsilon_1=\frac{\sigma_1}{E}+\left(\frac{\sigma_1}{K'}\right)^{\frac{1}{n}}$$

$$\varepsilon_1\sigma_1=K_t^2 e_1 S_1$$

联立求解，得到缺口根部的局部应力 σ_1 和局部应变 ε_1。

(2)在从第 i 点到第 $i+1$ 点的加卸载过程中，将根据典型载荷谱块获得的名义应力增量 ΔS 或名义应变增量 Δe，代入滞回环方程和 Neuber 双曲线方程，即可计算出缺口根部的局部应力增量 $\Delta\sigma$ 和局部应变增量 $\Delta\varepsilon$，即

$$\Delta e=\frac{\Delta S}{E}+2\left(\frac{\Delta S}{2K'}\right)^{\frac{1}{n}}$$

$$\Delta\varepsilon=\frac{\Delta\sigma}{E}+2\left(\frac{\Delta\sigma}{2K'}\right)^{\frac{1}{n}}$$

$$\Delta\varepsilon\Delta\sigma=K_t^2\Delta e\Delta S$$

(3)在典型载荷谱块中，与第 $i+1$ 点对应的缺口根部局部应力 σ_{i+1} 和局部应变 ε_{i+1} 为

$$\sigma_{i+1}=\sigma_i\pm\Delta\sigma$$

$$\varepsilon_{i+1}=\varepsilon_i\pm\Delta\varepsilon$$

式中，加载时用“＋”，卸载时用“－”。

(4)确定稳态环的应变幅 ε_a 和平均应力 σ_m。

(5)利用式(6.54)或式(6.51)的应变一寿命关系估算寿命。

6.6 疲劳建模应用

6.6.1 高周疲劳建模应用

此处高周疲劳建模采用 35CrMo 钢，合金成分见表 6.2。为了获得较宽的强度范围，

在 860 ℃下加热 30 min，然后进行油淬。随后，将一部分钢筋加工成试样，其余的分别在 200 ℃、400 ℃和 500 ℃下回火 90 min，然后空冷至室温。表 6.3 给出了四种热处理程序，相应的试样分别命名为 Q、QT200、QT400 和 QT500。

表 6.2　35CrMo 化学成分(质量分数)　%

C	Si	Mn	Cr	Mo	P	S	Fe
0.35	0.35	0.76	1.13	0.20	<0.005	<0.001	余量

HCF 测试是在约 115 Hz 的共振频率下进行的。在本试验中，为每种热处理条件制备了约 20 个试件。当样品完全失败或达到 10^7 次循环时，测试停止。疲劳强度的测定采用阶梯法，对 5 对试件进行试验，取这些应力水平的平均值。对所有失效试件的数据用最小二乘法对 $S-N$ 曲线进行了拟合，这意味着有一半的试件可能会超过曲线。用同样的方法得到了疲劳强度系数和疲劳指数。

表 6.3　四种热处理程序

样品	淬火	回火
Q	预热至 860 ℃，保温 30 min，油淬	不进行回火
QT200		200 ℃保温 90 min
QT400		400 ℃保温 90 min
QT500		500 ℃保温 90 min

用 Basquin 方程预测疲劳强度时，需要确定一些参数。如图 6.36(a)所示，材料的疲劳强度 σ_w 可由疲劳强度系数、指数和 $S-N$ 曲线中拐点的寿命 N_k 确定。拐点是分组法拟合的曲线与阶梯法计算的疲劳强度的交点。显然，拐点也是预测疲劳强度的必要参数。

可以得到 $S-N$ 曲线的 Basquin 方程的对数形式：

$$\lg \sigma_a = b\lg(2N_f) + \lg \sigma_f'$$

如果确定了 N_k，则疲劳强度预测方程可以写为

$$\lg \sigma_w = b\lg(2N_k) + \lg \sigma_f'$$

基于上述讨论，σ_f'和 b 与屈服强度线性拟合，误差带分别在 10%和 5%以内，如图 6.36(b)、(c)所示。此外，为了变量的统一和计算的方便，还将屈服强度与拐点进行了拟合。它们具有二次关系，误差带仅为 1%，如图 6.36(d)所示。这是两条线的交点与屈服强度的关系，没有实际意义。拟合方程可以分别用线性方程和二次方程表示如下：

$$\sigma_f' = m\sigma_y + n$$

$$b = u\sigma_y + v$$

$$\lg(2N_k) = x\sigma_y^2 + y\sigma_y + z$$

式中　m、n、u、v、x、y 和 z——材料常数，可通过数据拟合获得。

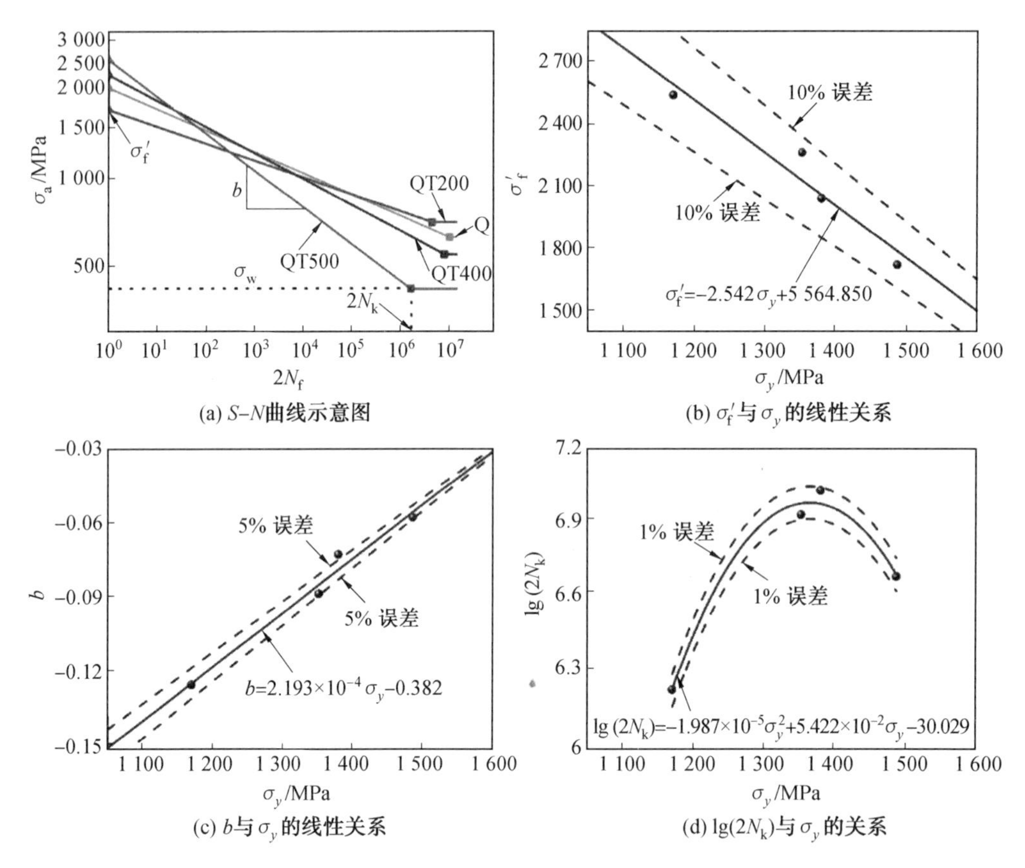

图 6.36 疲劳强度预测模型

对于 35CrMo 钢，拟合出了疲劳强度预测公式：

$$\lg\sigma_w=(2.193\times10^{-4}\sigma_y-0.382)(-1.987\times10^{-5}\sigma_y^2+5.422\times10^{-2}\sigma_y-30.029)+\lg(-2.542\sigma_y+5\ 564.850)$$

疲劳强度预测结果如图 6.37 所示，可以看出，这一疲劳预测方程的误差小于 10%。

6.6.2 低周疲劳建模应用

低周疲劳建模采用 GH4169 合金。国产 GH4698 合金是以 Al、Mo、Nb 和 Ti 等元素强化的一种时效沉淀强化型镍基变形高温合金。本书研究的合金化学成分见表 6.4。

表 6.4 GH4698 合金化学成分(质量分数) %

元素	C	Cr	Mo	Al	Ti	Fe	Nb	B	Mg
含量	0.042	14.50	3.18	1.70	2.68	<0.10	2.02	0.002 7	0.002 7
元素	Ce	Zr	Mn	Si	P	S	Cu	Ni	
含量	0.003 1	0.033	<0.005	<0.10	0.002 6	0.002	<0.005	余量	

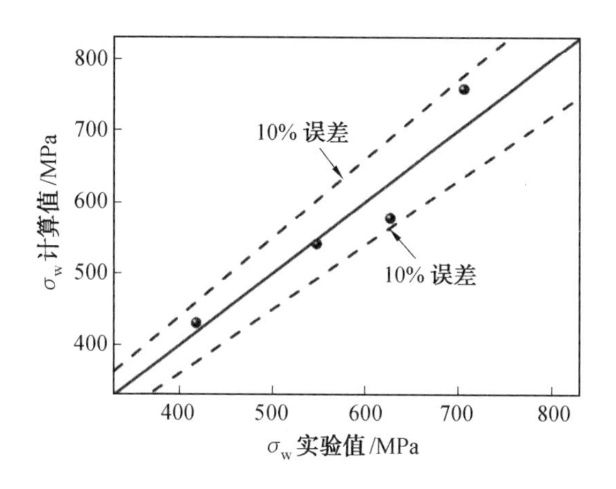

图 6.37　疲劳强度的计算值与试验值

1. 热处理方案

GH4698 合金广泛用于航空发动机涡轮盘等高温部件的制造，涡轮盘要获得优异的综合性能，除考虑其成分和制造工艺外，热处理制度也是一个重要因素。不同的零件因工作条件不同，要求的力学性能也不同，只有选择合适的热处理制度，才能充分发挥合金的潜力，保证其安全可靠地工作。为了研究不同的热处理对合金晶粒尺寸及其长大规律与析出相关系的影响，并且进一步研究合金微观组织对低周疲劳行为的影响，本书采用的热处理制度如下：

①制度 1：1 050 ℃/8 h，空冷＋1 000 ℃/4 h，空冷＋775 ℃/16 h，空冷＋700 ℃/16 h，空冷。

②制度 2：1 100 ℃/8 h，空冷＋1 000 ℃/4 h，空冷＋775 ℃/16 h，空冷＋700 ℃/16 h，空冷。

GH4698 合金经过热处理后，可以明显提高其服役性能。经过热处理制度 2 处理后的合金记为合金 B，经过热处理制度 1 处理后的合金记为合金 A。

2. 低周疲劳试验方法

镍基高温合金低周疲劳试验参考标准 GB/T 15248—2008《金属材料轴向等幅低循环疲劳试验方法》。通过机械加工将 GH4698 高温合金热处理试样加工成直径为 6.35 mm、标距为 16 mm、总长度为 90 mm 的低周疲劳试样。试验温度选择 650 ℃的恒定温度，采用感应加热方法将 GH4698 合金疲劳试样的温度加热到 650 ℃，并保持650 ℃的恒定温度，加热过程中通过热电偶实时测定温度。试验在实验室的大气中进行。采用轴向总应变控制全反向的拉一压循环加载方式，用轴向高温引伸计控制试样经受不同的名义总应变，外加总应变幅范围分别为±0.3%、±0.4%、±0.5%、±0.6%、±0.7%和±0.8%。应变比 $R=-1$，试验加载波形采用三角波形式，试验加载频率选取0.50 Hz。不同应变幅下的低周疲劳试验均进行至 GH4698 合金疲劳试样最终断裂为止。测定该高温合金在 650 ℃时不同应变条件下的疲劳寿命、弹性与塑性值和疲劳应力值。为了减小测试误差，每个应变幅下准备 3 个标准的平行疲劳试样，在相同测试条件下对其进行加工和测试。

3. 循环变形行为

循环应力响应行为表明了合金在不同试验条件下的循环变形行为。在不同的试验条件下，循环应力响应行为包括循环硬化、循环软化和循环稳定性行为。合金的循环变形行为不仅取决于低周疲劳的条件，还依赖于合金的微观结构。GH4698 合金经受不同热处理制度处理后在疲劳过程中的拉应力随疲劳寿命的变化如图 6.38 所示。

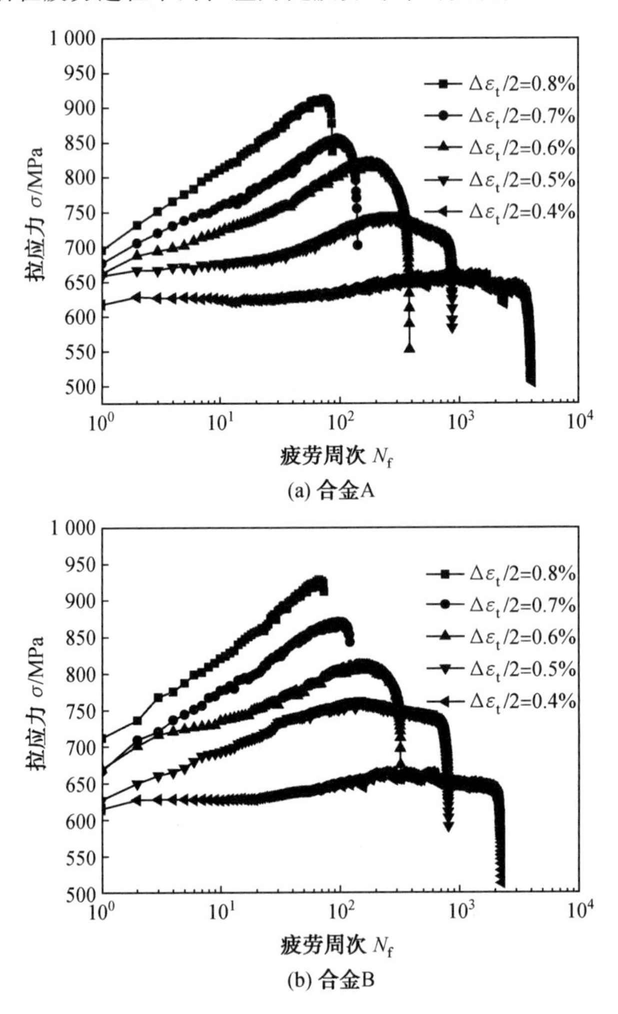

图 6.38 GH4698 合金循环应力响应行为

从图 6.38 中可以观察到，循环硬化、循环软化和循环稳定性行为在 GH4698 合金的低周疲劳过程中都存在。对于合金疲劳试样，在总应变幅较小时，合金在较长的疲劳周次内先表现出持续的循环稳定行为，然后表现为循环软化行为，直到最后断裂。在总应变幅较大时，合金先是表现出持续的循环硬化行为，之后在较少的疲劳周次内发生断裂，并且循环硬化程度随着总应变幅的增加逐渐加大。

4. 高温低周疲劳寿命

本次对经过两种热处理制度处理后的 GH4698 合金疲劳试样进行了控制总应变幅条件的低周疲劳测试，3 个平行试样中选择了其中一组疲劳测试数据，如表 6.5 所示。其中，$\Delta\varepsilon_t/2$ 表示总应变幅，$\Delta\varepsilon_e/2$ 表示弹性应变，$\Delta\varepsilon_p/2$ 表示峰值塑性应变，$2N_f$ 表示反向失效数。从表 6.5 可以看出同一热处理制度下合金的疲劳寿命随着应变幅的增加显著降低，即疲劳性能随着应变幅的增加显著降低。

表 6.5　GH4698 合金低周疲劳测试结果

合金	$\frac{\Delta\varepsilon_t}{2}/\%$	$\frac{\Delta\varepsilon_e}{2}/\%$	$\frac{\Delta\varepsilon_p}{2}/\%$	$2N_f$
合金 A	0.3	0.297	0.003	68 468
	0.4	0.378	0.022	8 094
	0.5	0.413	0.087	1 746
	0.6	0.473	0.127	768
	0.7	0.489	0.211	282
	0.8	0.510	0.290	174
合金 B	0.3	0.297	0.003	52 032
	0.4	0.368	0.032	4 528
	0.5	0.414	0.086	1 622
	0.6	0.466	0.134	648
	0.7	0.491	0.209	242
	0.8	0.508	0.292	148

5. 应变一疲劳寿命模型

(1)Manson－Coffin 寿命模型。

对于总应变幅控制的低周疲劳，总应变包括弹性应变与塑性应变两部分，经典的 Manson－Coffin 寿命模型通常被用来描述应变控制的低周疲劳。图 6.39 表示 GH4698 镍基高温合金总应变、弹性应变与塑性应变随疲劳周次的变化，并且根据$\frac{\Delta\varepsilon_t}{2}=\frac{\Delta\varepsilon_e}{2}+\frac{\Delta\varepsilon_p}{2}=\frac{\sigma_f'}{E}(2N_f)^b+\varepsilon_f'(2N_f)^c$ 对总应变、弹性应变与塑性应变随疲劳周次的变化进行了拟合，Manson－Coffin 寿命模型中的参数相应地可以得到，如图 6.39 所示。

相应的 Manson－Coffin 模型公式如下：

合金 A：

$$\frac{\Delta\varepsilon_t}{2}=0.008\ 22(2N_f)^{-0.092\ 6}+0.056\ 97(2N_f)^{-0.578\ 99} \tag{6.58}$$

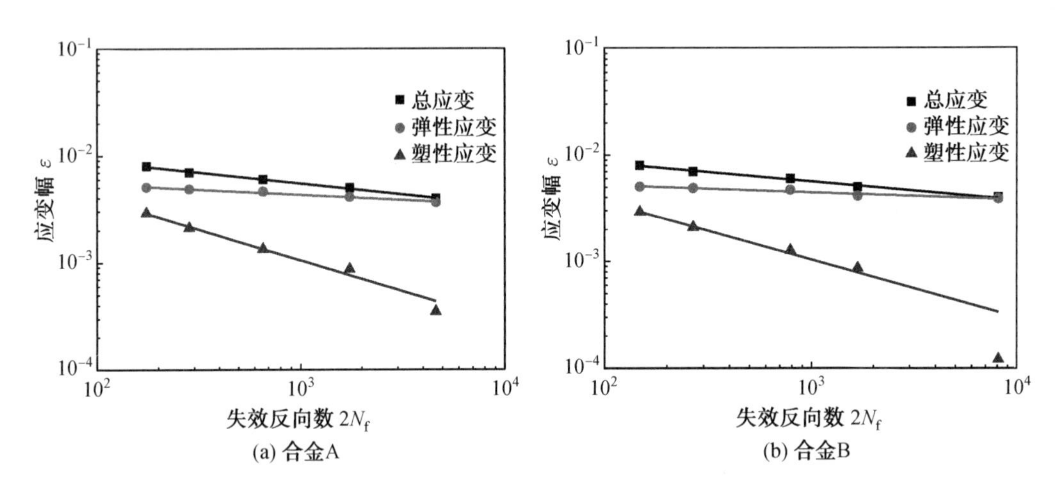

图 6.39 GH4698 合金总应变、弹性应变和塑性应变随疲劳周次的变化

合金 B:

$$\frac{\Delta\varepsilon_t}{2}=0.007\ 20(2N_f)^{-0.069\ 51}+0.044\ 25(2N_f)^{-0.543\ 33} \tag{6.59}$$

(2)Ostergren 能量寿命模型。

Ostergren 提出低周疲劳损伤是由拉伸滞后能或应变能量控制的,基于这个理念将能量法应用于低周疲劳的寿命预测。GH4698 合金疲劳过程中的拉伸滞后能随着疲劳周次的变化如图 6.40 所示。GH4698 合金的拉伸滞后能随着疲劳周次的变化关系根据公式 $\Delta W \cdot N_f^a=c$ 进行拟合,如图 6.40 的曲线所示。从图 6.40 中可以看出 Ostergren 能量法对于预测合金低周疲劳寿命的效果非常精确。

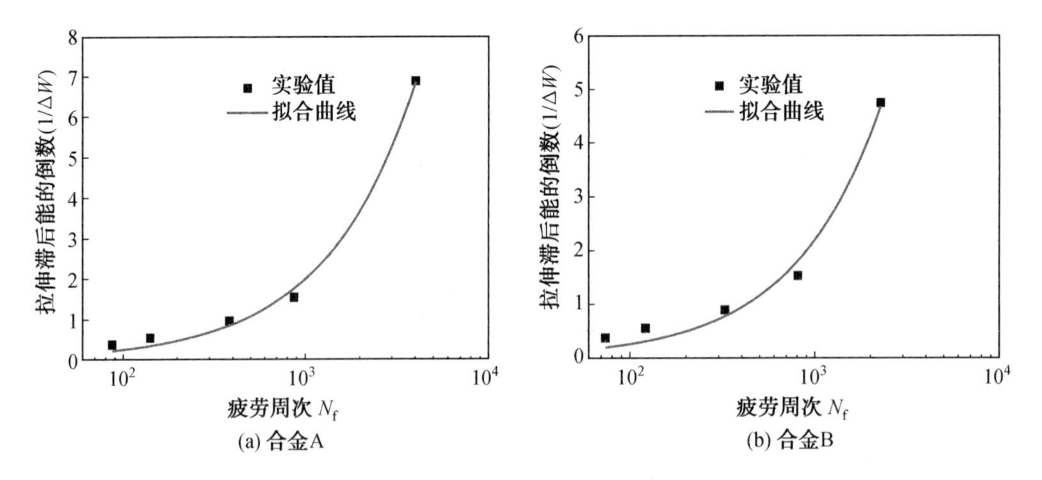

图 6.40 GH4698 合金的拉伸滞后能随着疲劳周次的变化

相应的疲劳寿命模型如下所示：

合金 A：

$$\Delta W \cdot N_f^{0.88441} = 226.24$$

合金 B：

$$\Delta W \cdot N_f^{0.9244} = 270.27$$

(3)三参数寿命模型。

三参数寿命模型亦用于总应变幅控制的低周疲劳寿命预测。图 6.41 所示为 GH4698 镍基高温合金疲劳周次随总应变幅的变化，并且根据三参数幂函数寿命模型 $N_f(\Delta\varepsilon_t-\Delta\varepsilon_0)^m=c$ 对 GH4698 镍基高温合金疲劳周次随着总应变幅的变化进行了拟合。三参数寿命模型中的参数相应地可以得到，如图 6.41 所示。

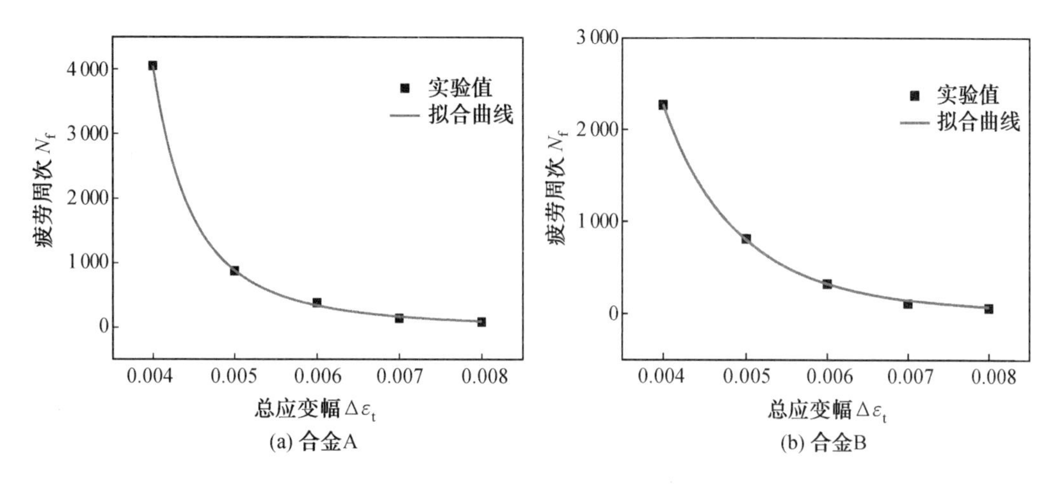

图 6.41　镍基高温合金疲劳周次随总应变幅的变化

相应的三参数寿命模型公式如下：

合金 A：

$$N_f = 1.3777\times10^{-4}(\Delta\varepsilon_t-0.00276)^{-2.56844}$$

合金 B：

$$N_f = 2.5495\times10^{-5}(\Delta\varepsilon_t-0.00158)^{-3.01031}$$

(4)考虑晶粒尺寸影响的疲劳寿命模型。

合金在疲劳过程中，当承受的外加应力低于某一值时，试样可以经受无限次的循环而不断裂，此应力值称为该合金的疲劳极限(记为 σ_{-1})。合金在疲劳过程中，在一定的外加应力作用下一旦发生塑性变形，经过循环加载，塑性变形累积到一定程度，合金必然发生疲劳断裂。因此，可以推测出疲劳极限相当于合金的弹性极限，即合金在外力加载时不产生塑性变形的最大应力值。为了进一步提高寿命模型的预测精度，本试验考虑晶粒尺寸对疲劳寿命的影响，建立一种新的疲劳寿命预测模型。

三参数幂函数寿命模型 $N_f(\Delta\varepsilon_t-\Delta\varepsilon_0)^m=c$ 中的应变极限 $\Delta\varepsilon_0$ 可以用下式表示：

$$\Delta\varepsilon_0=\frac{\sigma_{-1}}{E} \tag{6.60}$$

对于钢、镁合金和镍基合金等金属材料而言，疲劳极限与金属材料的抗拉强度具有一定的比例关系，可以用式(6.61)表示：

$$\sigma_{-1}=P\sigma_b \tag{6.61}$$

式中 P——比例因子；

σ_b——合金的抗拉强度。

研究表明，合金的抗拉强度与晶粒尺寸满足类似的霍尔－佩奇关系，如下：

$$\sigma_b=\sigma_{b0}+k_b d^{-\frac{1}{2}} \tag{6.62}$$

式中 σ_{b0}——摩擦应力；

k——与合金相关的因子；

d——合金的平均晶粒尺寸。

由三参数幂函数寿命模型 $N_f(\Delta\varepsilon_t-\Delta\varepsilon_0)^m=c$ 结合式(6.60)、式(6.61)和式(6.62)可以得到考虑晶粒尺寸影响的疲劳寿命模型，如下：

$$N_f=c\left[\Delta\varepsilon_t-\frac{P(\sigma_{b0}+k_b d^{-\frac{1}{2}})}{E}\right]^{-m} \tag{6.63}$$

式中 N_f——合金的疲劳寿命；

$\Delta\varepsilon_t$——总应变幅；

E——合金的弹性模量；

m 和 c——材料常数。

对于镍基合金，疲劳极限与抗拉强度的关系可以表示如下：

$$\sigma_{-1}=0.35\sigma_b \tag{6.64}$$

经过试验测试，GH4698 合金在 650 ℃时的弹性模量 E 为 178 GPa，不同晶粒尺寸的 GH4698 合金在 650 ℃时的抗拉强度与晶粒尺寸之间的关系如下：

$$\sigma_b=1\ 096.85+186.70d^{-\frac{1}{2}} \tag{6.65}$$

将式(6.64)和式(6.65)代入式(6.63)，可得 GH4698 合金考虑晶粒尺寸影响的疲劳寿命预测模型，如下：

$$N_f=c\,(\Delta\varepsilon_t-3.671\ 0\times10^{-4}d^{-\frac{1}{2}}-2.156\ 7\times10^{-3})^{-m} \tag{6.66}$$

根据式(6.66)对 GH4698 镍基高温合金疲劳周次随着总应变幅和晶粒尺寸的变化进行了拟合，考虑晶粒尺寸影响的疲劳寿命模型公式如下：

$$N_f=2.495\ 52\times10^{-5}(\Delta\varepsilon_t-3.671\ 0\times10^{-4}d^{-\frac{1}{2}}-2.156\ 7\times10^{-3})^{-2.936\ 17}$$

6. 寿命模型误差分析

GH4698 合金的低周疲劳寿命利用 Manson－Coffin 寿命模型、Ostergren 能量法寿命模型、三参数寿命模型和考虑晶粒尺寸影响的疲劳寿命模型进行预测，其疲劳寿命试验值与预测值的对比如图 6.42 所示。当疲劳寿命预测值落在红色直线上时，表示与试验值相吻合，即预测精度达到 100%；当疲劳寿命预测值距离红色直线的距离越小，表示预测效果越好。两条平行的黑色直线表示 2 倍的误差带范围，当利用疲劳寿命预测模型得到的预测值位于 2 倍的误差带范围内时，表示该寿命预测模型的预测精度较好，整体而言可以适用于该合金的低周疲劳寿命预测。

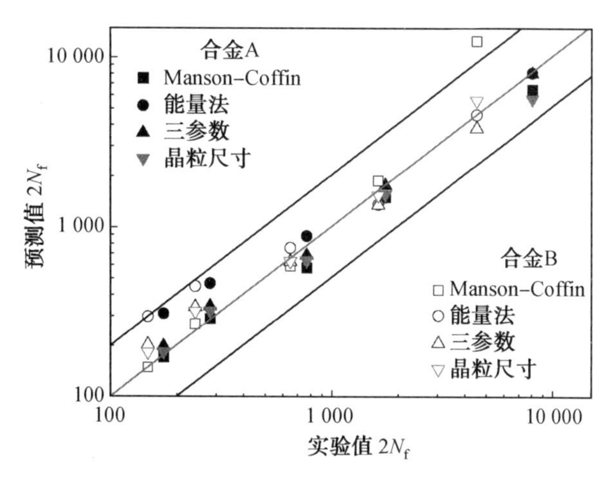

图 6.42　GH4698 合金疲劳寿命的试验值和预测值的对比

为了评估 Manson－Coffin 寿命模型、Ostergren 能量法寿命模型、三参数寿命模型和考虑晶粒尺寸影响的疲劳寿命模型的预测精度，采用了误差分析方法。误差分析方法的公式如下：

$$\mathrm{Err}=\log(N_p/N_e)$$

式中　N_p——预测值；

N_e——试验值；

Err——误差。

GH4698 镍基高温合金的疲劳寿命试验值和预测值的相关性用于评估工程中疲劳寿命模型的预测效应。Manson－Coffin 寿命模型、Ostergren 能量法寿命模型、三参数寿命模型和考虑晶粒尺寸影响的疲劳寿命模型的预测误差分析如表 6.6 所示。对于 Manson－Coffin 寿命模型来说，在高应变幅（0.7% 和 0.8%）时的预测精度比较高；对于 Ostergren 能量法寿命模型和三参数寿命模型而言，在低应变幅（0.4%～0.6%）时的预测精度较高；考虑晶粒尺寸影响的疲劳寿命模型在不同的应变幅时预测误差分布比较均匀。因此，可以得出结论，Manson－Coffin 寿命模型、Ostergren 能量法寿命模型和三参数寿命模型在局部应变幅下预测精度较高，而考虑晶粒尺寸影响的疲劳寿命模型具有普遍的适用性。

表 6.6 疲劳寿命模型的预测误差分析 %

寿命模型	合金	0.4%应变幅	0.5%应变幅	0.6%应变幅	0.7%应变幅	0.8%应变幅
Manson-Coffin	A	9.60	6.52	12.50	1.22	0.58
	B	44.13	6.37	3.96	4.52	0.37
参量法	A	0.20	6.58	6.23	21.88	24.95
	B	0.70	7.73	6.62	26.81	30.23
三参数	A	0.26	0.39	5.12	8.39	5.74
	B	7.29	7.92	1.61	14.50	13.72
考虑晶粒尺寸	A	15.07	4.81	8.09	5.63	2.47
	B	9.23	2.21	1.15	11.93	9.21

本章参考文献

[1] 陈传尧. 疲劳与断裂[M]. 武汉：华中科技大学出版社，2002.

[2] 高镇同. 疲劳应用统计学[M]. 北京：国防工业出版社，1986.

[3] 李庆芬. 断裂力学及其工程应用[M]. 哈尔滨：哈尔滨工程大学出版社，1998.

[4] 程靳，赵树山. 断裂力学[M]. 北京：科学出版社，2006.

[5] 王自强，陈少华. 高等断裂力学[M]. 北京：科学出版社，2009.

[6] 张晓敏. 断裂力学[M]. 北京：清华大学出版社，2012.

[7] 郦正能，张纪奎. 工程断裂力学[M]. 北京：北京航空航天大学出版社，2012.

[8] 藏启山，姚戈. 工程断裂力学简明教程[M]. 合肥：中国科学技术大学出版社，2014.

[9] 熊峻江. 疲劳断裂可靠性工程学[M]. 北京：国防工业出版社，2008.

[10] YANG M, GAO C, PANG J, et al. High-cycle fatigue behavior and fatigue strength prediction of differently heat-treated 35CrMo steels[J]. Metals, 2022, 12(4): 688.

[11] 朱强. GH4698 镍基合金高温低周疲劳行为及断裂机理[D]. 哈尔滨：哈尔滨工业大学，2016.

[12] 陈传尧，高大兴. 疲劳断裂基础[M]. 武汉：华中理工大学出版社，1991.

[13] CHEN Y, KONG W, YUAN C, et al. The effects of temperature and stress on the high-cycle fatigue properties of a Ni-based wrought superalloy [J]. International journal of fatigue, 2023, 172: 107669.

[14] YOSHINAKA F, SAWAGUCHI T, NIKULIN I, et al. Fatigue properties and

plastically deformed microstructure of Fe-15Mn-10Cr-8Ni-4Si alloy in high-cycle-fatigue regime[J]. International journal of fatigue, 2019, 129: 105224.

[15] HOU K L, OU M Q, WANG M, et al. Low cycle fatigue and high cycle fatigue of K4750 Ni-based superalloy at 600 ℃: Analysis of fracture behavior and deformation mechanism [J]. Materials science and engineering A, 2021, 820: 141588.

[16] DAI P, LUO X, YANG Y Q, et al. The fracture behavior of 7085-T74 Al alloy ultra-thick plate during high cycle fatigue [J]. Metallurgical and materials transactions A, 2020, 51(6): 3248-3255.

[17] GAO T, ZHAO X, XUE H Q, et al. Characteristics and micromechanisms of fish-eye crack initiation of a Ti-6Al-4V alloy in very high cycle fatigue regime[J]. Journal of materials research and technology, 2022, 21: 3140-3153.

[18] KOTRECHKO S A, KUCHER A V, POLUSHKIN Y A, et al. The phenomenon of anisotropy of the resistance to microcleavage for a carbon steel prestrained in compression[J]. Strength of materials, 2007, 39(6): 630-638.